JN190511

航空機産業の技術競争力と認証制度

How Boeing achieved Superior Technological Competitiveness and lost it ?

グローバル市場におけるボーイングの盛衰

山崎文徳

晃洋書房

目　　次

第Ⅱ部　製品の技術競争力と生産の技術競争力
――航空機を「つくる」――

第Ⅲ部　技術競争力を支える認証制度
――航空機を「とばす」――

序　章

1．航空機産業の技術競争力

（1）欧米航空機産業と日本

航空機産業は，戦争で用いる軍事手段を軍に供給する一方で，交流や物流を担う輸送手段を航空輸送企業に供給し，産業と社会の発展に貢献してきた．

1970年代末から日本やドイツの製造業は，自動車や電機・電子産業を中心に，アメリカ企業の技術水準に追いつき，一部の分野では追い越してグローバル市場を獲得してきた．しかし，航空機産業では欧米企業が市場を独占しており，航空機市場はアメリカのボーイング（The Boeing Company）と欧州のエアバス（Airbus SE），航空機エンジン市場はアメリカのGE（General Electric Company）とP&W（Pratt & Whitney, RTX Corporationの傘下），イギリスのRR（Rolls-Royce Holdings plc）が市場を分け合っている．

航空機産業は，最終組立とシステム統合を担う航空機メーカーを頂点にして，機体構造やシステム（装備品・構成品・内装品），エンジンのサプライヤが分業構造を形成している．航空機システムは，飛行制御や降着装置，空調などのシステムごとに専門のメーカーが存在し，最終的には航空機メーカーによって航空機に組み込まれる．それに対して，エンジンは，自動車産業などと比べて相対的に独立しており，エンジンメーカーを頂点にした分業構造を形成し，完成したエンジンが航空機メーカーに供給される．

日本の航空機産業は，欧米の航空機産業のサプライヤとしてサプライチェーンに組み込まれ，機体構造やエンジン，システムの各分野で，サプライヤとして段階的に成長し，欧米企業の技術競争力を支えてきた．その一方で，航空機やエンジンの完成品メーカーとしてはほとんど市場参入できていない．自動車や家電産業とは異なり，なぜ航空機産業では日本企業が完成品メーカーとして市場を獲得できないのであろうか．

航空機市場では，冷戦期はボーイングがマクダネル・ダグラス（McDonnell

Douglas Corporation）やロッキード（Lockheed Corporation）といったアメリカ企業と市場獲得を争ったが，1990年代からはアメリカ企業のボーイングと欧州企業のエアバスが市場で対峙している．2010年代には，ボーイングは航空機の墜落事故や品質管理など，製造業としての基本的な部分で問題を抱え，市場競争でもエアバスに後れをとっている．冷戦期に航空機市場を独占してきたボーイングは，なぜ，安全性に問題を抱えるようになり，エアバスとの市場競争で後れをとるようになったのであろうか．

本書は，航空機産業における製品の開発・生産・販売という一連のプロセスに着目し，ボーイングが，技術競争力を獲得した理由と，2000年代以降に自ら技術競争力の基盤を崩してエアバスに市場を奪われた理由を，新自由主義や冷戦終結を背景とする政治経済環境と企業経営の変化，国家の認証制度との関係に着目しながら明らかにする．その上で，日本企業が完成品メーカーとして市場に参入する際の課題を示す．

（2）製品の技術競争力と生産の技術競争力

企業の収益性は，商品の生産・販売によって市場を獲得し，最終的に利益を獲得することで実現される．企業による市場の獲得は，製品と生産の技術競争力によって基礎づけられる[1)]．

製品の技術競争力（技術開発力）とは，市場の要求を満たす製品を設計・開発する能力である．

第1に，メーカーは，市場を設計し，機能や性能で区分された多層的な製品群（product family）を供給することでユーザーの要求を満たす．それぞれの製品群は，製品の原型をもとにした派生型や発展型，既存品を代替する後継品が製品系列（product line）や製品ファミリーを形成することで構成され，区分された市場をさらに細分化する．

第2に，メーカーは，顧客の要求を満足させる機能，性能，品質，価格の製品を設計し，必要に応じて製品をカスタマイズする．その際に，メーカーにとっては長寿命で単品種・単仕様製品の方が規模の経済効果によって生産コストを抑制できるが，ユーザーのニーズが多様になるほど多品種・多仕様の製品が求められ，製品が短寿命化する傾向がみられる．そこでメーカーは，生産コストを抑制するために設計の標準化・共通化を追求する一方で，ユーザーの要求を満たすためにオプション選択の用意や特注に対応することで，設計の標準化と多様化という相反する要求を同時に実現しようとする．

第3に，メーカーは，設計にもとづいて開発することで製品を技術的に実現する．部品点数が多い場合，完成品メーカーは，内製と外製（外注）の範囲を決め，サプライヤや裾野産業との分業構造の中で開発・試作を行う．完成品メーカーは，基本的な設計，最終組立やシステム統合で主導的役割を果たしながら，技術や経営の面で中核的な部位を内製化し，周辺的な部位を外注化する．多品種・多仕様生産はサプライヤの部品・素材供給にも求められ，外注先の企業によって完成品の技術的水準が規定される．

第4に，安全性や耐久性が社会的に受容されなければならない製品（商品）の場合，技術的実現をもって直ちに商業販売できるわけではなく，メーカーは認証の取得など必要な措置をとる．とりわけ航空機のように確実で絶対的な安全性が求められる場合，メーカーは国家機関等で認証を取得しなければならない．

生産の技術競争力（生産力）とは，開発された製品を生産・量産する能力である．ユーザーの要求を満たすだけの有用性をもつ使用価値を確実に生産するという面と，利益を獲得するために最大限の価値を生産するという面をあわせもつ[2]．

第1に，質的側面（使用価値の側面）からは，メーカーは，生産する製品の種類と量の変動に対応しながら品質と生産を管理する．部品点数の多い加工組立品の場合，メーカーは，素材や部品，機器や装置，ユニット部品やシステム，モジュールをサブ組立して，最終組立ラインで製品を組立・統合するために，サプライヤとの分業構造のもとで生産を行う．そのため，メーカーはサプライヤを含めて品質や納期を管理しなければならない．

第2に，量的側面（価値の側面）からは，メーカーは，製品の生産過程で価値を生み出し，流通過程を経て利潤を獲得する．市場競争の中でメーカーは，生産技術や生産システムの改良に取り組み，原価の低減，労働コストや外注コストの抑制を通じて労働生産性や資本の回転率を向上させ，特別利潤を獲得したり，競合企業に対抗して低価格製品を投入して市場を獲得しようとする．開発や生産のコストには，設備コスト，原材料コスト，労働コスト，外注コスト，認証コストなどが含まれ，それらコストの抑制は利潤の獲得につながる．ただし，生産性を向上させる機械や設備が電子化などによって複雑・高度なものになると，設備コストや原材料コストを膨張させて利潤率をむしろ引き下げることになる.

(3) 民間航空機の産業特性

本書では,民間航空機産業の技術競争力を,航空宇宙産業,総合的加工組立産業,サービス産業,規制産業という産業特性をふまえて分析する.

①航空宇宙産業としての民間航空機産業

第1に,民間航空機産業は,経営や技術の面で軍事産業や宇宙産業との関係が深く,しばしば航空宇宙産業と一括される.

まず,航空宇宙産業の産業規模を,自動車産業の売上高や雇用者数と比較して国別に示す(表序-1).アメリカでは,2007年の自動車関連産業の3160億ドル(5.9%),33万人(2.5%)に対して,航空宇宙産業は1721億ドル(3.2%),42万人(3.1%)であった.2006年の輸出額は,民間機が644億ドル,自動車が835億ドルであり,貿易収支は自動車が1285億ドルの赤字に対し,航空機は471億ドルの黒字であった.アメリカでは,雇用と売上,輸出の面で,航空機産業は自動車産業に匹敵する規模である.一方,日本では,自動車関連産業の1942億ドル(7.1%),17万人(2.2%)に対して,航空宇宙産業は133億ドル(0.5%),4万人(0.5%)にとどまる(The Bureau of the Census, 2009, pp. 617, 794, Table 967, 1267).

次に,アメリカ航空宇宙産業の部門構成をみると,2012年の合計2179億ドルのうち民間機部門606億ドル(28%),軍用機部門582億ドル(27%),ミサイル部門231億ドル(11%),宇宙部門449億ドル(21%)であった(表序-2).これとは別に,民間機部門で530億ドル,軍用機部門で628億ドルという規模で整備(MRO: Maintenance, Repair & Overhaul)やアフターマーケットの市場が,それぞれの生産規模に匹敵する水準で存在した(AIA, 2013, pp. 71, 75)[3].

冷戦終結を前後する1982年から1992年にかけてアメリカ航空宇宙産業の売上高合計は1.4倍(2012年の物価基準)に増えたのに対して,軍事費削減の影響で軍用機やミサイルは規模を縮小させた.ところが,2001年の同時多発テロを経て,2012年に両部門は1992年の水準に追いついた.航空機部門としては冷戦期から航空宇宙産業の50%程度を占めてきたが,冷戦終結後は民間機の割合が相対的に高まり,1982年の16%から2012年には28%に増大した.

個別企業のレベルでは,航空機やエンジン,ロケット,人工衛星を扱う企業

表序−1　各国の航空宇宙産業と自動車産業の規模（2007年）

	売上高（億ドル）					雇用者数（万人）				
	製造業	航空宇宙		自動車関連		製造業	航空宇宙		自動車関連	
アメリカ	53187	1721	3.2%	3160	6%	1339	42	3.1%	33	2%
日本	27182	133	0.5%	1942	7%	770	4	0.5%	17	2%
ドイツ	23293	293	1.3%	3050	13%	706	8	1.1%	49	7%
フランス	12325	393	3.2%	1234	10%	352	9	2.7%	16	5%
イギリス	9404	381	4.1%	604	6%	298	11	3.6%	7	2%
中国	45644	132	0.3%	1523	3%	7230	30	0.4%	79	1%

出所：「UNIDO（国際連合工業開発機関）」の「Industrial Statistics Database」（https://stat.unido.org/database/INDSTAT%204%202023,%20ISIC%20Revision%203，2024年６月８日閲覧）．

表序−2　アメリカ航空宇宙産業の売上高の内訳

名目額（物価調整なし）（億ドル）

	合計	航空機					ミサイル	宇宙	関連製品
		合計		民間		軍用			
1982年	678	355	52%	110	16%	245	104	105	114
1992年	1386	739	53%	399	29%	340	118	298	231
2002年	1544	786	51%	413	27%	373	157	346	254
2012年	2179	1188	55%	606	28%	582	231	449	310

実質額（2012年の物価基準）（億ドル）

	合計	航空機			ミサイル	宇宙	関連製品
		合計	民間	軍用			
1982年	1526	799	247	552	234	237	257
1992年	2168	1156	624	532	184	467	361
2002年	1968	1003	527	475	200	442	324
2012年	2179	1188	606	582	231	449	310

出所：AIA（1996），p. 15，同（2001），p. 15，同（2008），p. 12，同（2011），p. 194，同（2013），p. 286より．物価調整はWhite HouseのHistorical TablesのTable 10.1（https://www.whitehouse.gov/omb/historical-tables/，2019年６月５日閲覧）のComposite Outlay Deflatorsより．

は，しばしば軍事部門と民生部門を併せもつ．売上に占める兵器販売額は，2005年のボーイングで280億ドル（51％），エンジンメーカーのP&Wで33億ドル（35％），GEで30億ドル（２％）であった（SIPRI, 2007, pp. 376-382）．

航空宇宙産業では，軍事部門の顧客は国家になり，軍事技術開発が民生部門に先行することもあれば，民生部門の足かせにもなる．類似した製品を生産する場合や，生産技術や部品，素材という共通性が高いレベルでは，軍事目的で得られた補助金や機械設備，開発された技術が，民間機生産に利用されることもある．一方で，戦時下のように軍需が拡大する場合は，企業の限られた資金，人材，設備を軍事部門に奪われることで民間機部門の成長が妨げられたり，ベトナム戦争後や冷戦終結後のように軍事調達費が劇的に削減されて軍事部門が企業経営の足かせになることもある．歴史的には民生部門で先行した技術を軍事部門が取り入れてきた（山崎，2019，河村・小長谷・山崎，2023）．

②総合的な加工組立産業としての民間航空機産業

第2に，民間航空機産業は総合的な加工組立産業である．

航空機は，自動車や家電と比較しても部品点数が多い．第2次世界大戦期には，自動車の5000点に対して航空機は15万点であった（西川，2008，p. 74）．その頃のレシプロ機は座席数100席未満だったが，ジェット化以降は機体が大型化し，1970年には座席数が400席を超える大型機（747）が就航した．今日では，自動車（内燃機関）の部品点数3万点に対して，航空機は300～600万点に及ぶ[4]．一般的に部品点数が多いとされる自動車や家電でも外注が行われるが，航空機の部品点数はそれらの比ではない．

民間航空機は，多様な機能をもつ多数の部品やシステムが最終的には単一の航空機に組立・統合される．**図序−1**に示すように，民間航空機は機体構造・エンジン・システムという技術的構成をとる．

機体構造部品は，生産工程に沿って素材，部品，小組部品，大組部品，航空機に組み立てられる．大組部品は，航空機メーカーが担当する最終組立工程の前工程でサブ組立される最終分割単位であり最大分割単位の部品に相当し，主翼，胴体，中央翼，尾翼を構成する垂直安定板や水平安定板などの基本的な機体構造に加えて，1次飛行制御装置（方向舵，昇降舵，補助翼）や2次飛行制御装置（高揚力装置や減速装置）がある．小組部品は大組部品組立の前工程で組み立てられる．組立では，組立治具を用いて単一部品から小組部品，大組部品と集成して完成機に仕上げる．ただし，部品の分割単位は相対的であり，機体の分割方法や発注形態によって変化する．

システムは，生産工程に沿って素材，部品，機器，システム，航空機に組みあがる．システムは，飛行や電気・空調等の航空機の制御に関わるシステムと内装に区別でき，前者には飛行制御，航法，操縦室（フライトデッキ），電源，燃料，降着，与圧・空調がある．マイクロコンピュータを組み込んだ電子制御が普及すると，システムが自己完結的な機能をもつようになったため，系統部品や機能部品と呼ばれることもある．機体構造と比べて，システムは電子化の影響が大きく，単に機械式の機器が電子式に代替されるだけでなく，新たな機器が導入されたり，複数の機能が統合された．

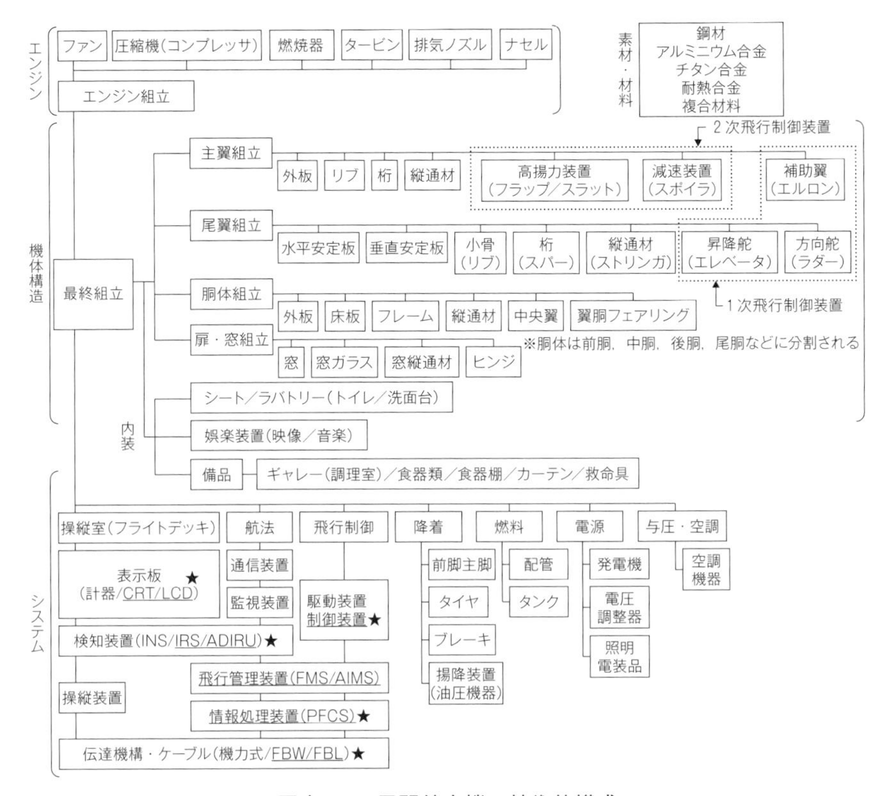

図序-1　民間航空機の技術的構成

注：アンダーラインを引き，星印（★）をつけたものは電子化後に導入されたものである.

出所：久木田（1990），pp. 50-51，日本航空宇宙工業会（2007）『世界の航空宇宙工業』，pp. 138-151，北九州市（1990），p. 59，資料-21などを参考にして筆者作成.

航空機の機能からは，開発・生産の担い手は機体メーカー・エンジンメーカー・システムメーカーに分類される．機体構造のサプライヤには，鋳造・鍛造・成形・板金・プレス・溶接・切削など基盤的汎用技術による加工メーカーや素材・原材料メーカー，熱処理，塗装，非破壊検査などの特殊工程を担うメーカーが含まれる．システムのサプライヤには，それぞれに特化した専門的な知識や技術が必要になる．電子化にともなって，電子機器メーカーやコンピュータメーカーが航空機産業に参入する一方で，既存メーカーも電子化への対応を迫られた．

最終組立工程で単一部品から大組部品やシステムに集成するには，設計段階でインターフェス（接合部分）が適切に決められ，その通りに部品が製造されねばならない．また，システム統合の段階では，複数のシステムが同時に稼働しなければならない．そのためには，複雑なシステム・アーキテクチャの設計と最終的なシステム統合の能力が必要である．したがって，単独企業が，さまざまな機能をもつ多数の部品やシステムを並行して開発・製造・統合するには負担が大きく，分業や外注化にもとづく統合的な加工組立産業が形成されたのである（久木田，1990，pp. 52-53）．

③サービス産業としての民間航空機産業

第3に，民間航空機産業は，航空機を開発・製造するだけでなく，航空輸送企業における運航機材の整備（MRO）を支援するサービス産業という側面をもつ．航空機メーカーが収益を高めるには，運航に必要な整備や操縦マニュアル，交換部品の提供，技術的支援などを行うプロダクトサポートが重要な役割を果たす（前間，2000，p. 137）．

まず，プロダクトサポートは航空機販売を確実にする．航空輸送企業にとっては，乗客や輸送物の依頼主が顧客であり，航空機材を安全かつ快適に運航することで収益を得る．そのためにメーカーは，必要に応じて部品の供給や修理に応じ，初期不良や不具合，顧客のニーズやクレームに対応することで安定した運航を支援する．定期運航便の遅延・欠航は収益に直結するため，高い定時出発率が求められることから，就航後は運航上の問題を速やかに改善しなければならない．プロダクトサポートを実施することで，航空機メーカーは航空輸送企業からの信頼を得て，航空機を確実に販売できる．

次に，プロダクトサポートは販売後も航空機開発を継続する手段になる．航空機は認証取得や就航で開発が終了するわけではなく，就航後も初期不良や不具合，顧客のニーズやクレーム，苦情を開発や生産の現場に伝えることで航空機の改良・改修が継続する．多数の航空輸送企業との直接の接点や窓口となるのがプロダクトサポートなのである．一方，サプライヤは，交換部品販売はできても，航空輸送企業に対してプロダクトサポートを行うことはできない．

さらに，プロダクトサポートは，派生型機や後継機に対する顧客のニーズを把握し，当該企業の後継機を航空輸送企業に継続して販売するための手段になる．プロダクトサポートは，航空機への要望・改修の窓口であると同時に，新開発機への要求を知るマーケット・リサーチにも役立つのである．

最後に，プロダクトサポートは，アフターマーケットで収益を獲得するための手段になる．ただし，アフターマーケットの収益は，機体メーカーに比べて，システムメーカーやエンジンメーカーにとってより重要である．

航空輸送企業が航空機を購入するとき，航空機全体の価格のうちエンジン価格は16～30％程度を占める[5]．航空機エンジンは，開発費は航空機に匹敵するが販売価格は航空機の部品の１つという位置づけであることと，高額部品の交換頻度が高いことからアフターマーケットの規模が大きいのである．

④規制産業としての民間航空機産業

第４に，民間航空機産業は，市場の規模，技術的リスク，資金的リスクの面から，単一企業が市場を支配する自然独占に向かう傾向があり，そのため国家の介入によって競争が組織され，規制される規制産業という特徴をもつ．

航空機の開発費は，機体の大型化とともに，また時代とともに高くなる傾向にある．**表序-3**に航空機の開発費と機体価格を示す．開発費は，100席級のA320-100で18億ドルに対して，400席超のA380では161億ドルと日本円で１兆円を超えた．在来型747（1970年就航）の開発費として見積もられた12億ドルは当時のボーイングの総資本の３倍にあたり，同時期のDC-10の開発費もダグラスの資本の３倍に相当した（Tyson, 1992, p. 167, 邦訳，pp. 245-246）．カタログ価格なので実際には割引されることもあるが，航空機価格は，100席級の737MAXとA320は0.8～1.2億ドル，200席級の787-8は2.9億ドル，300席級のA340，A350，777-200は2.2～3.3億ドル，400席級の747-8とA380は4.2～4.5億ドルである．経済産業省の推定によれば，航空機の価格構成は，OEM（Original Equipment Manufacturer）と称される航空機メーカー25%，システム31.5%，機体構造25.5%，エンジン18%である．なお，航空機メーカーは主翼を担当することが一般的であるが，胴体やシステムは外注化することが多い．

巨額の開発費がかかる高額の航空機を販売して損益分岐点に達するには長い時間がかかる．MITの研究では新型機が損益分岐点に達するには10～14年で400～500機，タイソンによれば少なくとも８年間（開発期間込みで12年間）で約600機を販売しなければならない（Dertouzos, 1989, p. 203, 邦訳，p. 283，Tyson, 1992, p. 165, 邦訳，pp. 243-244）．500機を販売するまでの年数は，ボーイングの707は９年，727は５年，737は11年，747は13年，757は11年，767は12年，777は11年，787は６年，マクダネル・ダグラスのDC-8は11年，DC-9は５年，MD-80は９

表序－3　航空機の開発費・機体価格（左）と価格構成（右）

		開発費	価格
ボーイング	747-8	40億ドル	4.2億ドル
	777-200	78億ドル	3.3億ドル
	787-8	320億ドル	2.9億ドル
	737MAX		1.2億ドル
エアバス	A380	161億ドル	4.5億ドル
	A350	152億ドル	3.1億ドル
	A340-500	41億ドル	2.2億ドル
	A320-100	18億ドル	0.8億ドル
エンジン	GE9X		3500万ドル
	GE90	20億ドル	2333万ドル
	Trent 800		1804万ドル
	PW1100G		1600万ドル
	V2500		253万ドル

		価格
航空機メーカー（25%）	完成機メーカー利益等	15.0%
	開発費	2.0%
	最終組立・飛行試験費	8.0%
機体（25.5%）	胴体	14.2%
	翼	11.3%
エンジン（18%）		18.0%
システム（31.5%）	電気システム	10.5%
	飛行制御システム	3.0%
	降着装置	3.0%
	アヴィオニクス	9.0%
	内装	3.8%
	その他	2.2%

注：機体価格は2021年価格であり価格の異なる複数のファミリー機は平均価格とした．開発費は2012年のドル換算金額だが，A320-100のみ1984年価格である．GE9Xは2016年，GE90とTrent 800は1991年，PW1100Gは2021年，V2500は1984年時点のカタログ価格や契約額からの推定である．

出所：右表は経済産業省「我が国航空機産業の今後の方向性について（2024年3月27日）」のp. 47（https://www.meti.go.jp/shingikai/sankoshin/seizo_sangyo/kokuki_uchu/pdf/2023_001_02_00.pdf，2024年9月12日閲覧）とNEDO（2021），p. 161（原出所はFrost & Sullivan（2008）*Global Commercial Aviation Electrical Power Systems and Infrastructure Market Assessment*），左表は日本航空機開発協会（2024a），p. Ⅶ-23．価格構成は経済産業省の推計だが，原出所はFrost & Sullivan（2008）と考えられるので，内訳の一部表記を修正した．『日本経済新聞』1990年7月12日付，1991年8月22日付，9月10日付，2016年7月13日付，『日経産業新聞』1984年1月5日付，『日経速報ニュースアーカイブ』2021年11月16日．

年，MD-90とDC-10，MD-11は未到達，エアバスのA300は28年，A319は8年，A320は8年，A321は16年，A330は15年，A350は9年でA310，A318，A340，A380は未到達であった（表7－1）．航空機産業は，損益分岐点に達しなければ巨額の赤字を抱え，それをクリアすれば販売するほど利益を得られるハイリスク・ハイリターンの産業なのである．かつて400席以上の市場を独占した747は，1機30～40億円の粗利とされた（谷川他，2009，p. 70）．

産業アナリストのマクドナルド（John McDonald）は，1953年に「この市場で3社の製造企業が共存することはできない」と表現した（Tyson, 1992, pp. 161-162, 邦訳，p. 238）．100座席以上の民間機の航空機市場は，1958～99年に1万5039機の納入のうち，狭胴機が1万1142機，広胴機が3897機で，それぞれ年平均すると265機（1機1億ドルなら265億ドル）と93機（1機3億ドルなら278億ドル）になる．仮に年間に50機販売する場合，狭胴機は5機種，広胴機は2機種程度が限界という計算になり，狭胴機はますます安い航空機が大量に販売される傾向にあることを考えると，市場に参入できる企業数は2～3社程度であり，それ以上に参入企業が増えると共倒れになる．1990年代までにアメリカ企業3社の競合の末，ボーイングが生き残り，2000年代からは航空需要が増大したものの，ボーイングとエアバスが市場を二分して自然独占の傾向は変わらないとみなせる．

民間航空機産業の顧客は，一般の消費者ではなく，航空輸送企業という少数の限られたユーザーである．2007年現在，世界の航空輸送企業数は729（不定期運航を含めると2562）である（日本航空機開発協会，2008，pp. II-15，IV-3）．新規参入企業は，北米や中国を除けば，国内市場だけで損益分岐点に達するだけの販売は望めないため，国内市場では実績のある外国企業との競争を強いられ，世界市場でも外国企業との競争に勝たなければ利益を得られない．

需要と供給の両面から民間航空機産業は自然独占産業といえるが，アメリカ政府は，研究開発支援，調達，借入保証（loan guarantee），航空規制を通じて航空機産業に介入し，競争を促し，自然独占を阻んできた．

アメリカ航空宇宙産業では，軍事目的の連邦政府の研究開発支出が，完成品や部品，素材，生産技術を経由して民間航空機産業の技術競争力に結びついてきた．第2次世界大戦後の世界は，米ソの冷戦対立のもとで，アメリカ政府は軍事産業を戦略的に育成した（南，1970，坂井，1984）．冷戦期には，連邦研究開発支出の40～75％を国防総省が占め，宇宙開発を担うNASAや核弾頭を管轄するエネルギー省が続いた（山崎，2011b，p. 92）．1915年に設立されたNACA（National Advisory Committee for Aeronautics：航空諮問委員会）は，軍事及び民生技術の研究への資金提供を目的とし，1958年にNASA（National Aeronautics and Space Administration：航空宇宙局）に改組され，その役割を引き継いだ．

軍事調達は，たとえば1980年代初頭に米空軍がDC-10をもとにした空中給油機KC-10を60機購入したことで，販売が低迷したDC-10の生産ラインを維持した．1967年のマクダネルとダグラスの合併時や1971年に倒産の危機に陥っていたロッキードには，連邦政府の借入保証によって航空宇宙企業の民生部門の存続を支えた（Newhouse, 1982, pp. 176-182, 邦訳，pp. 398-412）．

アメリカ政府は，エアバスが航空機販売でボーイングを追い抜いたのは，エアバスが商業的条件よりも低い条件で受けた政府貸付や政府援助のためだと批判した．これに対してEUは，ボーイングが連邦政府の助成金や日本政府によるサプライヤ支援の補助金，輸出業者に対する税額控除によって支援を受けたと主張した（Newhouse, 2007, p. 53）．

参入規制や価格規制は，航空輸送企業を質とサービスの競争に向かわせ，航空機の技術革新を促した（Tyson, 1992, pp. 169–171, 邦訳，pp. 250–253）．

これらに加えて本書では，国家の介入としての認証制度が，新規参入企業にとってはハイリスクをもたらし，参入して市場を確保する既存企業に販売の確実性とハイリターンをもたらしていることを明らかにする．

2．技術の独占と国家の介入

（1）民間航空機産業の先行研究

民間航空機産業の先行研究として，第1に，軍事，民生，宇宙の部門をもつ航空宇宙産業史としてPattillo（1998）やBilstein（2001a）及び同（2001b），ボーイングの企業史としてBauer（1991），同（2000），Rodgers（1996），Serling（1992），ジェットエンジンの開発史としてGunston（1997）や同（2006），Peter（1999），Connors（2010），石澤和彦（2013）が挙げられる．Bilstein（2001a）では，ボーイングの生産が，内製から外製，国際共同開発による国外調達に展開したことが描かれている．

第2に，民間航空機産業の議論として，自国政府を巻き込んだ開発・販売競争，競合企業への揺さぶりや強引な販売手法を生々しく描き，航空機メーカーとエンジンメーカーの企業間関係も分析するLynn（1995）やNewhouse（1982）及び同（2007），市場や産業の立地と組織を分析するTodd（2018），航空機の開発プロセスやサプライチェーンに着目する中村（2012），787の開発・生産やサプライチェーンを分析するKotha（2013）やTang（2009），航空機開発と市場競争を概観する青木（2004）や石川（1993），特定のボーイング機の開発史としてIrving（1993）やSutter（2006），Sabbagh（1996），戦略的提携に着目する閑林（2020）や徳田（1999），シアトルの地域経済との関係でSell（2001）や山縣（2010）が挙げられる．西川（2008）や坂出（2010）は，米英の航空機産業を機体・エンジン部門間の関係もふれながら経済史的に論じる．

737MAX墜落事故後のボーイングの凋落はRobison（2022），江渕（2024），佐藤（2022）らによって分析され，いずれも1997年のマクダネル・ダグラスとの合併と2001年の本社移転後にコストの抑制と株主利益を重視する経営方針が起点になっていることを主張する．本書では，同様の視点をもちながら，2000年代後半からのボーイング経営陣による労働組合への対抗策と労働コストの抑制，Coughlin（2019）で論じられる国家の認証制度が，ボーイングの技術競争力の獲得を支えると同時に喪失に向かわせているという視点を加える．

第3に，経済政策の面から，Dertouzos（1989）は，アメリカの国際競争力の低下について論じ，競争力を維持する数少ない産業の1つである航空機産業に対するエアバスの挑戦に警告を発した．クリントン政権で経済諮問委員長を務めたTyson（1992）は，ハイテク産業保護の視点から，国外からは政府支援を受けたエアバスの挑戦を受け，国内では軍事調達の削減に苦しむアメリカ航空機産業に対し，産業政策（ターゲティング・ポリシー）をとることを主張した．

民間航空機産業は歴史的に研究されてきたが，航空機メーカーの開発・生産・販売における技術競争力の内実に焦点をあてた研究はそれほど多くない．以下では，製造業全般の研究から，それを論じるための論点を抽出する．

（2）独占的超過利潤を生みだす技術的諸条件

独占的超過利潤を生みだす技術的諸条件として，第1に，特許や知的財産権の取得を通じた中核技術の独占的使用がある．

技術独占は，特許制度を通して国際的に合法化され，国際的な技術支配・従属の構図がシステムとして傾向的に固定化されうる（林，1989，p. 1）．1995年発足のWTO（世界貿易機関）を通じて，多国籍企業がもつ知的所有権が世界各国で保護され，技術独占にもとづく利益の独占によって投資資金を回収し，それによって先行企業と後発企業の格差が拡大，固定化される（増田，2023，p. 280）．エレクトロニクス関連の多国籍企業は，川上部門（研究開発）と川下部門（販売促進やアフターサービス）といったスマイルカーブの高付加価値部門に特化し，付加価値の低い直接的生産過程を外部化している（井上，2008，p. 15）．

2000年代以降，とくにIT産業では，最終組立を担う垂直統合型企業が産業全体に支配的影響力をもてなくなり，特定の要素技術に特化した専業企業が相互に協力して最終製品を提供するようになると（森原，2019，p. 157），欧米企業が価値の源泉となるコア領域を知的財産権や契約で独占し，自社に有利な水平的国際分業を新興国企業と形成するようになった（小川，2015，pp. 13，24）．

IT 産業などで水平分業型（垂直分裂型）の産業組織が一般化すると，複数の階層や補完的要素で構成される産業や製品において，他の階層や要素を規定する下位構造（基盤）としてのプラットフォームを支配することが独占的超過利潤を獲得するための要件となった．GAFA は，ネットワーク外部性という需要側に生じる規模の経済（対価なしのデータ労働）を活用するために取引プラットフォームを利用し，囲い込んだ利用者取引をビッグデータとして集積，解析し，ターゲティング広告の提案に活用している（森原，2023，pp. 175–178）．

第2に，生産技術と生産システムの形成も独占的超過利潤の条件になる．

中村静治は，労働生産性を高める労働節約的技術進歩が，労働手段（機械や装置）や労働対象（原材料）などの資本使用的な状況をともない得るため，労働節約的かつ資本節約的な技術進歩が課題になると指摘した（中村，1977，p. 196）．加藤邦興は，コンピュータと情報技術の発展が，労働の生産性を向上させる技術進歩から資本の回転率を向上させる技術進歩への転換や，トヨタ生産方式にみられるような混流生産による在庫の圧縮と，その結果としての資本の回転率の上昇をもたらしたことを指摘する（戸田，1976，1998年2月1日の科学論技術論研究会における加藤邦興の報告「現代技術論の課題」）．1970年代以降の製造業において，労働生産性の向上のみならず，資本の節約や回転率の向上が重要になる中で，航空機産業でも同様の課題のもとで生産技術が形成された．

トヨタ自動車に象徴されるリーン生産システムは，1980～90年代に日本製造業が世界市場を獲得する中で欧米企業によって研究された．日本の生産システムが，地域性を超えた普遍的な特徴をもつものとして理論化，純化され，下請システムを含めた生産システムとして体系化されたのがリーン生産システムである（植田，2004，p. 65）．1990年代のアメリカ製造業は，不得手な業務や低付加価値業務を外注化する一方で，高付加価値業務（コア・コンピタンス）に特化し，リエンジニアリングと称してリーン生産システムを導入することで経営を合理化した（平野，2008，pp. 29–30）．

藤本隆宏は，アーキテクチャ論の立場から，設計段階の「擦合せの妙」によって製品の完成度を競う自動車や家電のような製品で，20世紀末の日本企業が国際競争力をもったと主張する．藤本が主な対象とする自動車産業はインテグラル型（擦合せ型）製品の典型例とされ，企業間関係に着目して継続的取引，少数者間の有効競争，「まとめて任せること」の効用という特徴をもつ日本的なサプライヤ・システムが競争力を支えた（藤本・武石・青島，2001，pp. 4–13，藤本，1997，pp. 180-184）．本書で扱う航空機は，自動車以上に部品点数が多く，1つのシステムが多くの機能をもち，システム・アーキテクチャや仕様，インターフェスの設計・設定といった設計・開発・生産段階での「擦合せ」が重要である．それにもかかわらず，航空機産業では欧米企業が圧倒的な市場をもつ．本書では，製品と生産の技術競争力に着目してその理由を分析する．

第3に，分業構造もしくはサプライチェーンの形成や戦略的提携も独占的超過利潤の条件となる．

戦後の日本製造業は，下請システムや産業集積など中小企業との分業構造を前提とした大企業の生産体制に支えられて発展した（田中，2015，p. 30）．かつての中小企業研究では大企業による中小企業の支配や収奪が問題にされたが，1980年代以降はサプライヤ・システムが日本製造業の国際競争力の源泉とみなされるようになった．サプライヤは，発注メーカーのニーズや要請に対して効率的に対応して供給を行う能力（関係的技能）を身につけることで，貸与図メーカーから承認図メーカーに「進化」し，完成品メーカーの技術競争力を支えたのである（植田，2004，pp. 27，41，63，71，浅沼，1997，p. 222）．

航空機産業の分業構造に関しては，溝田誠吾（2005）によれば，航空機メーカーとエンジンメーカーを2つの頂点とするグローバルなピラミッド型の分業構造には，1次サプライヤ（主供給メーカー：構造部材・主要部品・システム等），2次サプライヤ（部品供給メーカー：構造部品・航空電子機器等）が連なる．1990年代以降は，頂点のメーカーが支配する複数の1次サプライヤが選別され，キーとなる「パートナーの位置づけに近い」1次サプライヤを選ぶ一方で，残りを2次サプライヤに位置づけ，グローバル「多層」ネットワークを形成した．ここでボーイングは，製品仕様企画，基本設計，試作，飛行試験，型式認証，販売，プロダクトサポートといった重要工程を担い，主導権を握った（溝田，2005，pp. 13-18）．欧米企業が開発費の分担や優れた技術をもつ企業と戦略的提携と称する分業構造を形成する一方で（閑林，2020，pp. i－ii，徳田，1999），日本企業はサプライヤとして地位向上を図ってきた（Kimura, 2007）．本書では，こうした認識を基礎に，分業構造が変化した理由や意味を実態から分析する．

本書では，企業間の戦略的提携やサプライチェーンの形成を通じて競合企業を囲い込み，自らの技術競争力の基盤を形成すると同時に，競合企業を完成品市場から排除することも独占的超過利潤の条件となることを明らかにする[6]．

第4に，製造業のサービス化やサービス・マネジメントは，独占的超過利潤を獲得する手段となる．

製品のコモディティ化によって価格による製品差別化が必要になると，販売手法によって利潤のさらなる獲得が目指される．サービス化には，① 無償の製品付随サービス，② 製品差別化による無償及び有償のサービス，③ 有償のサービス・ソリューションの提供がある（近藤，2014）．本書では，プロダクトサポートに着目して，航空機産業のサービス産業としての側面を分析する．

（3）国家の介入と技術的諸条件

独占的超過利潤を生みだす技術的諸条件には，国家も関与してきた．

技術独占は国家の軍事及び非軍事の資金提供や他国からの技術収奪を通じて補完されることがある．航空機産業では，アメリカは軍事を経由して，欧州はより直接的に国家の資金的な支援を受けてきた．第2次世界大戦時のナチスドイツによるジェット機やエンジンの研究成果は，アメリカの調査団とボーイングによって発見，利用され，戦後の軍用と民間用のジェット機開発に生かされた（宮田，2019，p. 56）．1980年代以降は，自衛隊のF-2戦闘機の日米共同開発において日本の技術が「武器技術」として対米供与され，ミサイル防衛システムなどの日米共同開発・共同生産を通じて日本の国家財政と生産力がアメリカの軍事生産に動員された（山崎，2007）．

技術独占は，国際機関や国家機関が策定する法律や規制にも影響される．航空規制は航空輸送企業の運航を制約する一方で，1970年代末からの航空自由化は競争の構図を変革した．

標準化が確立された場合，技術標準への合致が技術独占の前提になる．ここで標準化とは，「『もの』や『事柄』の単純化，秩序化，試験・評価方法の統一により，製品やサービスの互換性・品質・性能・安全性の確保，利便性を向上するもの」[7]である．航空機の場合，認証取得が製品販売の必須条件となる．デファクトスタンダード（事実上の標準）に対して，アメリカのFAA（Federal Aviation Administration：アメリカ連邦航空局）や欧州のEASA（European Union Aviation Safety Agency：欧州航空安全機関）など各国や地域の航空局による認証がデジュリスタンダード（公的な標準）として機能しているとみなすことができる．本書では，航空局による認証が技術独占を媒介する側面を分析する．

3．本書の構成

第Ⅰ部では，市場の要求にもとづく市場の設計と製品販売後のサービスを扱う．ユーザーである航空輸送企業の一般的・地域的・個別的な要求に対して（第2章），メーカーである航空機製造企業はその要求を満たすよう基本的な機能にもとづいて市場を区分・細分化して市場設計し，コストを抑えながら標準化と多様化の両立を目指して製品設計することで製品の技術競争力を形成したことを明らかにする（第1章）．また，プロダクトサポートによって確実に航空機やエンジンを販売すると同時に，顧客サービスを通じて技術を開発したり，利益を獲得することを明らかにする（第3章）．ユーザーとメーカーの接点を扱うという意味で，航空機を「うる」段階であり，航空機を商品として実現する段階が第Ⅰ部である．

第1章では，メーカーの視点から，独占的な欧米企業が航空需要を類型化して多層的な製品群から成る市場に区分し，製品群ごとに派生型や発展型というファミリー機を提供して航空路線に固有の要求に対応するように市場を細分化し，個別の航空機材のカスタマイズ要求に対して階層設計によって標準化と多様化を同時追求していることを明らかにする．

第2章では，ユーザーの視点から，航空輸送企業によるトータルコストの抑制のような一般的要求や，欧米とアジアで異なる地域的要求が生じた理由を，政治的・経済的・社会的・技術的要因などから明らかにする．

第3章では，航空機販売後の，航空輸送企業に対する航空機メーカーのプロダクトサポートが，航空機販売を確実にし，販売後も開発を継続し，後継機に対する顧客のニーズを把握するための手段として機能することでメーカーの技術競争力を強化すると同時に，アフターマーケットとして収益源になることを明らかにする．

第Ⅱ部では，製品の開発・生産プロセスを扱い，航空機産業における製品の技術競争力と生産の技術競争力を明らかにする．欧米の航空機メーカーは，階層的な国際分業構造のもとで，自らは中核的なプロセスを担当し，日本企業などのサプライヤには周辺的な技術を担当させていることを，機体構造（第4章），エンジン（第5章），航空機システム（第6章）を扱って明らかにする．第5章と第7章では，航空機生産において生産性を高めるような生産技術の高度化や生産設備の増強，品質管理を扱う．航空機を「つくる」段階であり，航空機を技術として実現し，価値を生産する段階が第Ⅱ部である．

第4章では，ボーイングが基本設計や最終組立，中核技術である主翼の設計・開発に特化する一方で，日本など国外の機体メーカーに周辺技術を任せて階層的な国際分業構造を形成すること，国際分業がコンピュータなど情報通信技術を用いて設計情報を共有する仕組みによって成り立つことを明らかにする．

第5章では，日本企業が航空機エンジンのサブ・コントラクタからモジュール・パートナーへと担当範囲を広げながらサプライヤとして段階的に成長する一方で，中核領域で主導的役割を担う欧米企業は，有力企業を階層的な分業構造に組み込んで自らの技術競争力の基盤を強化すると同時に，競合企業としての市場参入を阻止していることを明らかにする．

第6章では，ボーイングが，基本設計と中核技術の開発，システム統合で主導的役割を担うシステム・インテグレータとして技術競争力を獲得する一方で，トータルコストの抑制という市場の要求や短期的な株主利益を重視する経営方針への転換がコスト抑制の手段としての外注化を促進し，人員の削減・流出が重なってトラブル発生時の対応能力を低下させたことを明らかにする．

第7章では，ボーイングの航空機生産において，航空需要の増大に応じた増産に対応しながら，加工組立技術の高精度化・自動化・連続化に取り組んで生産を効率化する一方で，外注化を含めた生産拠点の選定を手段として労働コストの抑制を試み，そのことが自らの生産基盤の脆弱化と安全や労働の問題をもたらしたことを明らかにする．

ここまで，欧米の航空機メーカーが，商品としての航空機の使用価値と価値を，生産過程（第Ⅱ部）で生産し，流通過程（第Ⅰ部）で実現する際に技術競争力を発揮していることを論じる．それに対して第Ⅲ部では，認証制度が，製品が生産過程から流通過程に移行する際の条件になっていることから，航空機の設計・開発・生産・販売のプロセスと技術競争力を規定していることを明らかにする．航空機のような製品は，技術的に実現するだけでは商品として市場に投じて商業運航することはできず，国家機関によって安全性が認められなければならないという意味で，航空機を「とばす」段階を経なければならないのである．

第8章では，製品の生産と販売の条件となる国家の認証制度に着目し，それがボーイングのような自国の航空機メーカーの技術競争力を強化する制度として機能していることを明らかにする．ボーイングは，FAA の認証取得における経験を蓄積するだけでなく，航空規則の策定への関与や類似する試験の省略，FAA から認証の権限を委譲されることで認証取得に有利な立場を得られたのである．

最後に終章では，ボーイングによる技術競争力の獲得と喪失の要因を結論づけた上で，日本航空機産業の課題に言及する．

注

1）佐野正博によれば，「組立型製品では，新機能や大幅な性能向上を可能にするラディカルな製品イノベーションが活発になされる時期と，高品質化や低コスト化を主目標とした生産プロセスに関するイノベーションが活発になされる時期は異なる」（佐野，2013，p. 73）．田口直樹によれば，「資本財産業の技術競争力を媒介とする日本資本主義の国際競争力，これが日本資本主義の特殊性の１つである」「日本資本主義の競争力の基礎は，モノづくりの基盤的技術部分での技術競争力があることである」（田口，2011，pp. 198，222）．

2）技術論では，技術が自然と社会によって二重に規定されているととらえ，工学や技術的構成といういわば技術の内的規定要因と，経済や政治といういわば技術の外的規定要因から分析を行う（山崎，2001，p. 15）．山崎（2001）では，技術を労働手段の体系ととらえる「体系説」の立場から，一方で技術決定論を批判し，他方で社会によって技術が規定されると主張する技術の社会構成主義を批判している．技術論はそのいずれかではなく，自然と社会によって技術が二重に規定されるという立場であり，本書も同様の視点から分析している．

3）東京大学（2012），p. 50では，2010年の世界の航空機製造業の生産額内訳を，①航空機のうち民間機（７兆220億円，17.2％），軍用機（４兆円，9.8％），ゼネラル・アビエーション（１兆5000億円，3.7％），ヘリコプタ（１兆3000億円，3.2％），②装備品・構成品のうちエンジン（４兆7500億円，11.6％），構造部位・部材（１兆6000億円，4.1％），装備システム（７兆1300億円，17.5％），材料（7700億円，1.9％），③アフターサービス（３兆2000億円，7.8％），④防衛システム・装備等（９兆5000億円，23.2％）と推定する．

4）片瀬裕文（当時の経済産業省製造産業局航空機武器宇宙産業課長）による（経済産業調査会編，2008，p. 12）．機体の大きさによって部品点数は異なり，747-400では部品点数600万，部品の種類が30万種類にのぼり（山縣，2010，p. 86），600万点部品の半分はファスナー（締結具）（青木，2003，p. 24）という指摘もある．川崎重工業によれば777の部品点数は400万点である（川崎重工業，2005a，p. 1）．

5）ニューハウスによれば，航空機価格の25～30％がエンジン価格である（Newhouse,

2007, p. 111). 全日本空輸が1980年に購入した767-200は１機約96億円（１ドル227円で3466万ドル），CF6-80は１台７億5000万円（同271万ドル）であり，エンジン２台で航空機の16％に相当した（『日経産業新聞』1980年１月29日付，『日本経済新聞』1980年４月２日付）．英国航空（BA）は，1991年に777を30機で36億ドル（１ドル134円で4824億円），搭載するGE90を14億ドル（同1876億円）分発注した．１機１億2000万ドル（同161億円）に対してエンジン２台で4667万ドル（同63億円），予備エンジンを考慮しなければ全体の28％に相当する計算になる（『日本経済新聞』1991年８月22日付）．V2500は日本が担当する23％の開発事業費だけで1194億円（1980～95年度）であった（日本航空機エンジン協会，2011，pp. 148–149）．ただし，エンジン価格は購入数や整備契約で変わるため，価格は必ずしも明確ではない（詳しくは第３章参照）．

6）西川純子によれば，アメリカ航空機産業の下請生産は，第２次世界大戦で戦時動員体制として組織され，朝鮮戦争で戦時と平時を一貫する「国防生産基盤」として形成された．西川は，航空機の組立部分と部品の外部生産を行う「下請企業（sub contractor)」は主契約企業の注文に合わせて品物をつくり，機械や完成部品，原料，サービスの外部生産を行う「供給企業（supplier)」は独自に開発した商品を市場の競争に委ねるとして区別する（西川，2008，p. 96）．

7）経済産業省のウェブサイト（https://www.meti.go.jp/policy/economy/hyojun-kijun/katsuyo/business-senryaku/pdf/001.pdf，2024年２月７日閲覧）．

第Ⅰ部

製品の市場設計と販売・サポート

――航空機を「うる」――

第Ⅰ部では，市場の要求にもとづく市場の設計と製品販売後のサービスを扱う．ユーザーである航空輸送企業の一般的・地域的・個別的な要求に対して（第2章），メーカーである航空機製造企業はその要求を満たすように基本的な機能にもとづいて市場を区分・細分化して市場設計し，コストを抑えながら標準化と多様化の両立を目指して製品設計することで製品の技術競争力を形成したことを明らかにする（第1章）．また，プロダクトサポートによって確実に航空機やエンジンを販売すると同時に，顧客サービスを通じて技術を開発したり，利益を獲得することを明らかにする（第3章）．ユーザーとメーカーの接点を扱うという意味で，航空機を「うる」段階であり，航空機を商品として実現する段階が第Ⅰ部である．

第1章 航空機メーカーによる市場と製品の設計
——メーカーによる供給——

メーカーである航空機製造企業は，ユーザーである航空輸送企業の多様な要求に対して，要求を満たす航空機を設計する．しかし，航空機メーカーが，すべての航空機をオーダーメイドで提供するのは生産効率の面で現実的ではない．

本章では，メーカーの視点から，独占的な欧米企業が航空需要を類型化して多層的な製品群から成る市場に区分し，製品群ごとに派生型や発展型というファミリー機を提供して航空路線に固有の要求に対応するように市場を細分化し，個別の航空機材のカスタマイズ要求に対して階層設計によって標準化と多様化を同時追求していることを明らかにする．

以下，第1節では航空機，第2節ではエンジンについて，欧米企業が多層的に製品群を供給する独占的な市場構造を概観し，第3節で多様な要求を満たすために個別の航空機をカスタマイズする階層設計について述べる．

1．航空機市場における欧米企業の独占的な市場獲得

(1) ボーイングとエアバスによる航空機市場の独占

民間航空機市場では，ボーイングとエアバスが市場獲得を争いながら，市場を独占している．**表1-1**に示すように，1980年代まではボーイングとマクダネル・ダグラス，ロッキードというアメリカ企業による市場競争であった．ところが，1980年代後半からエアバスがロッキードやマクダネルの市場を奪い，1990年代には対抗機種をそろえてボーイングと全面的に競争し，2003～11年は納入機数でボーイングを上回った．2012～17年はボーイングが逆転したが，2018年以降は再びエアバスが市場獲得でボーイングを凌駕し，その差を広げている（777開発の歩み，2003，p. 241）．

民間航空機は旅客や貨物の輸送手段であり，航空機市場は座席数ごとにいくつかの製品群に区分される．まずは客室内通路が2通路の広胴機（ワイドボディ）と単通路の狭胴機（ナローボディもしくは細胴機）に分けられ，次いで座席

表１－１　メーカー別の航空機納入機数の推移（1950～2023年）

		1950 ～59	1960 ～69	1970 ～79	1980 ～89	1990 ～99	2000 ～09	2010 ～19	2020 ～23	合計
狭胴機・広胴機（１００席以上）	ボーイング	85 46%	1,746 53%	1,703 61%	2,371 62%	3,698 60%	3,940 51%	6,370 49%	1,501 37%	21,414 52%
	マクダネル・ ダグラス	21 11%	1,036 32%	729 26%	874 23%	814 13%	11 0.1%			3,485 8％
	エアバス			81 3％	476 13%	1,631 27%	3,810 49%	6,628 51%	2,575 63%	15,201 37%
	その他	79 43%	498 15%	276 10%	87 2％				3 0.1%	943 2％
	合計	185	3,280	2,789	3,808	6,143	7,761	12,998	4,079	41,043
リージョナルジェット			177	208	282	1,078	2,600	1,502	―	5,847

注：1997年のボーイングとマクダネル・ダグラスの合併後も納入機数は区別している．
出所：日本航空機開発協会（2020），pp. Ⅱ-23-Ⅱ-25，同（2024a），pp. Ⅱ-7-Ⅱ-9．

表１－２　航空機産業の市場構造

		座席数	座席列	航空機（完成品） ボーイング・エアバス・COMAC など			エンジン（完成品） P&W	GE	RR	推力
広胴機	４発	400席 超級	10列	(747)	(A380)		GP7200 PW4000	GP7200 Genx/CF6	Trent900 Trent1000/ RB211	20-30t 級
	双発	300席級	9-10列	777	A350		PW4000	GE90	Trent800/ XWB	40t 超級
		200席級	8-9列	787	A330	(C929)	PW4000	Genx/CF6	Trent700/1000	30t 級
狭胴機		100席級	5-6列	737Max	A320neo A220 (C-series)	C919	PW1100G PW6000 V2500	LEAP CFM56		10t 級
Regional jet (100席以下)			3-4列	E-jet	(CRJ) (MRJ)	C909	PW1200G PW1500G	CF34		10t 未満級
Business jet (20席以下)				ガルフストリーム，ダッソー セスナ，ホンダなど			PW800/ 617/812	Passport20 HF120	BR725/710	

注：747，A380，CRJ は生産終了，MRJ（MSJ）は開発中止，C929は開発中である．座席数や座席列数は標準的なものを示すが，787は９列，A340は８列が一般的である．
出所：筆者作成．

数400席級の広胴４発機（747や A380），300席級（777や A350）と200席級（787や A330）の広胴双発機，100席級の狭胴双発機（737や A320）に区分される（**表１－２**）．

配置可能な座席数は，胴体の断面直径にもとづいた横方向の座席列数と機体の全長によって決まる．エンジン推力は基本的には運搬物の重量で左右され，航空機エンジン市場は，座席数で区分される航空機市場に対応して推力で区分される．航空機市場ではボーイングとエアバス，エンジン市場ではGEとP&W，RRが対抗する機種を市場に投入している．

典型的には400席超級の広胴4発機は20～30トン級エンジンを4発搭載し，横方向に9～10列の座席配列で2階部分にも座席を配置でき，300席級の広胴双発機は横方向に9～10列で40トン超級エンジン，200席級の広胴双発機は横方向に8～9列で30トン級エンジン，100席級の狭胴双発機は横方向に5～6列で10トン級エンジン，100席以下のリージョナルジェットは10トン未満級エンジンを搭載する．

なお，100席以下のリージョナルジェット市場では，カナダのボンバルディア（Bombardier Inc.）とブラジルのエンブラエル（Empresa Brasileira de Aeronáutica S.A.: EMBRAER）が市場を二分したが，ボンバルディアは70～100席級のCRJシリーズ（CRJ700/900/1000）の事業を2020年に三菱重工業株式会社に譲渡し，100～149席級のCシリーズ（CS100/300）は2018年に売却先のエアバスがA220として自らの製品群に追加した．エンブラエルは，商用機事業のボーイングへの統合を交渉していたが，737MAXの墜落事故やコロナ禍の影響で2020年に断念した（日本航空宇宙工業会，2022，pp. 240–242，460）．この市場では，三菱重工業がMRJ（MSJ）の開発を断念したが，中国のCOMAC（Commercial Aircraft Corporation of China, Ltd.: 中国商用飞机有限责任公司）がC909（旧ARJ21）を2016年に開発した．COMACは，2023年に開発した100席級の狭胴機C919とともに，国内路線で商業運航を始めており，200席級の広胴機C929も開発中である．

次に，ボーイングの部門別の収益（売上高）と利益を図1－1に示す．軍事部門（Defense, Space & Security）の収益は，マクダネル・ダグラスと1997年に合併してからは200～350億ドルである[1]．民間機部門（Commercial Airplanes）の収益は変動幅が大きく，1990年代後半から2000年代初頭は300～400億ドルで，2000年代半ばに減少してから2010年代後半は600億ドルに達して全体の4～6割を占めた．しかし，2019～21年には大きな損益を出した．航空機の代金は発注時，最終組立後の塗装前，顧客への納入後に1/3ずつが支払われ，エンジンほどアフターマーケットが大きくないので，ボーイングの収益は航空機の納入機数に連動している（レントン工場の見学〔2018年2月12日実施〕）．

航空機需要は，冷戦終結後は湾岸戦争と経済的低迷によって落ち込んだが，

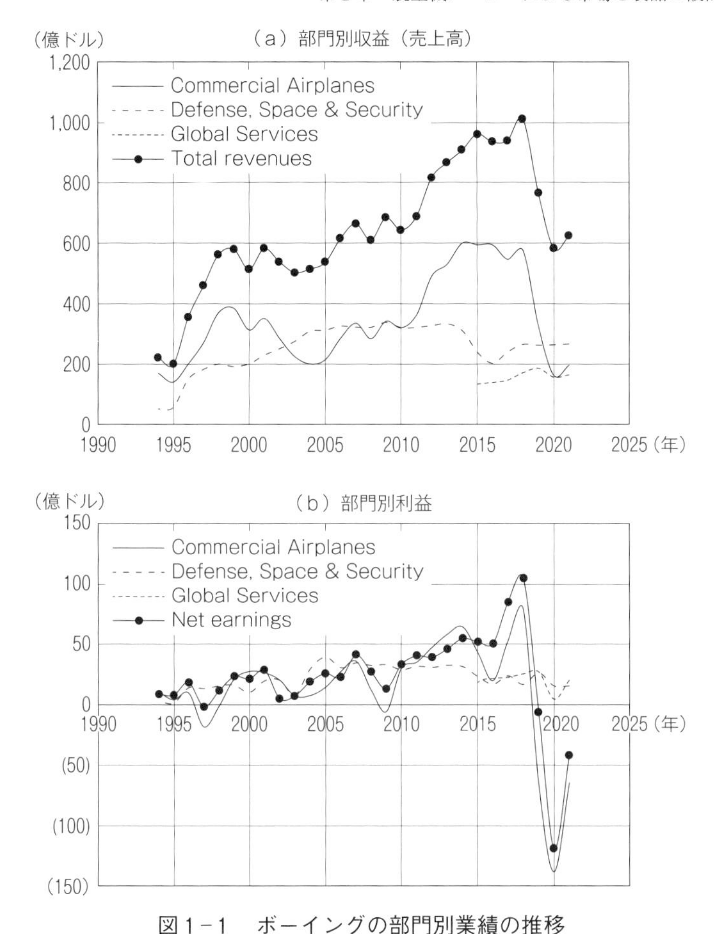

図1－1　ボーイングの部門別業績の推移

出所：Boeing（2021), p63及びボーイングの1996～2021年の“Annual Report”の Summary of Business Segment Dataより.

1990年代後半から2000年代初頭は増大し，2001年９月のアメリカ同時多発テロの影響で再び減少した後に，2000年代後半から機材の更新や代替によって増大し，2008年９月の金融危機では新興国の経済成長が支えとなって逆に広胴機と狭胴機の需要が増大し，ボーイングは高収益を実現した.

ところが，ボーイングの高い収益性は，2019年以降に航空機の納入が激減して落ち込み，民間機部門は2020年に138億ドルの損益を出した．2018年10月と2019年３月の737MAXの墜落事故とその後の納入停止（2020年12月に納入再開),

787は製造不具合が重なって2020年10月から2022年７月まではほとんど納入できず，狭胴機と広胴機の両方の主力機が販売不振に陥った．さらに米中対立の影響や，2020年以降の新型コロナウイルス感染症（COVID-19）の世界的流行により需要が減退した（日本航空機開発協会，2022，pp. 9，15）．

（２）ジェット機市場の形成・創出と航空機メーカーの淘汰・集約

市場構造を歴史的にふりかえると，20世紀初頭から形成されたピストンエンジン（レシプロエンジン）を動力とするレシプロ機市場は，第２次世界大戦後のジェット化によって高速化・大型化が実現され，1970年代までに多層的な民間ジェット機市場が形成・創出された（表１－３）．

1950〜60年代の民間航空機市場では，既存のレシプロ機がジェット機に代替され，比較的中規模の狭胴機市場（ボーイング707，727とダグラス DC-8）と，より

表１－３　航空機市場の構造と変遷

		〜1970年代		1980年代		1990年代		2000年代〜	
広胴機	400席級	747[4発]（70）	724機	747-400[4発](89)	694機			A380[4発]（07） 747-8[4発]（11）	251機 155機+
広胴機	300席級	L-1011[3発]（72） DC-10[3発]（71）	250機 446機			MD-11[3発]（90） 777（95） A340[4発]（93）	200機 1731機+ 377機	A350（15）	608機+
広胴機	200席級	A300（74）	249機	A300-600(84) A310（84） 767（82）	312機 255機 1311機+	A330（94）	1606機+	787（11）	1132機+
狭胴機	100席級	DC-8[4発]（59） 707[4発]（58） 727[3発]（64） 737（68）	556機 1010機 1831機 1144機	737-300（84） 757（83） A320（88）	1988機 1049機 4752機+	737NG（97） A321（94） A319（96）	7095機+ 1784機+ 1484機+	737max(17) A320neo(16) A318（03） C919（22）	1555機+ 3424機+ 80機+ 6機+
狭胴機	100席級	DC-9（65）	976機	MD-80（80）	1191機	MD-90（95）	116機	A220（16）	342機+
RJ	100席以下	Fokker(69) BAE（65） VFW164(75)	565機 626機 14機			CRJ（92） ERJ145(96) Fairchild(99)	1908機 890機 114機	C909（16） SSJ（11） E-Jet（04） MRJ	134機+ 195機+ 1807機+ 中止

注：表記は「機種名（就航年），納入機数（2022年９月現在)]，「+」は生産継続中を示す．７で始まる機種名はボーイング，A はエアバス，MD はマクダネル・ダグラス，E はエンブラエル，C はボンバルディア，C909（旧 ARJ）と C919は中国，SSJ はスホーイ，MRJ（MSJ）は三菱航空機である．737-300は -400/500，737NG は -600/700/800/900を含む．A320neo は A319neo/A321neo を含む．

出所：納入機数と就航年は日本航空機開発協会「主要民間輸送機の受注・納入状況（2024年６月末現在)」（http://www.jadc.jp/files/topics/90_ext_01_0.pdf，2024年８月３日閲覧），Fokker，BAE，VFW は日本航空機開発協会（2016），pp. Ⅱ-９，Ⅱ-23-Ⅱ-25を参照した．座席数と座席列数は日本航空機開発協会（2016），p. Ⅶ-37，同（2024a），pp. Ⅶ-24，26，青木（2000a）を参照した．

小規模な狭胴機市場（737とDC-9）がジェット化された．1970年代には，従来は存在しなかった広胴機市場（747やDC-10，L-1011）が新たに創出され，民間航空機の基本的な市場構造が形成された．

民間用レシプロ機市場の2大メーカーはダグラス（The Douglas Aircraft Company）とロッキードであったが，ボーイングが民間ジェット機開発に乗り出すと，ダグラスが対抗機種を開発したのに対して，ロッキードはレシプロ機にこだわってジェット機市場への参入が遅れた．

1970年代以降の民間航空機メーカーの淘汰と集約は，広胴機の開発競争を通じて進み，ロッキードとマクダネル・ダグラスが市場から脱落した．第1に，1970年代に開発された大型の広胴3・4発機（747，DC-10，L-1011）では，最初に開発されたボーイングの747が最も多く売れ，在来型747（クラッシック・ジャンボ）だけでも724機が生産された．747は，多くの航空輸送企業にとって運航路線に対して機体が大きすぎたが，同じ路線で競合する他社への対抗や，会社の象徴的存在とするために競って導入された．一方，ロッキードのL-1011とマクダネル・ダグラスのDC-10は，747よりも開発が1～2年遅く，本来は獲得できた可能性のある顧客を失った．第2に，それほど大きな需要が残されていない大型機市場に参入した2社のどちらも開発を断念しなかったことが双方に痛手だった．第3に，1980年代からは双発機の洋上運航規制の緩和もあり，航続距離延長型の広胴双発機（A300-600や767）が広胴3・4発機市場を侵食した．その結果，L-1011とDC-10の生産機数はともに500機に到達せず，損益分岐点にも達しなかった（Newhouse, 1982, pp. 160, 165-166, 邦訳，pp. 363，375-376, Lynn, 1995, pp. 158-159, 邦訳，pp. 176-177）．

個別には，1960年代末のロッキードは，RRと契約したL-1011用エンジンの開発が遅れてコストが膨張し，軍用大型輸送機C-5Aの開発でも資金不足に陥った．1971年には，政府による2億5000万ドルの借入保証が認められ，銀行団の追加融資を受けられた．しかし，収益が悪化したL-1011は1981年に生産中止に陥り，ロッキードは25億ドルの損失を抱えて民間機市場から撤退した（Newhouse, 1982, pp. 176-182, 邦訳，pp. 398-412，Newhouse, 2007, p. x）．

ダグラスは，初期のジェット機市場をボーイングと二分したが，DC-8とDC-9を大量受注したにもかかわらず，ベトナム戦争期に資材や熟練工が軍事優先とされ，納期を守れずに経営状態を悪化させ，1967年に戦闘機メーカーのマクダネルと合併した．マクダネル・ダグラスの経営陣は，軍事ビジネスに慣れた旧マクダネルが中心になり，大型のDC-10に続く新たな中型機開発というリスクの高い決断ができなかった．1973年と1979年のDC-10墜落事故も痛手になった．DC-10の後継機MD-11も，3発機であったことに加え，深刻な事故によって2000年代はほとんど旅客輸送に使用されなかった．冷戦終結後は軍事部門の不振が重なり，1997年に同社はボーイングに吸収合併された（Newhouse, 1982, pp. 96-99, 134, 196, 邦訳，pp. 213-220，303-305，445）．

（3）航空機市場の更新とエアバスの市場参入

民間航空機市場は，1970年代半ばまでにジェット化とともに多層的に形成された．製品寿命と機材更新の観点から，購入から10～20年が経過した航空機は旧式化・老朽化し，航空輸送企業からは後継機材が求められる．その頃には，市場形成期に開発された原型機が旧式化しただけでなく，航空自由化や新規企業の参入によって航空輸送企業と航空機メーカー双方の競争環境が変化し，単なる更新ではなく，それぞれの製品群でエンジン双発化と運航乗務員の2名化を取り入れた後継機が開発され，市場構造が変化した．

更新市場では，アメリカ企業の淘汰・集約によってボーイングが市場を独占する一方で，欧州企業のエアバスが新規に市場参入した．

エアバスは，第1に，EC（欧州共同体）やEU（欧州連合）のように欧州域内の経済的統合を目指す戦後の欧州社会において，欧州域内でフランス（アエロスパシアル）とドイツ（DASA）を中心に航空機の共同開発プログラムとして1970年に設立され，後にスペイン（CASA）やイギリス（BAEシステムズ）も加わった[2)]．これは，日本企業がアジアで共同開発プログラムをもてないこととは対照的である（中村，2021，pp. 25-28）．

第2に，エアバスは参加各国の政府補助金に支えられた．1990年のアメリカ政府の調査では，1989年までに英独仏政府は135～258億ドルに相当する援助をエアバスに与えた（Lynn, 1995, pp. 205-206, 邦訳，pp. 227-229）．2004年には，エアバスが150億ドルの政府貸付を受け取ったことでボーイングの販売額を凌駕したとアメリカ政府は批判した（Newhouse, 2007, pp. 50-53）．対してエアバスは，アメリカ政府が，1978～88年にボーイングとマクダネル・ダグラスに対して，国防総省やNASAの研究開発支援などの形で230～410億ドルに相当する直接・間接の支援を行なったと反論した（Lynn, 1995, pp. 208-209, 邦訳，pp. 231）．さらに1992年以来，ボーイングが連邦政府だけでなくサプライヤを経由して日本政府からも合計230億ドルの支援を受けたと批判する（Newhouse, 2007, p. 53）.

第3に，エアバスは，各国政府の政治的影響力を直接的に行使しながら，かつてのシルクロード沿いの米ソ両陣営に属さない第三世界で市場を獲得した．仏独英西と欧州四カ国がエアバスを構成することで，各国の国内市場の確保だけでなく，アメリカとは相対的に独立した政治的影響力をもち得た．とくに中東ではイスラエルに親和的なアメリカ政府に反発する国が多い．当時のフランス大統領ジスカール・デスタンはエアバスのセールスマンとも呼ばれ，1980年に中東を訪問してパレスチナとアラブ諸国を支持する声明を出し，ボーイング757/767との競合で，クウェート，レバノン，サウジアラビアから1機4000万ドルのA300/310を41機受注した（Newhouse, 1982, pp. 30–31, 邦訳，pp. 77–78，Lynn, 1995, pp. 167–168, 邦訳，pp. 186–187）.

顧客獲得のための賄賂や政府による直接の干渉は，アメリカでもみられた．1976年には，アメリカ上院小委員会がロッキードから数カ国に支払われた2400万ドルの賄賂と手数料のリストを公表し，日本ではロッキード事件として田中角栄前首相が逮捕された．同じ時期，ボーイングも5年間で7000万ドルの手数料を海外取引に関連して支払っていた（Newhouse, 1982, pp. 56–59, 邦訳，pp. 131–136）.

第4に，エアバスは各国政府の財政的支援のもとで機体価格の極端な割引や独特の金融的措置によって市場を獲得した．1984～85年にはインド航空をめぐり，ボーイング757との競合でエアバスはA320を割引価格で販売し，さらに引き渡しまでA300と737をリースすると同時に，購入費用の85%にあたる融資を申し出て受注を獲得した（Tyson, 1992, p. 203, 邦訳，p. 302）．アメリカ市場では販売実績を優先し，イースタン航空に対して販売前に4機のA300を無償貸与（fly before you buy）し，1978年に23機のA300を販売した．販売時には，240席機のA300とイースタンが望んだ170席機との運航コストの差をエアバスが保証するという金融的措置までとった（Newhouse, 1982, p. 56, 邦訳，pp. 129–130, Lynn, 1995, pp. 128–133, 邦訳，pp. 144–149）．航空輸送企業にとってエアバスとの交渉は，ボーイングから譲歩を得るためにも有効であった．

第5に，エアバスは新技術を積極的に取り入れ，ボーイングと競いながら運航乗務員を2名編成とする広胴双発機を市場に投入した．広胴機市場では，初期には最大の輸送量を誇った3名編成の狭胴4発機（707とDC-8）を2名編成の広胴双発機（767，A300-600，A310）が代替し，さらに大型の広胴機市場では3

名編成の3発機（DC-10とL-1011）が2名編成の双発機（777とA330）と4発機（A340）に代替された．超大型の広胴4発機市場でも，3名編成の在来型747が電子式の飛行制御システムを取り入れた2名編成の747-400に代替された．このクラスのエアバスの競合機となるA380は2007年に就航した．

2．航空機エンジン市場における欧米企業の独占的な市場獲得

（1）世界の主要な航空機エンジンメーカー

エンジンは航空機にとって最も大きな部品である．航空機には優れたエンジンが求められる一方で，エンジンの性能改善は航空機の発達をうながした．世界の主要な航空機エンジンメーカーの売上高を**表1－4**に示す．

第1に，主要企業の売上合計額は，1990年の3兆9051億円から2020年の8兆

表1－4　世界の主要な航空機エンジンメーカーの売上高

（億円）

		1990年		1995年	2000年	2005年	2010年	2015年	2020年	
GE（GE Aviation）	米	10,943	28%	5,736	11,617	13,107	15,465	29,851	24,341	29%
P&W（RTX傘下）	米	10,558	27%	5,804	7,938	10,234	11,354	17,046	18,551	22%
ロールス・ロイス（RR）	英	6,047	15%	3,548	9,525	12,187	13,323	16,584	12,457	15%
サフラン・エアクラフト	仏	3,761	10%	1,631	3,237	4,730	4,893	10,200	8,390	10%
サフラン・ヘリコプタ	仏	683	2%	373	463	994	1,092	1,689	1,598	2%
ハネウェル（Engines）	米	2,850	7%	1,707	4,634	5,725	4,564	7,430	6,374	8%
MTU Aero Engines	独	1,526	4%	925	2,019	2,939	3,145	5,953	5,184	6%
日本企業3社	日	1,518	4%	1,659	2,597	3,405	3,325	5,535	5,836	7%
GKN	英							2,034	1,319	2%
ボルボ（GKNに統合）	ス				1,264	1,110	938			
アヴィオ（GEに統合）	伊	1,165	3%	974	845	1,495	2,037			
ITP（RRに統合）	西						561	953		
世界合計		39,051	100%	22,358	44,211	55,926	60,697	97,276	84,051	100%

注：サフラン・エアクラフト・エンジンズは2005年まではスネクマ，サフラン・ヘリコプタ・エンジンズはチュルボメカが2000年にスネクマに買収された．ITPは2018年からRRに統合，ボルボ・エアロは2013年からGKNに統合，アヴィオは2014年からGEの傘下，P&Wは2020年からレイセオン・テクノロジーズ（現RTX）の傘下に入った．日本企業3社はIHI，川崎重工業，三菱重工業（三菱重工エンジン）である．
出所：日本航空宇宙工業会『世界の航空宇宙工業』の2023年版のp. 92，2014年版のp. 75，2009年版のp. 68，2006年版のp. 73，2004年版のp. 75，1998年版のp. 78，1995年版のp. 71より筆者作成．

4051億円へと2.15倍に増大し，常に6～7割をGE，P&W，RRが占めている．

第2に，1988年以降，GEは2～3割と常にトップの割合を維持しており，1990年代半ばまでGEと拮抗する売上高を維持したP&Wは割合を減少させ，入れ替わる形でRRが割合を増やした．

第3に，ビッグスリーに次ぐ位置にあり，3大メーカーと合弁事業やRSP契約を結ぶパートナー（ティア1）に位置するのは，フランスのサフラン（Safran S.A），イギリスのGKN（GKN plc），ドイツのMTU（MTU Aero Engines AG），日本の株式会社IHI，川崎重工業株式会社，三菱重工業である．その他に，アメリカのハネウェル（Honeywell International, Inc.）や，かつてのチュルボメカ（Turbomeca）はビジネスジェットやヘリコプタのエンジンを提供する（日本航空宇宙工業会，2015，p. 72）．

第4に企業統合が進み，イタリアのアヴィオ（Fiat Aviation S.p.Aが2013年からGEの傘下でAvio Aeroに）は2014年にGEに，スウェーデンのボルボ・エアロは2013年にGKNに，スペインのITP（Industria de Turbo Propulsores S.A.）は2018年にRRに統合された．P&Wは，親会社のUTC（United Technologies Corporation）が2020年に大手軍事企業のレイセオンと合併してレイセオン・テクノロジーズ（Raytheon Technologies Corporation，2023年にRTX Corporationに名称変更）に組み込まれた．サフラン（Safran S.A）は2005年に航空機エンジンのスネクマ（Snecma: Société Nationale d'Étude et de Construction de Moteurs d'Aviation）と軍用電子・通信のSagenが合併して誕生し，民間機エンジン事業はサフラン航空機エンジン（Safran Aircraft Engines）が引き継いだ．サフランのヘリコプタエンジン部門（Safran Helicopter Engines）は，チュルボメカが2000年にスネクマグループの傘下に入って誕生した．

第5に，日本企業3社は，1990年には主要メーカーの売上全体の4％のみであったが，2020年には7％と，1割には満たないが確実な成長を遂げてきた．

（2）エンジン市場のジェット化とビッグスリーの形成

民間航空機エンジン市場は，レシプロ機のジェット化に対応したP&Wが民間機向けの狭胴機用エンジン市場を独占的に獲得したが，新たに創出された広胴機用エンジン市場に主要メーカーが参入し，市場競争の基本的な構造が形成された．

① P&Wによる民間機向けの狭胴機用エンジンの独占的供給

1950年代までは，軍用機用に開発されたジェットエンジンが民間機に転用された．朝鮮戦争では，GEのJ47（1956年までに3万6500台生産）が，B-47やB-36などの爆撃機やF-86戦闘機に搭載された（Gunston, 1997, p. 156, 邦訳，p. 215）．ソ連との軍事的対立の中で，核爆弾を搭載する戦略爆撃機にも長距離高速飛行が求められると，P&Wは，それまでの遠心式圧縮機ではなく，空気が軸方向に進む軸流式圧縮機を採用して燃費を改善し，JT3ターボジェットエンジンを開発した．JT3は，J57という名称で米空軍の超音速戦闘機や戦略爆撃機B-52に採用され，経済性が求められる民間機分野でも1958年から707やDC-8に転用された．民間用のJT3と軍用のJ57は，P&Wの1万5024台とフォードの6202台で合計2万1226台が生産された（Gunston, 1997, p. 153, 邦訳，p. 213）．

1960年代には，P&Wは燃費に優れたターボファンエンジンを開発し，既存のレシプロ機市場を狭胴の3・4発機（707とDC-8，727）と双発機（737とDC-9）でジェット化した．1960年にはJT3の低圧圧縮機の最初の3段を2段のファンに替えたJT3Dを開発し，1963年には米海軍のJ52の前部をファン型にしたJT8Dを，軍事市場を見込まずに民間市場向けに開発した[3]．1970年代には，広胴機市場（747やDC-10，L-1011）を創出し，最大離陸重量は狭胴4発機707-320Cの151.3トン（航続距離6920km）に対して，広胴4発機747-100は333.4トン（航続距離8100km）と2倍以上に増え，エンジン推力（離陸出力）は，707のJT3D-7の8.6トンに対して747のJT9D-7Aは21.6トンと2.5倍になった（国土交通省，1980，pp. 41–44）．

② GEとRRの広胴機用エンジン開発による民間機市場参入

広胴機用エンジン開発は，GEとRRの本格的な市場参入をもたらし，3大メーカーが市場を奪い合う構造をつくりだした．

P&Wは，狭胴機用（JT3DやJT8D）だけでなく747の広胴機用JT9Dエンジン開発によって負担が増しており，開発時期の重なるDC-10やL-1011，A300といった広胴機に大型エンジンを開発する余裕はなかった．そこで航空機メーカーは，RRとGEに大型エンジンの開発を求めた．ボーイングも，747に搭載可能なエンジンを，技術的なトラブルを抱えるP&Wだけに頼ることはできず，GEにも開発を求めた（Newhouse, 1982, p. 125, 185–186, 邦訳，p. 285–286，419，421）．

GEは，軍用エンジンで独占的な地位にあったが，民間用にはほとんど参入できていなかった．軍用のJ47の後継であるJ79エンジンは，戦闘機用（F-4やF-104）を中心に1万6990台（ライセンス生産3290台を含む）が生産され，GEは45億ドルを得た．しかし，民間転用型のCJ-805エンジンを搭載したジェネラル・ダイナミクスのコンヴェア880/990は，100機程度の生産にとどまった．1965年には，GEは米空軍の大型輸送機ロッキードC-5A用のTF39エンジンで4億5905万5600ドルの契約を得た[4]．

GEが民間機エンジン市場に本格的に参入する契機となったのは，1967年に始まる5種類の新しいエンジン系列の開発プロジェクトであり，①民間用のCF6エンジン，②民間用CF34と軍用TF34という小型エンジン，③ヘリコプタ用のターボシャフトエンジンGE12，④J79の後継となる戦闘機用のF404（GE15），⑤F404よりも大型の軍用エンジンF101とF110である．CF6は，C-5A用のTF39で得た経験や技術的蓄積が生かされ，ほとんどのDC-10とA300に採用され，GEのエンジン系列の技術的な基礎となった．

石油危機後にNASAが1975年に始めたACEE（Aircraft Energy Efficiency）計画のECI（エンジン要素改善計画）では，JT8DやJT9D，CF6の燃料節約が課題とされ，1977年にGEとP&WがNASAと契約を結び，GEのCF6-80C2やCFM56，GE90，P&WのPW2000やPW4000-112inchの開発に生かされた（石澤，2013，pp. 177-178）．

RRは，1952年からイギリス政府の援助を受けて世界初のターボファンエンジンRB80コンウェイを開発したが，総数1519機の707とDC-8のうち69機にしか採用されなかった．その後も，RRはターボファンエンジンのバイパス比が1.0を超えてはならないという間違った判断を1964年までしていたため，市場競争に立ち遅れた（Gunston, 1997, pp. 182-184, 邦訳，pp. 256-257，259）．

そこでRRは，L-1011に対して，新素材を取り入れたRB211エンジンを提案して独占契約を結んだ．ロッキードには，欧州で航空機を販売するために欧州製エンジンの搭載が得策という判断もあった．RRは，開発の遅れが原因で1971年に破産，国有化されたが，ロッキードやイギリス政府の支援を受けてRB211を完成させてからは，L-1011や747，767に搭載されて販売を重ねた．GEとP&Wはファン及び低圧圧縮機と低圧タービン，高圧圧縮機と高圧タービンがそれぞれ接続される2軸構造であるのに対して，RRはファン（低圧圧縮機）と低圧タービン，中圧圧縮機と中圧タービン，高圧圧縮機と高圧タービンが接続される3軸構造であり，全体の段数が少なくなってエンジンが短くなり，剛性も高められるという特徴をもち，RB211がその後に続くRRの大型エンジンの技術的な基礎を築いたのである（Newhouse, 1982, pp. 125, 185, 邦訳, pp. 285–286, 419, Gunston, 1997, p. 193, 邦訳, p. 274, 石澤, 2013, pp. 124–127）．

③エンジンメーカーと航空機メーカー及び航空輸送企業の関係変化

広胴機用エンジン開発は，エンジンメーカーにとっての顧客が，航空機メーカーから航空輸送企業に変化する契機にもなった．1960年代までの新型機には，特定のエンジンしか搭載できず，707とDC-8にはP&WのJT3D（1985年までに約8600台生産），727と737，DC-9にはJT8D（1997年までに1万2000台生産）が独占的に搭載された．

ところが，1970年代の広胴機開発からは，1つの航空機に複数のエンジンが提供されるように設計され，航空輸送企業がエンジンを選択することが一般的になった．搭載エンジンの選択は，航空機メーカーではなく航空輸送企業に委ねられるようになり，エンジンメーカーは，航空機メーカーではなく航空輸送企業にエンジンを販売するようになったのである．航空機メーカーの狙いは，エンジンメーカー間の競争を促すことで性能を向上させ，同時に価格を抑えることであった．こうしてJT9D（3265台生産），CF6（2011年までに3600台以上の生産），RB211（1526台以上の生産）が広胴機（A300，DC-10，L-1011，747）に採用された[5)]．1970年代以降は，広胴機だけでなく狭胴機でも，1つの航空機について2～3種類のエンジンを航空輸送企業が選択できることが一般的になった（Newhouse, 1982, p. 186, 邦訳, p. 421, Peter, 1999, p. 334, Gunston, 2006, p. 168, 邦訳, p. 154, Gunston, 1997, p. 195, 邦訳, p. 276, 石澤, 2013, pp. 124–127）．

（3）GEと競合する量産帯のP&Wと高価格帯のRR

航空機エンジンには，航空機の輸送力に対応する推力が求められるため，主には300席級の広胴双発機には40トン超級エンジン，400席級の広胴4発機には20～30トン級エンジン，200席級の広胴双発機には30トン級エンジン，100席級の狭胴機には10トン級エンジン，100席以下のリージョナルジェットには10トン未満級のエンジンが対応している．各製品群で3大メーカーが市場獲得を争うが，そのすべてでGEは多くの市場を獲得している．Jet Information Servicesのデータベースにもとづき，**表1－5**に航空機種・エンジン型式別にみた搭載エンジン数を，**表1－6**に航空機種別にみたエンジンメーカーの競合関係を示す．ここには，機材購入時に搭載数の10～15％程度余分に購入する予備エンジンは含まず，生産数や運用数に完全には一致しないが，市場競争の傾向は十分に把握できる[6]．

①量産製品群としての狭胴機用エンジンにおけるGEとP&W

第１に，推力10トン級の狭胴機用エンジンでは，2012年時点で旧式エンジン（1970年代以前の開発）はP&Wが９割以上を占有したが，1980年代以降の開発エンジンではGEが主導するCFM International（以下，CFM）が市場を獲得し，P&Wが対抗機種で争っている．1974年に設立されたCFMは，アメリカ企業のGEと欧州企業のサフランの合弁会社である．1968年就航の737オリジナル（737-100/200）にはP&WのJT8Dが搭載されたが，1984年就航の737クラシック（-300/400/500）や1997年就航の737NG（-600/700/800/900）にはCFM56シリーズ，2017年就航の737MAXにはCFMのLEAPが独占的に提供されている．CFM56には，GEがB-1爆撃機用に開発したF101エンジンのコアが使用された．

CFMに対抗するIAE（International Aero Engines AG）は，1983年に設立され，P&WやRR（2012年まで），日本航空機エンジン協会（Japanese Aero Engines Corporation: JAEC），MTU，FIAT（1996年まで）が参画する合弁会社である．日本航空機エンジン協会は，V2500開発のために，通商産業省（現・経済産業省）の指導の下でIHI（当時は石川島播磨重工業株式会社），川崎重工業，三菱重工業によって1981年に設立された（日本航空宇宙工業会，2023，pp. 8－9）．

IAEが開発したV2500と後継のPW1100Gは，737には納入できていないが，A320とA320neoではCFM56やLEAPと競合しながら市場を獲得している．PW1100Gは，低圧タービンを高効率の高速回転に保ったまま，ギアを介して減速し，シャフトで連結するファンを最適な低速回転とし，効率向上，低騒音と部品点数削減を実現するGTF（Geared Turbo Fan）という新エンジンである．P&Wは，この技術を基礎にこのクラスでエンジン供給を増やしている（日本航空宇宙工業会，2023，p. 94，石澤，2013，pp. 128−129）．

第２に，推力10トン未満級のリージョナルジェット用エンジンでは，市場を独占するGEに対して，P&Wが新機種を投じている．GEは，エンブラエルのERJにCF34-8/10，ボンバルディアのCRJにCF34-3を独占供給し，2012年には市場の69％（5102台）を占有した．CF34には日本企業が30％の比率で参加し，中国のCOMACのC909にもCF34-10Aを提供する．一方，エンブラエル

表1－5　航空機種・エンジン型式別にみた運用中のエンジン数

	2012年	合計	-1970s	1980s-
PW	9,464台	19%	75%	12%
GE	11,350台	22%	16%	23%
RR	6,341台	13%	4%	14%
IAE	4,622台	9%	0%	10%
CFM	18,932台	37%	6%	41%

推力	企業名	エンジン型式	1970年代以前		1980年代以降の開発機								総計
			狭胴機	広胴機	RJ	狭胴機		広胴機					
			1477機	468機	3676機	12995機		1398機		1326機	1991機		23331機
			707(4発) 727(3発) 737 DC8(4発) DC9	DC10(3発) L1011(3発) A300 747在来(4発)	ERJ CRJ	737 -300 -700 MD -80/90	A320 757	A300 A310	787 767	A380(4発) 747-400(4発) A340(4発) MD11(3発)	(A350) A330	777	
2012年													
40t超級	PW	PW4000-112inch										336	336
	GE	GE90										1,338	1,338
	RR	Trent800/（XWB）										448	448
30t級	PW	PW4000-100inch									418		418
	GE	CF6-80E, Genx					787用→ Genx		54	160	460		674
	RR	Trent700/900/1000							44	204	982		1,230
	G/P	GP7200								192			192
20t級	PW	PW4000-94inch, JT9D-7R4		437				394	516	1,126			2,473
	GE	CF6-6/50/80		851				412	1,314	1,563			4,140
	RR	Trent500, RB211-22/524G/H		231					62	960			1,253
10t級	PW	PW2000/6000/1100G					824	←757用					824
	RR	RB211-535					1,160						1,160
	CFM	CFM56-3/5/7, LEAP			737用→	11,708	6,004	← A320用		916			18,628
	IAE	V2500				206	4,416						4,622
10t未満	PW	JT8D JT8D-200, JT3D	3,645	MD機用→		1,672							5,317
	CFM	CFM56-2	304										304
	GE	CF34-3/8/10			5,102								5,102
	RR	AE3007			2,250								2,250
搭載エンジン総数			3,949	1,519	7,352	13,586	12,404	806	1,990	5,121	1,860	2,122	50,709
1993年			4396機	1590機		3429機		918機		418機	1機		10752機
20t級	PW	PW4000-94inch, JT9D-7R4		2,055				348	414	505			3,322
	GE	CF6-6/50/80		2,146				454	574	701	2		3,877
	RR	RB211-22/524G/H		1,021					46	268			1,335
10t級	PW	PW2000					558						558
	RR	RB211-535					608						608
	CFM	CFM56-3/5/7				2,672	598			88			3,358
	IAE	V2500					260						260
10t未	PW	JT8D/JT8D-200, JT3/JT3D	11,333			2,162							13,495
	CFM	CFM56-2	612										612
搭載エンジン総数			11,945	5,222		4,834	2,024	802	1,034	1,562	2		27,425

注：運用中のエンジン型式を，航空機の機種・派生型別に把握した（運用中の航空機数に，型式別に把握した搭載エンジン数を掛け合わせた）．運用中の航空機には，航空輸送企業が運航する機材，政府・軍やリース会社の保有する運航中の機材，退役機材を除く駐機中の機材が含まれるが，予備エンジンは含まない．GE，P&W（PW），RR，IAE，CFM のエンジンのうち Boeing や Airbus，McDonnell Douglas，Lockheed，Bombardier，Embraer の機体以外で運航されるエンジンと，その他メーカーが生産するエンジンは除く．それらを含む実際の運航機数は，2012年は2万3331機に加えて4656機，1993年は1万752機に加えて3093機である．GE と P&W の GP7200は半数ずつ加算している．1970年代以前の737には737-100/200，737-300には -400/500，737-700には -600/800/900，在来型747には747-100/200/300，A320には A318/319/321を含む．2012年時点で A350は未就航で，専用の Trent XWB エンジンも認証未取得であった．

出所：2012年は Jet Information Services のウェブサイト（http://www.jetinventory.com/Expand3.aspx，2013年10月7日閲覧），1993年は米運輸省（DOT）の Research and Innovative Technology Administration の National Transportation Library の World jet Airplane Inventory（http://ntl.bts.gov/DOCS/461.html，2010年5月16日閲覧）をもとに筆者が作成した．1993年のリージョナルジェット向けはデータがなく記載していない．山崎（2017），p. 76も参照されたい．

表1－6　航空機種別にみたエンジンメーカーの競合関係

推力(トン)			リージョナルジェット			狭胴機									広胴機												
						～70s		1980s～							～1990s						1980s～						
								双発								3・4発					双発			3・4発		双発	
			ERJ-135～195 ARJ	CRJ-100～1000	E175-E2	DC9 737-100 727	DC8 707	A220/Cseries MRJ	MD-80/90	737-300/700	A320	A320neo	737-MAX C919	757	A300-B2/4	L1011	DC10	747在来型	747-400 MD11	A340	A310/300-600 767	787	A330	747-8	A380	A350	777
40t超級	GE	GE90/-115B GE9X																									G
	PW	PW4000-112inch																									P
	RR	Trent800																									R
	RR	TrentXWB																								R	
30t級	G/P	GP7200																							G		
	RR	Trent900																							R		
	RR	Trent700																					R				
	GE	CF6-80E																					G				
	PW	PW4000-100inch																					P				
	RR	Trent1000																				R		G			
	GE	GEnx																				G					
20t級	RR	Trent500																		R							
	PW	PW4000-94inch																	P		P						
	GE	CF6-80A/C																	G		G						
	RR	RB211-524G/H																	R		R						
	PW	JT9D-7R4																P			P						
	PW	JT9D															P	P									
	GE	CF6-6/50													G			G									
	RR	RB211-22/524														R	R										
10t級	RR	RB211-535												R													
	PW	PW2000												P													
	GE	LEAP-1A/B/C										G	G														
	CFM	CFM56-3/5/7								G	G																
	PW	PW1100G										P															
	IAE	V2500							P		P									G							
	PW	PW6000									P																
	CFM	CFM56-2					G																				
	PW	PW1200G/1500G						P																			
10t未満級	PW	JT3D					P																				
	PW	JT8D				P			P																		
	GE	CF34-10A/E	G																								
	PW	PW1700G			P																						
	GE	CF34-3/8	G	G																							
	RR	AE3007	R																								

注：CFM による CFM56は GE，IAE による V2500は P&W の欄に入れている．

出所：表1－5と同じ．推力は日本航空宇宙工業会（2015），p. 77と日本航空宇宙工業会（1995），p. 73を参考にした．

の最新機種 E175-E2やボンバルディアが開発してエアバスの製品群に組み込まれた A220（C シリーズ），開発中止になった三菱航空機の MRJ には，P&W の PW1000G シリーズ（PW1200G/1500G/1700G）が採用されている．（日本航空宇宙工業会，2023，pp. 94-95）．RR は ERJ に AE3007（1995年開発）を供給したが CRJ では採用されず，新開発もしておらず，この市場からは撤退している．

狭胴機とリージョナルジェットに搭載されるエンジンは，1993年には全体の69%（1万8803台）だったが，2012年には全体の74%（3万7291台）を占めて量産製品群を構成している．このクラスは，広胴機用エンジンに比べてサプライヤの関与が相対的に大きい．狭胴機用エンジンでは，GE はサフラン，P&W は日本企業などと合弁会社を設立してエンジンを共同開発してきた．リージョナルジェット用エンジンでも，GE の CF34には日本企業が開発参加している．2つの製品群で GE グループと P&W グループが競合するが，日本企業は GE の CF34と IAE の合弁事業の両方に参加しているのである．一方で RR は，AE3007エンジンが旧式化したが後継開発をしておらず，V2500のプログラムパートナーからも2012年に撤退し，狭胴機用エンジンではなく広胴機用の大型エンジンに資源を集中させている．

②高価格製品群としての広胴機用エンジンにおける GE と RR

第3に，推力20トン級の200～300席の広胴機用エンジンでも GE が多くの市場を獲得している．2012年には GE が53%（4140台），P&W が31%（2473台），RR が16%（1253台）を占めた．

1970年代から1980年代にかけて，広胴機が大型化，双発化したこと，既存機の性能向上や発展型の開発に対応したことによって，エンジンが大推力化した[7]．たとえば A300には，P&W を退けて GE の CF6が多く採用されている．GE は，CF6-50の製造にフランスのスネクマ（Snecma S. A., 現在は Safran の子会社）やドイツの MTU を参加させ，フランスのアエロスパシアル（Aérospatiale）にエンジンの飛行試験を任せることでエアバス向けの市場を獲得した（Peter, 1999, p. 338, Newhouse, 1982, p. 192, 邦訳，p. 436）．

第4に，大型の広胴双発機や広胴4発機用エンジンにおいて，GE は推力30トン級では2012年に27%だったが，40トン超級では63%という独占的地位を獲得した．この独占をもたらしたのは GE90エンジンであった．GE は，当初は CF6の発展型も検討したが，そのためにはシャフトを太くしなければならず，圧縮機の段数も増えてエンジンが長くなってしまうことから1995年にGE90を新開発した（石澤，2013，p. 190）．さらには，広胴双発機では世界最大の輸送力をもち長距離路線で運航される航続距離延長型の777-200LR/300ER用に，世界最大級の推力をもつGE90-115B（最大推力52.2トン，2002年型式承認）を2002年に開発した．GE90-115Bの搭載数は，2004年には777-300ERに20台だったが，2012年には777-200LRと777-300ERに合計796台であった．この数は777に搭載される1338台のGE90の半数以上であり，40トン超級の超大型エンジンで第1位のシェアを獲得する要因がGE90-115Bにあったことがわかる．

広胴機に搭載される大型エンジンが全体に占める数は3割程度だが，ハイエンドに位置する高価格製品群であり，GEとRRを中心に激しく市場獲得を争う．大型エンジンは，中小型と比べても部品点数はそれほど変わらないが，より高度な設計が必要になる．また，大型機は高空を10時間前後飛ぶことも多く，エンジン性能がはっきりと燃費に表れるので，ユーザーである航空輸送企業からの性能要求もより厳しい．そのため，「基本的には，推力に比例して価値があると考えられている」（IHI昭島事務所におけるヒアリング調査〔2013年8月30日実施〕）．最大推力が10トンの中型エンジンと40トンの大型エンジンを比較すると，単純に考えれば推力が4倍なので価格も4倍になるのである．たとえば，推力10トン級のV2500の1984年のカタログ価格は1台6億円（1ドル237円換算で253万ドル）であり，英国航空（BA）が1991年に購入した777用の推力40トン級GE90は，1台31億円（2333万ドルを1ドル134円で換算）になる（『日経産業新聞』1984年1月5日付，『日本経済新聞』1991年8月22日付）．

3大企業は，広胴機用エンジンではGEとRRを中心に自らが開発・生産を主導し，狭胴機用エンジンではGEとP&Wはサプライヤとの合弁事業で共同する．RRが大型エンジンに特化し，P&Wが中小型エンジンで新技術を用いて市場を回復しつつある一方で，GEはそれぞれで市場を獲得している．

1990年代以降，GEはリース事業も効果的に利用した．GPA（Guinness Peat Aviation）は，1975年に設立してから航空機リース事業を拡大したが，1991年の湾岸戦争後の航空機不況で経営を悪化させ，1993年にGPAの資産を運営するためにGEキャピタルの子会社としてGECAS（GE Capital Aviation Services）が設立された．GECASは，GPAから航空機を安く買い取るなどして，保有する航空機やエンジンを航空輸送企業にリースしたり，航空輸送企業が購入した機材を買い取って当該企業にリース（sale and leaseback）することでリース事業を拡大した．GECAS は，GE エンジンのリースや，航空輸送企業が GE エンジンを購入する際の資金融資（PDP〔Pre-delivery payment〕financing）によって自社の市場獲得を促進した[8]．GE は，航空機エンジンの供給者でありながら，その供給先である航空機の購入者になる「両手取引」によって航空機メーカーと航空輸送企業の両方に影響力をもち，航空機エンジンの販売にも生かしてきたのである（『日経金融新聞』1996年２月29日付，『日本経済新聞』1993年10月19日付，2021年３月12日付，『日経産業新聞』2021年３月16日付）．

3．航空輸送企業の個別的要求への対応

ユーザーである航空輸送企業の一般的要求は，エンジン双発（及び４発）の２名編成機による高速大量輸送によって実現され，欧米とアジアで異なる地域的要求は市場を区分する広胴機と狭胴機という製品群によって基本的な対応がなされてきた．しかし，現実には航空輸送企業の要求は，航空路線による違い，同じ航空路線でも季節や時間帯による違いがあり，同じ航空機材でも客室内の内装（シート，照明，ギャレー，ラバトリー）や娯楽設備（IFE〔In-Flight Entertainment〕やインターネット接続〔in-flight connectivity〕）に対する細かい要求が存在する．そうした個別的要求に対して航空機メーカーは，製品群における製品ファミリーの形成，航空機の階層設計によって対応し，ユーザーの多様化要求とメーカーの標準化追求を両立させるよう努めている．

（1）製品ファミリーの展開による市場区分の細分化

戦後世界の航空需要は一貫して増大し，2019年には全世界で航空旅客数は約45億人，航空輸送企業は1657社（定期会社は648社），ジェット機の運航数は２万2270機に達した．それに対して，100座席以上の民間航空機を供給するメーカーは，実質的にボーイングとエアバスの２社に限られている（日本航空調査室，2023，p. 24，日本航空機開発協会，2023，pp. Ⅱ-18，Ⅳ-３）．

航空輸送企業は，航空路線に最適な輸送量の機材を求め，高湿度や砂漠といった気候や気象条件によって要求も異なることから，航空機メーカーは多層的な製品群を提供する．航空輸送企業の要求はさらに細かく，同じ航空路線でも運航の時期や曜日，時間帯によって適切なサイズが異なる．

航空路線に固有で多様な要求に応えるために，航空機メーカーは，原型機を

元にした派生型・発展型を提供し，市場区分をさらに細分化する．

航空機は，１万メートル以上の高空でも客室内の気圧を高度2400m程度に保つ必要があり，胴体外板が内外の圧力差に耐えられるだけの強度をもつように胴体断面は円形やダルマ型につくられる（「応用機械工学」編集部編，1981，pp. 79-81，95-97）．搭乗客の移動の便利さや，緊急時には乗客が90秒以内に安全に脱出できるという運航条件から，横方向に連続して並ぶ座席数は２～３列で，それ以上の座席を配置する場合は通路をはさむ[9]．

貨物輸送の観点からは，胴体上層に座席を配置し，下層に貨物コンテナを積み込む．1960年代末には，道路，鉄道，船舶に共通する標準コンテナの国際基準として高さと幅がともに2.44m（８フィート）に決められ，積荷を入れ替えずにコンテナを効率的に移し替えられるようになった．747の開発時には，航空輸送でも標準コンテナを扱えるように，胴体下層の貨物倉に２個のコンテナを横並びで収納できるように胴体断面が設計された（Irving, 1993, pp. 210-211, 邦訳, p. 270）．座席列数と通路数を決めて，円形の断面を採用し，コンテナの収納も考慮すると，必然的に航空機の胴体断面と座席数は決まってくる．

航空機は，技術的には機体構造・エンジン・システムから構成され，それらの改良によって派生型や発展型が開発される．機体構造に関しては，主翼改良や胴体の長胴化・短胴化によって派生型が生まれる．根本的に座席数を変えるには胴体直径を変更すればよいが，その場合には主翼やエンジン，重量バランスなども変更しなければならないので，派生型にとどまらず新開発機となる．比較的安価に座席数を増減させるためには，原型機の胴体断面を変えずに，航空機全体の重心を考慮して長胴化するか，短胴化すればよい．主翼改良により機体の空力性能が改善されれば，低燃費運航や高速化が実現される．長胴化で燃料タンクを増設したり，低燃費エンジンに換装して航続距離延長型を提供することもある．エンジンは，低燃費化や推力増大，騒音や排出ガス削減を目的として改修や換装がなされる[10]．航空機システムは，とくに市場更新期に機械式が電子式に代替された．飛行制御システムの電子化では，操縦室を含めて大幅な改良が必要になり，機体が同じでも運航乗務員編成数や燃費といった航空機の性能を変化させる．そのため，原型機を元に飛行制御システムを電子化させた747-400のような機材は，派生型ではなく発展型と表現できる．

ボーイングでは707と727，757，737という狭胴機は胴体断面が同じであり，最初の707がその後の狭胴機の原型機とみることもできる（青木，2000a，pp. 47,

48, 80). エアバスでも，狭胴機のA320ファミリー（A318/319/321）は同じ胴体断面であり，さらに広胴機でもA300，A310，A330，A340は同じ胴体断面である．それらの原型とみなせるA300の開発時には，当時の長距離国際線に用いられた747と同じく2個のコンテナを横並びで収納できるように胴体断面が設計された．747で欧州に到着した旅客が国内線や短距離国際線のA300に乗り継ぐ際に，貨物コンテナをスムーズに積み替えることで待ち時間を短縮しようとしたのである（石川，1993，p. 177）．

（2）階層設計による多様化要求と標準化追求の両立

航空輸送企業は，とりわけ搭乗客が航空輸送企業を選択する際に重視する内装に対して，さらに細かい要求をもつ．その要求に応えながら利益を獲得するために，航空機メーカーは階層的な航空機設計の手法を採用している．

①航空機設計の3階層（TBS）

製造業では，ユーザーの求める多様性がメーカーには開発・生産の複雑性とコスト増大をもたらすトレードオフの関係がみられ，メーカーはコストの抑制と多様性の両立に取り組む（Oliver, 2004）．

1993年，ボーイングは航空機設計・製造資源管理の仕組み（DCAC/MRM: Define and Control Airplane Configuration/Manufacturing Resource Management）を導入し，図面体系，部品管理を大幅に簡略化した．それまでは生産機種と仕様が限られる軍需を念頭に生産管理し，航空機の機体と部品が一対一で対応するように部品番号をつけたため，同じ航空輸送企業の同じ機種であっても仕様が異なる民間機生産では，顧客や機種が増えると部品番号の確認作業が負担になった．そこで機体の90％を標準化し，シート（座席）やギャレー（galley，厨房設備），ラバトリー（lavatory，洗面所）のオプションを10％に抑えることを目指した．部品番号の確認作業を簡略化し，設計変更の通知も伝えやすくするために，設計データ，治具，部品伝票，作業計画，認証取得，サポートの6つに分かれていた製品データベースを1つに統合するべくコンピューターシステムを改良した（『日経産業新聞』1997年12月22日付，大場，2003，p. 37）．ボーイングのリーン生産局のブラック（John Black）は，航空機工場をマクドナルドのようなファーストフードに例え，「DCACはさまざまなモデルのハンバーガを定義，構成，管理する．MRMは月に必要なハンバーガ数，季節変動，場所による需要の違いを評価し，製造に必要な資源を管理する．牛の頭数，ジャガイモの数，リサイクル可能な紙の量を計算する」と説明した（Norris, 1998）．

とくに787の開発では，DCAC/MRM のもとで TBS（Tailored Business Stream）という3階層の階層設計で製品が設計された．

TBS 1は標準仕様であり，派生型を含むすべての787に共通する仕様である．航空機の基本性能を支える翼の形状や胴体の構造，機内の与圧システムなど航空輸送企業が差別化できるものではない．TBS 2はオプション仕様であり，航空輸送企業がカタログから空調，飛行制御，通信，エンジン，シート，ラバトリーなどの基本モデルや詳細仕様を選択する．航空輸送各社に共通する要望や仕様をカタログ化して，開発のリスクとコストを抑える試みである．TBS 3は特注仕様であり，航空輸送企業が自社のためだけに求める仕様が，ボーイングとの独自の交渉，調整で受け入れられれば設定される．ファーストクラスやビジネスクラスのシート，787では日本航空株式会社と全日本空輸株式会社だけに搭載された温水洗浄便座装備（ウォシュレット）など，航空輸送企業が独自色を出して差別化する部分である（小倉，2011，pp. 6-7）．

標準仕様にもとづいて標準価格が設定されるが，オプションの選択によって価格が積み上がり，特注になると跳ね上がる．2010年時点のカタログ（“Airplane Description & Selections” の改訂M版）では，エコノミーシートはB/E エアロスペース（B/E Aerospace, Inc.，現在はコリンズ），ブライス（Brice，現在は Timco），レカロ（Recaro Holding GmbH），SICMA（現在はサフラン），ウェバー（Weber，現在はサフラン）の5社からの選択であった．たとえばB/E のシートは，素材が布地か皮か，コートフックや座席の案内板の設置の有無で追加費用額が変わる．株式会社ジャムコから独占的に供給されるラバトリーは，標準タイプ，プレミアムタイプ，車椅子対応型でそれぞれ基本価格が設定され，窓や花瓶を取り付けると追加費用がかかり，また交渉価格（TBD: To be discussed もしくは To be determined）のオプションもある．

787の新型機発注者（launch customer）である全日本空輸の要望に応じ，ボーイングがジャムコや TOTO 株式会社と共同開発したのが温水洗浄便座装備であった．航空機は重くなると燃費が悪くなるため，洗浄に使用する水を余分に運ぶことはできない．たとえば，1回の使用で男性と女性で何 cc の水を使うのか，東京とニューヨークを13時間程度で飛行する際にトイレを何回使用するのか，TOTO のノウハウをふまえて計算したり，冬季の配管破断防止のために駐機中に水抜きできるようにしたり，飛行中にわずかに上向いているピッチ角をふまえて水の最適な噴射角度を計算するなど開発に労力がかかると同時に，その認証をとる負担もあった[11]．温水洗浄便座装備は最終的に全日本空輸と日本航空という日本企業のみで採用された．

ボーイングは777の開発では Working Together と称して，設計段階からカスタマーである航空輸送企業の参加を求め，ユナイテッド航空，ブリティッシュ・エアウェイズ，日本航空，全日本空輸の4社からなるアドバイザリーチームを編成し，1000件以上の提案をもとに実用性の向上を図った（777開発の歩み，2003，pp. 104–105）．航空輸送企業は，乗客のアンケートやクレームを通じて，快適性や整備性に影響する情報を蓄積しており，ボーイングは，それらの情報を吸い上げて客室設計に活用しようとしたのである．

ところが，ボーイングは787の開発では，777のときのように航空輸送企業から意見を聞かず，少しでも早く，安く航空機を生産するために設計の標準化を志向し，基本的には TBS 3には対応せず，TBS 2はなるべく減らして需要を見込めた場合にのみカタログ化する方針をとった．

787のカタログは，現在では紙媒体のものはなくなり，オンラインカタログ（Standard Selection）となった．2024年にはカタログからシートの項目自体がなくなり，すべて航空輸送企業が BFE（後述）でシートを調達するようになった．それとともに，コスト管理が TBS による階層設計の方式からリスクにもとづく課金方式に変わった．認定取得や搭載実績，試験の必要の有無など取り扱いの複雑さや納期のリスクからカテゴリーA，B，Cが区別され，Aは追加料金はないが，B，Cは追加費用が必要になる（JAL エンジニアリングにおけるヒアリング調査〔2014年2月21日及び2024年5月24日実施〕）．

② BFE（購入者提供品）と SFE（供給者提供品）

機器や部材を提供する責任という視点からは，航空機メーカーが責任をもつ SFE（Supplier Furnished Equipment: 供給者提供品）と，ユーザーである航空輸送企業が責任をもつ BFE（Buyer Furnished Equipment: 購入者提供品）が区別される．

BFE は，航空輸送企業のような航空機の購入者がサプライヤと直接契約し，必要であれば部材や部品の認証を取得し，納期を管理して提供に責任をもつ．SFE は航空機価格に含まれるのに対して，BFE は含まれずに航空輸送企業がサプライヤと契約するため費用が別途かかるが，細かな仕様を実現することで

表1－7　航空輸送企業におけるカスタマイズの程度（広胴機と狭胴機）

			広胴機	狭胴機
SFE	(Seller Furnished Equipment)	供給者提供品	65–70%	80–85%
BFE	(Buyer Furnished Equipment)	購入者提供品	30–35%	15–20%
	ATA25	Equipment/Furnishings　シートやギャレーなど	60–70%	55–60%
	ATA44	Cabin Systems　機内エンターテインメント	10–14%	8–12%
	ATA23	Communication　通信システム	7–9％	12–16%
	ATA34	Navigation　ナビゲーションシステム	6–8％	10–12%
	ATA35	Oxygen	2–4％	3–5％

出所：Ackert（2013), p. 6.

表1－8　航空機価格の構成における SFE と BFE の費用

航空機価格の構成	航空機価格（Aircraft Price Build-up）		（万ドル）
航空機価格（割引・カタマイズ前）	Total Aircraft Price (excluding BFE)	A＝B＋E	18300
航空機の基本価格	Aircraft Base Price	B＝C＋D	18000
機体価格（標準仕様）	Airframe Price	C	15000
エンジン価格	Engine Price	D	3000
SFE（供給者提供品）	SFE (Seller Furnished Equipment) Price	E	300
航空機価格（割引後）	Net Aircraft Price	G＝A－H	10350
割引額	Credits	H＝I＋J	7950
機体割引額（40%）	Airframe Credits (40%)	I	6000
エンジン割引額（65%）	Engine Credits (65%)	J	1950
航空機価格(割引・カスタマイズ後)	Net Flyaway Price	K＝G＋L	11350
BFE（購入者提供品）	BFE (Buyer Furnished Equipment) Price	L	1000

注：Ackert（2013）の例示では，狭胴機価格（正味）が4000万ドルの場合，カスタマイズに要する BFE 費用80～200万ドル（2～5％），広胴機価格（正味）が1億ドルの場合，BFE 費用800～1200万ドル（8～12%）である（Ackert, 2013, p. 11).
出所：Ackert（2013), p. 10.

航空機をカスタマイズして他社と差別化できる．一方で，BFE は生産コストの増大だけでなく，納期遅延の原因にもなる．ボーイングは設計の標準化を目指して，基本的に特注は受け付けず，オプションを減らし，コストや納期の管理がしにくい BFE を，自らが提供責任をもつ SFE に置き換えようとするのである（Ackert, 2013, pp. 10–12).

表1－7 は Ackert が示す BFE の割合であり，狭胴機の15～20%に対して，長時間運航が多く，客室内装品に対する乗客の要求が多様な広胴機では30～35%と割合が高い（Ackert, 2013, pp. 2–3）．航空機価格は，航空機の機体（標準仕

様）とエンジンの基礎価格にSFE費用が加わる．標準仕様には運航重量，客室レイアウト，通信・航法装置，自動運航装置，認証パッケージ（FAA，EASAなど）が含まれる．そこから航空機とエンジンの割引額を差し引き，航空輸送企業からBFEサプライヤに直接支払われるBFE費用を加えることで，割引後，カスタマイズ後の正味の航空機価格（Net Flyaway Price）となる（**表1-8**）．

階層設計との関係では，TBS 1はSFEに対応し，主にはTBS 2はSFE，TBS 3はBFEに対応すると理解できる．ただし，BFEとして納入されたシートであってもボーイングの標準工程にあてはまればTBS 2のオプション，取り付け方が特殊な場合はTBS 3として扱われる．逆に，TBS 1やTBS 2はもちろん，TBS 3であってもボーイングのような供給者が特別仕様を受け入れて提供に責任をもつ場合はSFEになる．SFEであっても，たとえばラバトリーの構造部分は標準化されているが，トイレの大きさや位置，壁紙，水洗が自動か手動か，花瓶の有無はオプションで選択される．

注

1）軍事部門とみなすのは，2006年以降の「Defense, Space & Security」，2003～05年の「Integrated Defense Systems」，1998～2002年の「Military Aircraft and Missile Systems」と「Space and Communications」の合計，1997年の「Information, Space and Defense Systems」，1994～96年の「Defense and Space」である．2015年からは軍事部門に含まれていたグローバル・サービス（Global Services）が独立し，民間機部門，軍事部門，グローバル・サービス部門が主要な3部門となった．

2）2000年にアエロスパシアル・マトラ（仏），DASA，CASAがEADS（European Aeronautic Defence and Space Company）に統合され，旅客機部門がエアバスとなった．1970年代以前には，デハビラント（英，114機のコメット）やBAC（英，230機の1-11），シュド（仏，279機のカラベル）やコンベア（米，65機のCV880）もジェット機市場に参入していた．BAEシステムズはホーカー・シドレーやBACが1977年に統合したBAe，アエロスパシアルはシュドが前身企業である．欧州では，英仏共同（BACとシュド）で超音速旅客機コンコルドが開発されたが，燃費と騒音の問題から20機の生産にとどまった．

3）世界初のリ・ファン計画により，大型のファンを取り付けてバイパス比（エンジン中心部のコア排気と外側のバイパス排気の割合）を1程度から1.78に増やしたJT8D-200は，1979年からDC-9-80（MD-80）などに搭載された．1936年のホイットルの発明の後，RRのターボファンエンジンは延長を含めて1962年まで特許に守られた（Gunston, 1997, pp. 182-183, 邦訳，pp. 255-257）．

4）J79の生産数が訳書と原書で異なり，ここでは原書の数字を記載した（Gunston,

1997, pp. 156, 192, 邦訳，pp. 215–216，271，Gunston, 2006, p. 86, 邦訳，p. 71)．

5）MD-80などにJT8D-200は2600台生産された（Gunston, 2006, p. 168, 邦訳，p. 146, Gunston, 1997, p. 183, 邦訳，257)．P&WとPeterによればJT8Dは1万4750台，JT9Dは1990年代後半までに3200台以上の生産数である（Peter, 1999, p. 335, http://www.pw.utc.com/JT8D_Engine 及び http://www.pw.utc.com/JT9D_Engine，2017年2月18日閲覧)．CF6はCF6-80C2の生産数を示している（https://www.geaviation.com/press-release/cf6-engine-family/25-year-milestone-demand-continues-cf6-80c2-engine，2017年3月21日閲覧)．RB211-22は626台，RB211-524は900台以上の生産数である．

6）1994年に日本航空は20機の777にPW4000を40台と予備4台を購入した（10％)．1988年に全日本空輸は20機のA320にCFM56を40台と予備5台（12.5％）を購入した．1984年時点で日本航空機エンジン協会は，狭胴機にはエンジン2台と予備0.3台分（15％）の販売を見込んだ（『日経産業新聞』1994年2月4日付及び1984年1月5日付，『日本経済新聞』1988年11月30日付)．なお本書では，メーカーによる生産数や搭載エンジン数を数える場合は「台」を用いるが，1機の航空機に搭載されるエンジン数（双発や3発，4発など）や単位エンジンの推力を表現する場合は「発」を用いている．

7）1970年代開発の広胴機（747やL-1011，DC-10，A300）には最大推力24トン級エンジン（RRのRB211-22/524，GEのCF6-6/50，P&WのJT9D-59A)，1980年代開発の広胴機（747-400やMD-11，A300-600，A310，767）には最大推力27～28トン級エンジン（P&WのPW4000-94inch，GEのCF6-80A/C，RRのRB211-524G/H）が開発された．PW4000はファン直径によって94inch，100inch，112inchに分かれ，PW4000-112inchにはPW4074/77/84/90（38.1～44.5トン)，PW4000-100inchにはPW4164/68/70（29～30.8トン)，PW4000-94inchにはPW4052/56/60/62，PW4152/56/58，PW4460/62（23.6～28.1トン）を含む（P&Wのウェブサイト，http://www.pratt-whitney.com/Commercial_Engines，2017年2月16日閲覧)．PW4000の「4000」の左から2桁目は機体メーカー（0がボーイング，1がエアバス，4はマクダネル・ダグラス)，最後の2ケタが推力（ポンド）を示す．

8）2008年の金融危機後，日本企業は欧米企業の買収を通じて航空機リース事業を拡大した．2024年には，GECASを2021年に買収したAerCap（2200機）に続いて，2012年にGoshawkを買収した三井住友ファイナンス＆リース（687機)，中国企業傘下でオリックスが出資するAvolon（570機)，2019年に東京センチュリーリースが完全子会社化したアメリカのAviation Capital Group（309機)，航空機リースのJackson Square Aviation（2013年）とエンジンリースのEngine Lease Finance（2014年）を買収した三菱ＨＣキャピタル（200機)，2020年に丸紅とみずほリースが買収したアメリカのAircastleが多くの機材を保有した（『日本経済新聞』2022年5月15日付，『日経産業新聞』2018年7月20日付)．

9）狭胴機は通路を挟んで横方向に2列・3列か3列・3列，広胴機は7列は2列・3

列・2列，8列は2列・4列・2列，9列は3列・3列・3列，10列は3列・4列・3列という配列が一般的である．座席数は，2クラス，3クラスに分かれる国際線と国内線で異なり，同じ機体でも運航企業によって異なる．

10）エンジン重量が変わると主翼や重量バランスの改修が必要である．機体全長は，離陸時の引き起こしで胴体下面と地表の間隔を保つという構造上の条件や，大型化とともに最大離陸重量が大きくなるので空港の滑走路長にも制限される．

11）全日本空輸のウェブサイト（https://www.ana.co.jp/pr/11-0406/11a-044.html，2024年3月1日閲覧）．

第2章 航空輸送企業の一般的要求と地域的要求
——ユーザーの要求——

本章では，ユーザーの視点から，航空輸送企業によるトータルコストの抑制のような一般的要求や，欧米とアジアで異なる地域的要求が生じた理由を，政治的・経済的・社会的・技術的要因などから明らかにする．

以下，第1節では市場の一般的要求とメーカーの対応，第2節では欧米とアジアの地域的要求の違い，第3節では地域的要求をもたらした要因を述べる．

1．市場の要求としてのトータルコストの抑制

第2次世界大戦後，航空輸送企業が求めた高速大量輸送がジェット化によって実現され，運賃の低下と航空需要の増大をもたらした．1956年には大西洋線の航空旅客数が汽船旅客数を上回り，大量輸送の時代が訪れた（Bilstein, 2001a, p. 139）．1960年代には騒音・大気汚染公害が社会問題化し，1970年代には石油危機によって燃料価格が高騰した．航空自由化以降は燃費，人件費，整備費など運航コストや航空機価格の抑制を航空機メーカーに求めた．

（1）騒音・大気汚染と公害対策

高速大量輸送の一方で，1960年代には，大気汚染や騒音が世界的に社会問題化し，飛行規制や公害規制が強化され，環境規制が運航条件に組み込まれた．

第1に，騒音はジェット化の当初からの問題であった．騒音に対して，空港周辺では直ちに反対の声が上がり，ジェット機の増加と騒音は社会問題化した．イギリスのヒースロー空港周辺は人口密集地であり，1958年のジェット機導入後は苦情申立て件数が増え，騒音問題委員会（ウィルソン委員会）で調査された（田口，1967，p. 83）．日本では，1959年に東京国際空港，1964年に大阪国際空港でジェット機が導入されてから騒音と大気汚染が問題になり，後者は1969年に裁判に提訴された（川崎，1985，pp. 1–5）．

騒音の社会問題化により，1971年のICAO（International Civil Aviation Organization: 国際民間航空機関）の付属書16「航空機騒音」（ANNEX 16 Aircraft Noise First

Edition）で，将来に開発される航空機の規制が定められ，各国の規制当局も付属書16に従った要件を規定した．さらにICAOは航空機騒音問題を専門に審議する航空機騒音委員会（Committee on Aviation Noise：CAN，後にCAEP）を設置した．V2500やCFM56といった狭胴機用エンジンはCANの議論を踏まえて開発された（吉岡，1997，pp. 51-52）．これに逆行したのが超音速旅客機コンコルドであった．航空機が音速を超えると衝撃波と轟音が発生する．コンコルドは石油危機による燃料費高騰と騒音問題によって20機しか生産されなかった．1970年代以降の民間航空機は，基本的に音速以下の速度域で運航されている．

騒音対策として，まず飛行経路や高度，推力減少による騒音軽減運航方式，運航回数減少・夜間規制，空港の処理能力の制限など運航方法による発生源以外の対策がとられた（村林・福島，1987，pp. 86-91）．また，遡及的改修としてエンジンを覆うナセルが改修された．JT3Dエンジンのナセルは1971年，改修費600万ドルの80％をFAA，残りをボーイングが負担し，1機75万ドルで改修された（ロサンゼルス・タイムズ，1974，p. 107）．全日本空輸は，1974～77年にエンジンキット交換に約2日，ナセル部分に2～3週間をかけて，1台5000～6000万円，約20億円で90台を改修した（千葉，1975，p. 65）．

より根本的な騒音対策は発生源対策であった．エンジン自体の低騒音化にはエンジンを大型化した高バイパス比ターボファンエンジンが有効であり，燃費低減と同時に騒音を対策できた．

図2-1にV2500ターボファンエンジンの断面図を示す．ターボファンエンジンは，圧縮機（コンプレッサ），燃焼器，タービンから構成されるターボジェットエンジンの前に直径の大きなファンを取り付け，エンジン全体をケースで覆った構造をしている．前方から吸い込まれた空気は，圧縮機で圧縮してから燃料の噴射によって燃焼室で高温高圧ガスとなり，タービンを回転させると同時に膨張し，排気ノズルで大気圧まで膨張する．ガスの通過によって高速で回転するタービンは，ファンや圧縮機を回す軸（エンジンシャフト）に接続されて駆動力を供給する．ここで，エンジン中心部を通過するコア排気と，外側を通過するバイパス排気の割合をバイパス比という．

バイパス比が低いほどターボジェットエンジンに近づく．逆にファンが大きくバイパス比が高いほどプロペラに近づき，大量に空気を吸収して空気流量とジェット排気速度の積である総推力が増大する．バイパス比が高いとコア排気とバイパス排気が混ざり，ジェット排気速度が，音速以下で運航される機体速

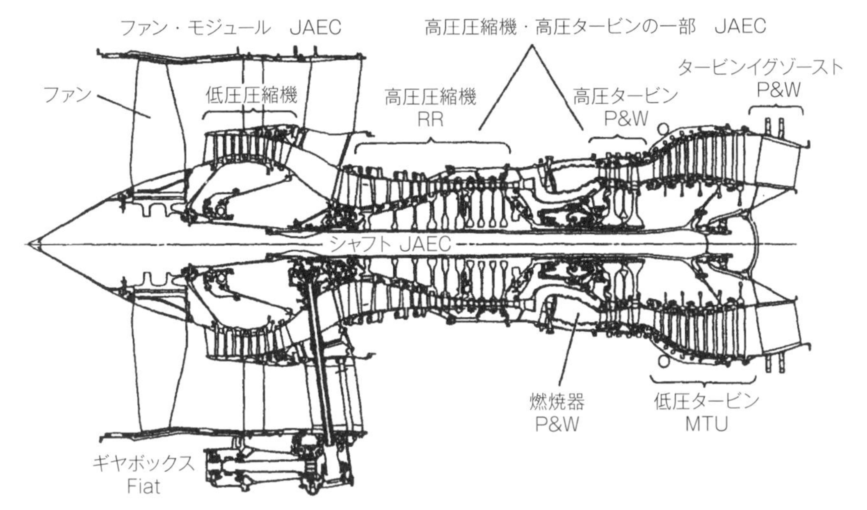

図２−１　V2500エンジンの断面図
注：高圧圧縮機とギアボックスの分担は P&W AEI に引き継がれている.
出所：日本航空宇宙工業会（2000），p. 100.

度に近づいて効率的に機体を推進することで低燃費と同時に騒音も抑えられる．航空機の騒音はジェット速度の８乗に比例するからである．1979年にユナイテッド航空やデルタ航空は，GE が主導する CFM56-2エンジンに換装した DC-8-70を110機発注し，夜間の荷物輸送を可能にした（Gunston, 1997, p. 189, 邦訳，p. 266）．高バイパス比ターボファンエンジンの開発では，巨大なファンブレードとエンジンコアのタービンブレードが重要であり，後者は耐熱合金，冷却構造，精密鋳造法による結晶制御が技術的課題となった．高バイパス比のエンジンは，ファンだけで推力の大半を発生させるため，タービンの主な役割はファンの駆動である．エンジンの大型化（高バイパス化）は，大推力，低騒音，低燃費を同時に追求できるのである．

第２に，エンジンの排出物による大気汚染も問題になった．とりわけ，高温で空気中の酸素と窒素が反応してできる窒素酸化物（NOx）は，ICAO によって厳しく規制された．ICAO では，1971年の第18回総会後，1973年に排出ガス規制の検討を始めて航空機エンジン排出ガス委員会（Control of Aircraft Engine Emission, CAEE）を設立し，1981年に CAN と統合して航空環境保全委員会（Committee on Aviation Environmental Protection, CAEP）とした．規制強化のため JT8D や RB211のように古いエンジンは新基準に対応できず，それ以外のエンジンにもマイナーチェンジや大規模な改良が必要になった．規制は段階的に強化されるので，それを見越して新開発エンジンは，目標性能をより厳しく設定するようになった（柴田，1997，pp. 56–58）．

大気汚染対策としては，当初，水噴射によるNOx減少が図られた．この方法は効果的だが，水の取得や搭載量，耐空性から実用的でなかった．JT8Dでは，1968年から燃焼器の改善サービスが始まり，燃焼による目に見える煙はほとんどなくなった．汚染物質の排出を抑えるためには燃焼の技術が鍵を握る．NASAは，JT9DとCF6-50用の低汚染燃焼器の開発契約を1972年に結んだ．P&Wは旋回型燃焼器と２段予混合型燃焼器を開発し，GEは環状の希薄予燃焼室をもつ燃焼器と２段燃料噴射型燃焼器を開発した（沢田，1975，p. 25）．

V2500やGE90では，NOxの滞在時間を短くするために，燃焼室が，常に使用する部分と，離陸時や高密度の大気中で大推力が必要で燃料流量が多い場合のみ使用する部分の２つに分割された．V2500では，エンジン前方の20個のスプレーノズルをパイロットステージと呼んで，比較的少ない燃料を燃焼させて飛行中は常に使用した．一方，エンジン中央部外周の20個のスプレーノズルをメインステージと呼んで，大推力が必要な時に多くの燃料を用いるが燃焼時間を短くした．窒素と酸素が大量に結合する前に，燃焼ガスを燃焼室から排出することで窒素酸化物の排出を減らしたのである（Gunston, 1997, p.37, 邦訳，p. 49）．GEnxの燃焼器では，燃料ノズル内のスワラ（swirler）と呼ばれる渦を生成する器具を用いて，燃料と空気の混合を均質化，希薄化することで，通常よりも低い温度での希薄燃焼を実現し，NOxだけでなく，CO，HC（未燃炭化水素），スモークなどの排出量を低減した（藤村他，2008，p. 156）．

公害が社会問題化し，国際的に規制が設定されると，メーカーにとっては，規制をクリアすることが技術競争力の獲得を意味したのである．

（2）航空自由化とトータルコストの抑制

1970年代末のアメリカ航空規制緩和は，航空輸送業の競争環境を根本から変えた．価格競争の激化により，航空輸送企業は，公害対策を前提として，燃料費，部品交換費や整備費，乗務員の人件費などの運航コストと航空機価格を含むトータルコストの抑制を求めた．

1970年代までの国際航空輸送はシカゴ・バミューダ体制に支配された．路線（乗り入れ地点）や運輸権（当事国間輸送や以遠権），輸送力（便数，機材），参入企業数，運賃設定方式などの国際線の航空権益が，二国間で均衡するよう競争制限的に取り決められた．1970年代に石油価格高騰や世界的な経済不況で航空需要が低迷すると，米英以外の国は輸送力のさらなる規制を望んだ．それに対して，多数の航空機を保有して複数の国際線運航企業を擁するアメリカでは競争制限的な体制への反発が広がり，アメリカ政府は航空自由化を図るために政策を転換し，国際的にはオープンスカイ政策，国内では航空規制緩和を進めた（河原，2010，pp. 143–146）．

アメリカの航空輸送企業は，CAB（Civil Aeronautics Board：民間航空委員会）の規制政策のもと，価格規制によって同一距離・同一運賃が守られ，参入・退出規制によって新規企業の参入と既存企業の新路線参入が厳しく制限されていた．ところが，1978年10月に航空規制緩和法が成立し，1981年に路線認可制，1983年に運賃認可制が廃止され，1985年にCABが解散となった（塩見，2006，pp. 113，120，127，135）．

新たに航空輸送市場に参入したLCC（Low Cost Carrier：格安航空輸送企業）は，低い人件費とサービスの簡略化，保有と整備を分離して運航に特化，特定の狭胴機を用いるなどして低価格戦略をとった．2005年には，サウスウエスト航空は737のみを424機，ジェットブルー航空はA320のみを73機保有した（千田他，2006b，pp. 122–128）．運賃の抑制により，それまでは航空輸送を利用しなかった所得階層の顧客が新たな需要として掘り起こされた．

アメリカでは1978年に定期航空事業を行う29社の航空輸送企業が存在したが，1988年までに137社が参入し，競争の末に1991年には66社が生き残った．業界再編の過程では，有力企業であっても経営不振で市場の退出を迫られ，特定企業による市場占有率が高くなった．上位8社の定期航空輸送企業が占める市場シェアは，1978年には83.3%であったが，2001年には94.8%まで高まり，上位12社では99.5%に達した[1)]．

①燃費低減要求と石油危機後の燃料価格高騰（1970年代～）

航空自由化後の航空輸送企業は，第1に，低燃費化を求めた．一般的に航空機には燃料消費率の改善が求められる．1kgの推力を1時間持続するのに必要な燃料重量kgが燃料消費率であり，値が低いほど効率が良い．燃費を低減すれば，少ない燃料消費量で同じ距離を航行して燃料費を節約できる．燃料消費率は，主翼形状など航空機の空力性能の改良による空気抵抗の減少，機体重量の軽減によってより小さな推力で同じ飛行状態を実現すること，ジェットエンジンの改良によって改善される．

1960年代はジェット化にともなう高速化により，機材の1日当たりの輸送距離と時間当たりの輸送量が増した．1970年代は大型化により，一度の輸送量が増えて輸送量当たりのコストを削減した（山崎，2010，pp. 66-70）．1970年代以降は石油危機にともなう燃料価格の高騰によって，航空輸送企業は低燃費の航空機を求めた．燃料価格は，1973年の1ガロン11セントから上昇し，1979年のイラン革命後に急騰してから1980年代半ばまで100セント前後で推移した．その間に，航空輸送企業の直接運航コストに占める燃料費は，約20％（1973年）から40％（1981年）近くに増えた．

1980年代は，燃費高騰に加えて航空自由化のもとで低燃費が強く求められた．同時期に開発された767やA310は燃費改善が最優先された（第4章）．電子技術の導入は，個々の機器や航空計器，表示盤の電子化と，機器の電子的な連結と統合によって重量を軽減し，また飛行制御や航法にコンピュータを用いて最適ルートを飛行することで燃料消費量を抑えた．

なお，低燃費化は航空機に対する一貫した要求であるが，燃料価格の変動とともに開発における重要性は変化する．燃料価格は，1980年代後半から1990年代末までは1ガロン60セント前後と相対的に低値で安定したのち，米軍によるアフガニスタン（2001年）とイラク（2003年）への軍事攻撃後に急騰し，2005年には1ガロン200セントを超えた．航空機は再び低燃費が求められ，787も低燃費が追求された（Newhouse, 1982, p. 12, 邦訳，p. 36，日本航空宇宙工業会，2007，p. 32）．

②運航乗務員の2名編成化による人件費の抑制

第2に，価格競争に対抗するために，既存の航空輸送企業は運航乗務員の人件費の抑制を求めた．1960年代からアメリカの航空輸送企業は，従来の3名編成機でも2名編成を認めるようFAAに求めていた．それに対してALPA（Air Line Pilots Association：航空乗員組合）は，2名編成運航では安全性に問題があるとして反対した．この労使対立は，1981年の大統領特別委員会の乗務員編成数特別委員会（President's Task Force on Aircraft Crew Complement）の報告が，企業側の主張に同調し，表示装置の電子化を根拠として航空機関士を排した2名編成運航を認めることで決着した（The President's Task Force, 1981, pp. 8, 33）．こうして767や747-400は2名編成機として就航し，当初は3名編成だったA300も，派生型の A300-600から２名編成になり，最終的には100席以上の民間航空機はすべて２名編成機となった．エアバスによれば，２名編成により運航コストを８％下げられた（青木，2004，p. 71）．

２名編成を技術的に基礎づけたのは飛行制御システムの電子化である．飛行制御システムは，検知装置，表示装置，伝達機構（ケーブル）という個別装置の電子化に加えて，コンピュータの導入によってシステム全体が電子化された（山崎，2010，pp. 81-84）．とりわけ，コクピット内の表示装置の電子化は，多数の計器を監視する航空機関士の排除と運航乗務員編成の削減をもたらした．

③エンジン双発化による整備費の抑制

第３に，航空輸送企業は整備費の抑制を求め，広胴機でもエンジン双発機が主流になった．エンジン数を３～４発から２発に減らせば，整備コストや代替品保有数を減らすことができる．

双発機は，３～４発機に比べて１発のエンジン停止がもたらす影響が大きいので，着陸可能な代替飛行場から飛行時間が60分の範囲内を飛行しなければならない．FAA が1953年に定めたこの60分ルールは，個別に認可を取得すれば，その適用を一部緩和でき，代替飛行場から60分を超えた範囲を ETOPS（Extended-range Twin-engine OPerationS）運航できる（米谷，2002，p. 23，櫻井，1994，p. 62）．

当初はすべての民間航空機に60分ルールが適用されたが，３発機の727（1964年就航）が適用除外とされてから，代替飛行場の少ない中長距離洋上路線ではエンジン３～４発の航空機が用いられた．エンジン整備費の点では経済的な双発機だが，60分ルールのもとで，とくに洋上では海岸線に沿うような迂回航路をとらねばならなかった．そもそも，1960年代には巨大な機体を２発のエンジンで推進できるだけの大推力エンジンは存在しなかった．

ところが，1970年代に推力の大きな20トン級のエンジンが開発されると，３～４発機の双発化を望む航空輸送企業は，航空当局に双発機の洋上運航規制緩和を求めた．その結果，FAA は双発機の洋上運航規制を1985年に緩和し，代替飛行場から60分の範囲内の運航という制限を120分に拡張できる要件を認めた．双発機による洋上運航は，まず北米・欧州路線（大西洋横断）や東アジア域内といった中距離国際線で実現された．ニューヨーク－ロンドン路線（5536km）では，４発機（707や747）が双発機（767や777，A300，A310）に代替し，双発機運航比率は，1990年の2.3％から，1995年には37.6％，2000年には51.1％と過半数を占めるに至った（ICAO, 2004及び各年度版）．

1990年代には，東アジアの経済発展にともなう航空需要の増大により，アジア・北米路線（太平洋横断）のような6000km以上の長距離洋上路線でも双発機が求められ，FAAは1988年12月に180分ルールを定めた．ボーイングの広胴双発機777に至っては，開発で先を越されたMD-11やエアバスのA330/340から長距離路線の顧客を奪うために，就航と同時に180分ルールの運航が目指された．本来は，一定の運航実績がなければETOPSは認められないが，1994年にFAAがETOPSの早期取得（Early ETOPS）を認めたことで，ユナイテッド航空の777は1995年5月の就航と同時に180分ルールが認められた[2)]．こうして，アジアと北米や欧州を結ぶ長距離路線でも双発機運航が可能になった．

さらに，シンガポール－ロサンゼルスのような長距離路線では207分ルールが求められた．その理由は，シンガポール航空が，シンガポール－ロサンゼルス路線の直行便の運航機材として1998年5月に広胴4発機A340-500を選んだことにあった．ジェット気流の影響で，東西間を移動する路線の最短距離は季節によって異なり，シンガポール－ロサンゼルス路線は，冬季最適コースは問題ないが，夏期最適コースをETOPS運航するのは難しかった．ETOPSフリーの4発機A340が約1万4096kmの大圏コースをとれるのに対し，ETOPS運航では670km長いコースをとる必要があったのである．さらにこの路線では，アラスカやアリューシャン列島，極東ロシアの代替飛行場が少なく，火山の噴火や悪天候で代替空港が閉鎖されると運航は中止になる（原田, 1998, p. 41）．

シンガポール航空からの受注競争に敗れたボーイングは，航続距離延長型の777-300ERの開発延期を余儀なくされた．そこで，4発機に対抗するために，ボーイングはETOPSの15％（27分）延長を求め，それに応じたFAAが2000年3月に207分ルールを制定した．777の航続距離延長型である777-300ERは，世界最大級の輸送力をもち長距離路線で運航される航空機の1つである．エンジンには世界最大級の推力をもつGE90-115B（最大推力52.2トン，2002年型式承認）が搭載され，航続距離は1万3590kmである．ETOPSの延長は，アジア・北米路線における双発機と4発機の運航上の違いをなくしてきたのである[3)]．

日本航空の例で歴史的に振り返ると，長距離国際線は，1960年代末に既存のレシプロ機経由便（ウェーキ島やホノルルなど中部太平洋横断経由便）がジェット化され，1960年代末から北米はアンカレッジ，欧州はモスクワを経由する大圏コース経由便（地球上の二地点間の最短距離）に置き換えられた．1980年代半ばからは，最短距離をとる大圏コース直行便が広胴４発機の747によって実現された．2000年の段階では，東京・ロンドン路線（9587km）や東京・パリ路線（9713km），東京・ニューヨーク路線（１万811km）といった長距離路線では広胴４発機747-400の運航が主であったが，2009年までに777や787のような広胴双発機によって代替された（山崎，2018b，pp. 107-112）．

広胴機のような大型の航空機や３～４発のエンジンを双発に置き換えるためには，エンジンの大型化と大推力化が必要であり，それを実現したのが高バイパス比ターボファンエンジンであった．

（３）航空機価格の抑制と航空機市場の競争激化

航空自由化後の価格競争で経営を悪化させた既存の大手航空輸送企業は，運航コストだけでなく航空機価格の抑制を航空機メーカーに求めた．航空機メーカーは，確実に販売ができれば航空輸送企業の要求に応じる必要はないが，1980年代後半から航空機販売をめぐる市場競争が激化したことで，ユーザーの要求に対してより積極的に応えねばならなくなった．

第１に，ボーイングとエアバスの市場競争が激化した．エアバスは，政治力だけでなく，補助金を下支えにした大胆な航空機価格の割引で航空機市場を獲得した．対抗するボーイングでも航空機価格を割引しても利益を得るため，ボーイング767（1982年就航）では燃料消費率改善のために軽量化を最重要視したが，777（1995年就航）では開発・製造コストの抑制を迫られた．ボーイングは，機械加工や最終組立を行う自社工場の生産性向上（第４章及び第７章）に取り組む一方で，開発・生産の外注化（第６章）によってコストの抑制を試みた（777開発の歩み，p. 243-248）．ボーイングは，1994年頃からエアバスとの価格競争を避けられず，平均割引幅をそれ以前の10％から18～20％，時には30％にまで引き上げた（Newhouse, 2007, p. 125）．

第２に，冷戦終結により欧米諸国の軍事費が削減されて軍事市場が縮小すると，軍用機部門やミサイル部門は経営不振に陥り，民生分野の市場競争を激しくした．1987年から1997年にかけて，アメリカの軍事費は28％（3948億ドルから2845億ドル），軍事調達費は44％（1130億ドルから502億ドル），軍用機調達額は67％（461億ドルから154億ドル）減少した（2000年物価基準，OMB, 2007, pp. 25-26, 55-60, AIA, 1991, pp. 22-23, AIA, 2005, pp. 20-21）．軍事調達費は軍用機，ミサイル，電子機器が上位を占め，航空宇宙産業が深く関係する．軍事調達費の削減にともないアメリカ航空宇宙産業は再編され，マクダネル・ダグラスが1997年にボーイングと合併して北米の民間航空機メーカーは１社に集約された．

市場更新期は，ボーイングとエアバスが全製品群で競合し，公害対策をしながら，全製品群で２名編成を導入し，747や A380，A340を除く双発化，低燃費や航空機価格の割引などトータルコストの抑制をめぐり競争が激化した．

２．航空需要の地域特性と航空輸送企業の使用機材

（1）北米・欧州・アジアの航空需要

公害対策やトータルコストの抑制など航空機メーカーへの共通した一般的要求の一方で，主要な航空需要地域ごとに機材選択の地域特性がみられる．

航空需要は国際線需要と国内線需要から構成され，全体として1992年以降は国際線需要が国内線需要を上回るものの，地域によってその比率は異なる．**表2-1**に国内線と国際線に分けて航空需要の地域的構成を示す．2019年には，北米22％（うち国内線15％），欧州27％（うち国際線23％），アジア太平洋35％と合計で84％の旅客輸送実績を示し，主要な航空需要地域を形成している．

第２次世界大戦後，世界の航空需要は北米に集中したが，経済成長とともに欧州や，とりわけアジアで航空需要が増大した．世界全体の旅客需要に占める北米の割合は，1960年代から2010年代にかけて60％以上から30％以下に減少したが，依然として主要地域である．北米地域内では国内線の比率が７～８割と大部分を占め，絶対量も増え続けている．国内線需要が大きい北米に対して，アジアと欧州は国際線需要が大きい．欧州の航空需要は，歴史的に欧州域内を含めた国際線に牽引され，1990年代半ばから国際線需要が欧州全体の９割を占めるようになった．アジアでは，2000年代は911同時多発テロや新型肺炎SARS の影響があったものの，1960年代から2010年代に旅客需要が10％未満から30％以上に増大した．

次に地域間需要をみると，主要地域間の長距離国際線は，北米・欧州路線（北大西洋路線）が12％（4382億人 km），アジア・欧州路線が９％（3094億人 km），アジア・北米路線（太平洋路線）が６％（2068億人 km）と合計27％（2010年）を占めた（日本航空調査室，2013，pp. 60–61，山崎，2018b，p. 95）[4]．

表２－１　定期航空の地域別輸送実績の変遷

旅客キロ / 定期輸送（10億人 km）

	北米		欧州（ソ連含）		アジア太平洋		他	合計
（国際線・国内線合計）								
1960	69	63%	24	22%	7	7%	9	109
際	14	13%	20	48%	3	3%	4	41
内	55	50%	4	6%	4	4%	5	69
1970	226	49%	163	36%	38	8%	33	460
際	46	10%	75	46%	19	4%	23	162
内	180	39%	89	30%	20	4%	9	297
1980	445	41%	365	34%	160	15%	118	1,089
際	99	9%	184	40%	105	10%	78	466
内	346	32%	181	29%	55	5%	40	622
1990	783	41%	591	31%	344	18%	176	1,894
際	221	12%	314	35%	236	12%	123	893
内	562	30%	277	28%	108	6%	53	1,001
2000	1,177	39%	805	27%	733	24%	302	3,018
際	355	12%	680	38%	519	17%	225	1,779
内	822	27%	125	10%	215	7%	77	1,239
2010	1,412	30%	1,307	29%	1,283	27%	683	4,685
際	459	10%	1,141	41%	735	16%	538	2,874
内	952	20%	167	9%	548	12%	144	1,811
2019	1,931	22%	2,326	27%	3,018	35%	1,411	8,686
際	660	8%	2,028	23%	1,653	19%	1,138	5,478
内	1,271	15%	298	3%	1,365	16%	273	3,207

貨物トンキロ / 定期輸送（10億トン km）

	北米		欧州（ソ連含）		アジア太平洋		他	合計
（国際線・国内線合計）								
1960	1	55%	0.5	24%	0.2	9%	0.3	2
際	0.4	17%	0	44%	0.1	4%	0.1	1
内	1	38%	0	7%	0.1	5%	0.1	0.3
1970	6	53%	3.0	29%	0.9	9%	1.0	10
際	2	18%	3	45%	1	7%	1	4
内	4	34%	0	3%	0	2%	0	1
1980	9	31%	10.7	37%	6	19%	3.7	29
際	4	13%	8	41%	5	17%	7	16
内	5	18%	3	28%	1	2%	1	4
1990	16	27%	20.0	34%	16	28%	6.3	59
際	9	15%	17	38%	15	25%	18	38
内	8	13%	3	21%	2	3%	2	5
2000	32	27%	34.7	30%	40	34%	11	118
際	20	17%	34	34%	36	31%	43	81
内	11	10%	1	5%	3	3%	4	5
2010	41	24%	44.6	26%	63	36%	25	173
際	25	14%	41	31%	56	32%	74	121
内	16	9%	4	4%	7	4%	8	12
2019	45	25%	54	30%	85	47%	120	180
際	27	15%	52	29%	74	41%	110	167
内	18	10%	2	1%	10	6%	11	13

注１：IATA は航空輸送企業が構成する国際機関であり，非加盟やデータ未提出の企業のデータは含まない（データ捕捉率は90%未満）．不定期輸送は含めない（たとえば2005年は旅客輸送189億人 km，貨物輸送50億トン km だった）．

注２：旅客１名を１km 輸送すると１旅客キロ，貨物１トンを１km 輸送すると貨物１トン km という．旅客輸送実績は，有償旅客数と各飛行区間の大圏距離（地球表面に描いた大円に沿う最短距離）を乗じた有償旅客キロ（単位：人 km）で示される．「際」は国際線，「内」は国内線の略である．それぞれ国際・国内線全体に対する割合を示す．「国内線」は各国の国内需要の合計，「国際線」は地域内及び地域間の国際線需要である．

出所：日本航空調査室（2022），pp. 24–25，同（2017），pp. 22–23，同（2009），pp. 28–29，同（1997），pp. 26–27，同（1987），pp. 26–27，同（1979），pp. 36–41．原出所は1999年までは ICAO（International Civil Aviation Organization）の "Civil Aviation Statistics of the World"，2000年からは ICAO の "Annual Report of the Council" である．

（２）北米の狭胴機需要とアジアの大型広胴機需要

航空機材の導入には地域的な傾向がみられる．**表２－２**に地域別・メーカー別の航空機材の納入実績を示す．データが1999年までに限られるものの，民間ジェット機市場の形成期（1958～79年）から更新期（1980～99年）にかけての地域別の機材納入の傾向をみるには十分である．

第１に，狭胴機について，707や DC-8は狭胴機ではあるものの，その当時は最大の運搬能力をもち，発展型は200席前後の座席数を有したことから737や

表２－２　民間航空機の地域別・メーカー別納入機数

（形成期）（更新期）	狭胴機				狭胴機（中型）広胴双発機				広胴３・４発機				全体				
	737, DC9 A320, MD80/90				707/727, DC8, A300 757/767/777, A310/330				DC10/747/（L1011） 747-400/767/777, A340								
	北米	欧州	ア	計	北米	欧	ア	計	北米	欧	ア	計	北米	欧州	ア	他	計
市場形成期（1958～79年）																	
ボーイング	289	112	71	623	1, 760	313	174	2, 497	164	110	90	414	2, 213	535	335	451	3, 534
ダグラス	513	278	83	932	366	118	50	556	160	76	44	299	1, 039	472	177	99	1, 787
合計	802	390	154	1, 555	2, 126	431	224	3, 053	324	186	134	713	3, 252	1, 007	512	550	5, 321
（製品群別）	52%	25%	10%	100%	70%	14%	7%	100%	45%	26%	19%	100%					
（全体）	15%	7%	3%	29%	40%	8%	4%	57%	6%	3%	3%	13%	61%	19%	10%	10%	100%
市場更新期（1980～99年）																	
ボーイング	1, 363	897	472	2, 874	1, 263	382	401	2, 232	116	208	430	813	2, 742	1, 487	1, 303	387	5, 919
ダグラス	689	411	167	1, 330					164	72	73	339	853	483	240	93	1, 669
エアバス	428	381	197	1, 099	203	240	291	864	20	77	48	167	651	698	536	245	2, 130
合計	2, 480	1, 689	836	5, 303	1, 466	622	692	3, 096	300	357	551	1, 319	4, 246	2, 668	2, 079	725	9, 718
（製品群別）	47%	32%	16%	100%	47%	20%	22%	100%	23%	27%	42%	100%					
（全体）	26%	17%	9%	55%	15%	6%	7%	32%	3%	4%	6%	14%	44%	27%	21%	7%	100%
合計（1958～99年）																	
ボーイング	1, 652	1, 009	543	3, 497	3, 023	695	575	4, 729	280	318	520	1, 227	4, 955	2, 022	1, 638	838	9, 453
	47%	29%	16%	100%	64%	15%	12%	100%	23%	26%	42%	100%	52%	21%	17%	9%	100%
ダグラス	1, 202	689	250	2, 262	366	118	50	556	324	148	117	638	1, 892	955	417	192	3, 456
	53%	30%	11%	100%	66%	21%	9%	100%	51%	23%	18%	100%	55%	28%	12%	6%	100%
エアバス	428	381	197	1, 099	203	240	291	864	20	77	48	167	651	698	536	245	2, 130
	39%	35%	18%	100%	23%	28%	34%	100%	12%	46%	29%	100%	31%	33%	25%	12%	100%
合計	3, 282	2, 079	990	6, 858	3, 592	1, 053	916	6, 149	624	543	685	2, 032	7, 498	3, 675	2, 591	1, 275	15, 039
（製品群別）	48%	30%	14%	100%	58%	17%	15%	100%	31%	27%	34%	100%					
（全体）	22%	14%	7%	46%	24%	7%	6%	41%	4%	4%	5%	14%	50%	24%	17%	8%	100%

注１：地域の略号で「ア」はアジアを示す．ダグラスはマクダネル・ダグラスであり1997年にボーイングに吸収合併された．各機体サイズにおける地域別表示では「その他」の地域は省略し，合計欄にまとめている．
注２：ボーイング及びマクダネル・ダグラスは1999年９月末，エアバスは1999年10月末時点のデータである．エアバスの元データは時期区分がなく，1974年就航のA300は1980年までの販売実績が多くないので，すべて1980年以降の納入にまとめた．ロッキードL-1011は上記に含んでいないが，生産機数は250機である．
出所：青木（2000a），pp. 328-331, 337-341より筆者作成．

DC-9など100席級の狭胴機に限定すると，北米には48％が供給された．市場形成期から市場更新期にかけて狭胴機全体に占める北米の割合は52％から47％と少し減っているが，絶対数では802機から2480機へと３倍以上に増えている．

第２に，広胴機に着目すると，アジアへの納入数が多く，欧米と対照的である．市場形成期には広胴３・４発機は北米に45％（324機）供給されたが，市場更新期には北米市場が絶対数（300機）を減らす一方で，アジアは42％（551機）を調達した．広胴双発機でもアジアは北米に匹敵する規模であり，777は４割がアジアに供給され，1989年に就航した747-400も多くがアジアに納入された．欧州は，北米における狭胴機，アジアにおける広胴機ほどではないが，狭胴機と広胴機のそれぞれの納入機数が増えてきた．

第3に，航空機メーカーの市場競争に着目すると，ボーイングとマクダネル・ダグラス，ロッキードによる製品群ごとの市場競争は，ボーイングとエアバスによる全製品群にわたっての市場競争に置き換わった．

市場形成期は狭胴機でボーイングとマクダネル・ダグラス，広胴3発機でロッキードとマクダネル・ダグラスが競合し，広胴4発機はボーイングが市場を独占した．市場更新期には，まずはエアバスとボーイングが広胴双発機で競合し，エアバスが狭胴機市場に参入し，2007年にA380を就航させたことで，すべての製品群でボーイングと全面的に競争するようになった．他方，広胴機市場の競争で劣位にあったボーイング以外のアメリカ企業は，広胴双発機の開発にも踏み切れず，最終的に市場からの撤退を余儀なくされた．

（3）航空輸送企業による航空機材の選択

北米の狭胴機需要，アジアの大型広胴機需要，両方の傾向がみられる欧州という特徴は，各地域の主要な航空輸送企業の機材構成に表れている．**表2-3**に航空輸送企業の保有機材を示す．10～20年単位で，旧式化した航空機が既存機種の派生型・発展型や，大型もしくは小型の機種に更新されている．

航空輸送企業の機材構成は，地域ごとに大きく3つの傾向がみられる．

第1に，アメリカン航空，デルタ航空，ユナイテッド航空という北米企業は，1980年から一貫して狭胴機が8割前後を占める．ただし，保有機数は1980年の300機前後から2020年には800機前後と2.5倍以上に増えているため，割合が小さくても他社と比べると777や787などの広胴双発機の保有機数も多い．

グループとしてみると，100席以下のリージョナルジェットやビジネスジェットも多数保有する．2005年には，100席以下の機材を，アメリカン航空グループは359機，ユナイテッド航空グループは349機，デルタ航空グループは424機保有した．他方，規制緩和後に出現したLCCは特定の狭胴機を用いた低価格戦略で成長を遂げてきた．2005年には，サウスウエスト航空は737のみを424機，ジェットブルー航空はA320のみを73機保有した（千田他，2006b，pp. 108，122-128）．なお保有機数にはリース調達によるものも含み，2004年には全米で半数近くに達した（杉浦，1992，p. 104）[5]．

第2に，ブリティッシュ・エアウェイズやエールフランス，ルフトハンザといった欧州企業は，広胴機と狭胴機をそれぞれ同じ程度に保有する．

第3に，アジア企業は，大型の広胴機を多く保有してきた．キャセイパシフィック航空とシンガポール航空の保有機はほぼすべて広胴機である．日本航空，全日本空輸，大韓航空は6～8割が広胴機である．日本航空と全日本空輸では，2000年代に4発機の747が双発機の777や787に代替された．

以上より，北米の国内線需要には狭胴機，欧州の国際線需要（地域間需要と地域内需要）には狭胴機と広胴機，アジアの国際線需要と国内線需要には大型機

表2-3　世界の主要な航空輸送企業の保有機材の変遷

日本航空［ワンワールド］

		80	90	00	10	20
狭胴	737/727	2		4	37	48
	DC8/MD80	29		42	18	
広胴双発	767		16	22	29	33
	A300			36	18	
	787					49
	777			17	46	38
	A350					6
広胴	DC10/MD11	13	16	22		
	747	36	66	80	14	
	合計	80	98	223	180	174

全日本空輸［スターアライアンス］

		90	00	10	20
狭胴	A320	2	32	29	32
	737	15		52	46
広胴双発	767	44	53	62	32
	787				75
	777		21	49	52
広胴	L1011	11			
	747	24	38	12	
	A380				2
	合計	108	144	204	263

カンタス航空（豪）［ワンワールド］

		80	90	00	11	21
狭胴	737/717			42	86	95
	A320				68	11
広胴双発	767		15	43	24	
	787					11
	A330				29	28
広胴	747	21	30	34	25	
	A380				12	12
	合計	21	45	119	301	225

キャセイ・パシフィック（香港）［ワンワールド］

		90	00	10	20
狭	A320				2
広胴双発	A330/340		26	32	41
	777		12	35	68
	A350				40
広胴	L-1011	17			
	A340			15	
	747	23	26	46	20
	合計	40	64	128	171

大韓航空［スカイチーム］

		80	90	00	10	20
狭胴	A220 MD80		8	8		10
	737			8	30	25
	707/727	13	12			
広胴双発	A300	8	20	19	8	
	787					10
	A330			14	20	29
	777			9	27	54
広胴	DC10/MD11	5	3	4		
	747	13	25	44	42	21
	A380					10
	合計	44	72	116	127	159

シンガポール航空［スターアライアンス］

		80	90	00	10	20
狭胴	A320				1	1
	707/727/737	8				1
広胴双発	A300/310/330	3	13	14	19	5
	787					15
	777			19	72	42
	A350					52
広胴	DC10	4				
	A340			13	5	
	747	15	27	44	20	7
	A380				11	19
	合計	30	40	90	128	142

アメリカン航空（米）［ワンワールド］

		80	90	00	10	20
狭胴	737		18	51	152	316
	MD80/90		213	266	222	
	A320					427
	707/727	226	164	60		
	757		26	102	124	
広胴双発	767		45	79	73	
	A300		25	35		
	787					45
	777			27	47	67
広胴	DC10/MD11	34	59	8		
	747	11	2			
	合計	276	552	703	618	855

デルタ航空（米）［スカイチーム］

		80	90	00	10	20
狭胴	737/717		72	120	83	258
	DC8/9 MD80	49	103	136	136	
	A320/220				126	257
	727	128	129	81		
	757		61	118	180	116
広胴双発	767		37	112	92	55
	A330				32	50
	777			7	18	
	A350					15
広胴	MD11/L1011	36	42	28		
	747-400				16	
	合計	213	444	602	722	751

ユナイテッド航空（米）［スターアライアンス］

		80	90	00	10	20
狭胴	737	42	179	182	0	360
	A320			100	152	181
	727	173	104	75		
	DC8	43	19			
	757		24	98	96	61
広胴双発	767		19	54	35	54
	787					60
	777			48	52	96
広胴	DC10	42	54	3		
	747	18	39	44	25	
	合計	318	438	604	360	812

ブリティッシュ・エアウェイズ（英）［ワンワールド］

		80	90	00	10	20
狭胴	A320		10	29	86	148
	737/707	28	47	55	19	
	757		34	50		
広胴双発	767		9	21	21	
	787					32
	777			40	49	61
	A350					8
広胴	L1011/DC10	71	20			
	747	30	50	71	53	15
	A380					12
	合計	176	228	311	239	304

エールフランス（仏）［スカイチーム］

		80	90	00	10
狭胴	A320		14	97	140
	737		19	41	
	707/727	42	21		
広胴双発	767			5	
	A300/310	17	26	10	
	A330				15
	777			14	56
広胴	A340			21	17
	747	27	36	38	15
	A380				4
	合計	104	121	230	377

ルフトハンザドイツ航空（独）［スターアライアンス］

		80	90	00	10	20
狭胴	A320		17	80	120	199
	737/707/727	62	89	76	66	
広胴双発	A300/310	15	29	18		
	A330				15	15
	777					9
	A350					17
広胴	DC10/MD11	11	10	12	18	5
	A340			30	50	34
	747	11	37	42	29	29
	A380				4	14
	合計	99	182	328	427	368

注：合計には個別の記載を省略した機種（リージョナルジェットなど）を含めている．日本航空には2006年に合併した日本エアシステム（JAS）のものを含む．

出所：日本航空調査室（2022），pp. 106–115，同（2017），pp. 106–114，同（2012），pp. 140–143，同（1993），pp. 144–146，同（1983），pp. 212–214，日航財団（2002），pp. 142–145.

が用いられることがわかる．次節では，これら地域特性の理由を，欧米の航空自由化（航空政策）と東アジアの経済成長，地理的環境から分析する．

3．欧米の多頻度運航とアジアの長距離運航

（1）北米地域内の狭胴機による多頻度運航

1980年代以降の欧米で狭胴機が導入された理由は，航空自由化後の路線展開にある．アメリカでは，航空自由化によって航空輸送企業の価格競争が激化し，ハブ・アンド・スポーク型の路線網が形成されることで狭胴機による多頻度運航が広がった．

航空輸送市場に新規参入したLCCの低価格戦略に対して，既存の大手航空輸送企業は，トータルコストの抑制を航空機メーカーに求めるだけでなく，路線展開によって顧客を囲い込もうとした．各社は，ハブ・アンド・スポーク型の路線網を構築し，アメリカでは全域をカバーできるように複数のハブ空港を設定した．単一ハブからの放射状ネットワーク，さらには複数ハブ拠点をつなぐ大規模で複雑な路線網を形成したのである．ハブ空港は，多くの国内・国際線と接続することが重要なので，地方の小さな需要を集めると同時に，複数ハブ拠点をつなぐ大規模路線網の結節点として機能している．

複雑な路線網のメリットを生かすため，各社はコンピュータ予約システム（Computer Reservation System: CRS）を開発し，代理店に自社の端末を利用させた．1986年には，アメリカン航空のセイバー・システム（Sabre）がCRSを利用する代理店の約40%，設置端末の約35%，ユナイテッド航空のアポロ・システム（Apollo）が代理店の約25%，端末の約30%を占めた．他にもテキサス・エアのシステム・ワン（System One），TWAのパーズ（PARS），デルタ航空のデータスⅡ（DATAS Ⅱ）というシステムが存在した（Taneja, 1988, p. 17, 邦訳, p. 21）．

図2-2に，2001年時点で総旅客数上位25位に入ったアメリカ国内の空港を示す．規制緩和後は，市場シェアだけでなく，空港でも特定企業の占有率が高くなった．スロット（発着枠）シェア率でみると，最も低いニューヨークJFK空港でもアメリカン航空が24.3%を占め，最も高いシンシナティ空港ではデルタ航空が94.3%を占めた．上位25空港でスロットシェア率が10%を超える空港を，アメリカン航空は6つ，デルタ航空は9つ，ユナイテッド航空は6つもった．ハブ空港は，アメリカ全域を覆うように配置されたが，各社が競合企業との重複を避けるようにハブ空港を設定して路線網の特色を出したため，デルタ

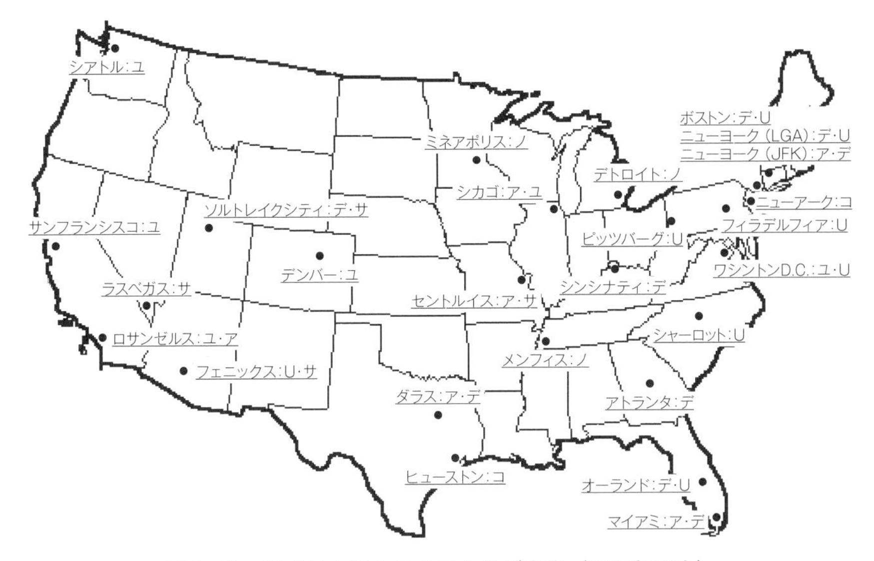

図２−２　アメリカ国内の主要なハブ空港（2001年現在）

注：記載した空港は，1999～2000年の旅客数上位25位のアメリカ国内の空港である（ホノルルは除く）．メンフィスは総旅客数では上位に入らないが，フェデックスが取扱貨物を集めるハブ空港であった．各空港で発着枠占有（スロットシェア）率が10％以上の航空輸送企業を記載した．フェニックスをハブ空港としたアメリカウエスト航空は，2007年に US エアと統合し，セントルイスをハブ空港としていた TWA が，2001年にアメリカン航空に吸収合併されたため，吸収後の企業名を表記している．シアトルは，アラスカ航空もハブ空港としている．省略記号は，ア：アメリカン航空，デ：デルタ航空，ユ：ユナイテッド航空，コ：コンチネンタル航空，U：US エアウェイズ，ノ：ノースウエスト航空（2010年にデルタと経営統合），サ：サウスウエスト航空を示す．

出所：塩見（2006），p. 177に筆者加筆．

航空は東海岸，ユナイテッドは西海岸に多くのハブ空港をもった．

さらに大手企業は，国際線では外国企業との企業提携（グローバルアライアンス）を結び，国内線ではローカル企業との関係を深めた．1990年代半ばからは大西洋（北米・欧州）路線の航空需要を囲い込むため，2000年代にはアジア諸国を巻き込むために世界の主要企業を巻き込んでスカイチーム，スターアライアンス，ワンワールドという航空連合を形成した．

ハブ空港から広がる近距離路線が増えるにしたがい，地方の需要は狭胴機の多頻度運航によって吸収され，航空輸送企業からは100席級の狭胴機やそれ以下のリージョナルジェットが求められるようになったのである．

（2）欧州地域内の狭胴機による多頻度運航

欧州では1990年代に域内の航空自由化を進めた．欧州の交通政策の起源は1958年に締結されたローマ条約にあり，かつてのEEC（欧州経済共同体）は，欧州域内の経済発展のために鉄道，道路，河川運航などの交通政策で統一政策をとった．しかし，海運とともに航空分野では各国の領空主権の原則を定めた競争制限的なシカゴ・バミューダ体制にのっとり，域内で統一政策はとらなかった．ところが，アメリカでは航空自由化によって航空需要が増大したことから，欧州域内でも1990年代に航空自由化を段階的に進めた．1992年のEC閣僚会議における自由化政策の合意を前後して，運賃や市場参入，輸送力，運輸権，共通免許規定の自由化を段階的に進め，1997年からはEU（欧州連合）加盟国内の域内航空を完全自由化した．1992年にオランダ政府がアメリカ政府とオープンスカイ協定を結んでからは，二国間のレベルでも国際的な航空自由化を進めている[6)]．

1980年代には，ロンドンから放射状に広がるネットワークを形成したが，1990年代以降はパリ，フランクフルト，アムステルダムを経由する路線が増え，2000年代にはそれら4都市を中心とする複雑なネットワークを形成した（千田他，2004，p. 5）．**表2－4**に，欧州域内の大規模路線（年間20万人以上）を示しており，ロンドン発着路線は1981年の45％から2001年の29％へと相対的に旅客数を減らし，他の空港の旅客数が増えている．路線数と旅客数は1981年から2001年にかけて4～5倍に増え，週便数は，欧州で航空規制緩和が進んだ1990年代後半に急増し，2001年には1981年の7倍近くと旅客数以上に伸びた．広胴機（大型機）の割合が減少する一方で，増大する需要は狭胴機（小型機とリージョナルジェット）で吸収し，狭胴機の週便数が全体の8割以上を占めた．その結果，1便当たり旅客数が2001年に100人まで減少する一方で，路線当たり週便数は1986年の46. 9便から2001年には92. 5便に倍増した．

したがって，北米域内と同様に欧州域内でも，増大する需要を狭胴機の多頻度運航で吸収したことがわかる（深澤他，2003，p. 20）．欧州域内の国際線は，主要都市間の距離が近く，地理的にアメリカ国内線に似ている．ただし，欧州域内でもイギリスと大陸間では洋上運航が必要であり，さらには欧州・アジア線などの長距離国際線のために，欧州企業も一定数の大型広胴機を保有している．

表２－４　欧州域内の大規模路線における路線・旅客・週便数の推移

	路線数		旅客数（万人）	航空機の規模別週便数（便／週）					１便当たり旅客数（人）	路線当たり週便数
		ロンドン発着路線		大型機（300席以上）	中型機（200～300席）	小型機（100～200席）	RJ	合計		
1981年	42	19 45.2%	1,547	194 8.9%	259 11.9%	1,361 62.7%	356 16.4%	2,172 100%	136.9	51.7
1986年	69	25 36.2%	2,774	217 6.7%	598 18.5%	2,101 65.0%	211 6.5%	3,233 100%	165.0	46.9
1990年	92	28 30.4%	4,124	160 3.2%	817 16.3%	3,366 67.3%	420 8.4%	5,004 100%	158.5	54.4
1995年	124	33 26.6%	5,514	63 0.8%	815 11.0%	5,605 75.6%	586 7.9%	7,412 100%	143.1	59.8
2001年	152	44 28.9%	7,309	74 0.5%	2,108 15.0%	9,538 67.8%	1,997 14.2%	14,062 100%	100.0	92.5

注１：ICAO"Traffic by flight stage"において，欧州域内で概ね年間20万人以上を輸送する路線のデータが抽出されている．航空機の週便数は，OAG Worldwide"OAG flight guide"の各年度版から抽出されている．「１便当たり旅客数」は，週便数合計を52倍（１年52週と考える）したもので旅客数を割って求めた．「路線当たり週便数」は，週便数の合計を路線数で割り算して求めた．
注２：RJ はリージョナルジェットである．レシプロ機の週便数は省略し，合計数に入れている．
注３：ICAO の統計は自主申告にもとづき，未申告の航空輸送企業の運航は含まれない．
注４：概ね小型機が狭胴機，中型機と大型機が広胴機，大型機は大型広胴機に対応するとみなす．
出所：千田他（2004），pp. 4-6 より作成．

（３）東アジア地域内の大型広胴機による長距離運航

アジア太平洋地域の航空需要は，東アジア経済の急成長とともに増大した．航空輸送は派生需要という特徴をもち，移動そのものが目的ではなく，商品流通や人の交流，観光など他の目的を達成する際に派生して需要が発生する．東アジアは，グローバル生産拠点として先進国の多国籍企業が展開し，しばしば域内の複数国を横断するように生産拠点を設けて多国籍企業の国際分業に組み込まれた．それにともない域内・域外貿易が活性化され，航空需要が増大した．さらに，中国を含む東アジアや ASEAN 諸国が生産拠点だけでなく消費市場として急成長したことで，輸送時間の短縮が求められる生鮮食品や電子部品のような航空貨物による高速輸送が有効な高付加価値商品の輸送が増えた（吉田・高橋，2002，pp. 234-235）．**表２－１**に示したように，アジア太平洋の航空貨物需要は旅客輸送よりも相対的に割合が多く，1990年に北米，1993年に欧州を追い抜いた[7]．物流だけでなく，アジア域内の企業活動や経済交流とともにビジネス客も増え，国民経済の成長にともなってレジャー旅客も増大した．

表２−５　東アジアの主要35都市間の路線・旅客・週便数の推移

	路線数	旅客数（万人）	航空機の規模別週便数（便／週）				１便当たり旅客数（人）	路線当たり週便数
			大型機（300席以上）	中型機（200〜300席）	小型機（100〜200席）	合計		
1990年	68	2,553	1,940 78.8%	485 19.7%	40 1.6%	2,464 100%	199.3	36.2
1995年	70	3,634	2,448 68.1%	634 17.7%	448 12.5%	3,592 100%	194.6	51.3
2000年	122	4,440	2,536 63.5%	885 22.2%	447 11.2%	3,993 100%	213.8	32.7

注１：ICAO"Traffic by flight stage" より，タイ以東の東アジア主要35都市間の路線データが抽出されている．週便数は年間総便数を52週で割ることで求めた．「１便当たり旅客数」は，年間総便数を年間旅客数で割り算して算出した．「路線当たり週便数」は，週便数の合計を路線数で割り算して求めた．
注２：航空機の週便数にはRJ（リージョナルジェット）と不明機の記載は省略し，合計数に入れている．
出所：千田他（2004）より作成．なお，元データは，ICAO"Traffic by flight stage" の各年度版．

表２−５に，タイ以東の東アジアの主要35都市を結ぶ路線数・旅客数・週便数を示す．1990〜95年には，路線数はほぼ同数だが旅客数が約1.5倍に増え，2000年にかけて旅客数だけでなく路線数も２倍近くに増えた．アジアでは，欧米と対照的に，週便数に占める大型広胴機が６〜７割と多く，狭胴機（小型機）も増えてはいるが１割程度にとどまった．１便当たり旅客数は200人前後，路線当たり週便数は30〜50便と，欧州域内よりも多くの旅客を大型機材の低い頻度の便数で輸送している．需要の多い路線で大型の広胴機，少ない路線で狭胴機（小型機）を用いるのがアジアの特徴である（深澤他，2004，pp. 23，25）．日本航空は，東京・シンガポール（5345km）や東京・シドニー（7790km）という中長距離国際線だけでなく，東京・ソウル（1263km）や東京・香港（2938km）というアジアの近距離国際線で，1980年代から747や DC-10，MD-10，2000年代半ばから777や767といった広胴機を用いた（山崎，2018b，p. 105）．

東アジアで広胴機が多用される理由の１つは地理的条件である．東アジア域内の路線網は，北東アジアの東京（成田），東南アジアのシンガポール，その中間で両者の結節点となる香港を中心に形成された．東アジアは，陸続きで隣の国や州との距離が近い欧米と異なり，縦長の地形で隣国との距離が遠く，島や半島を国土とし，海洋に隔てられて洋上飛行が必要な国や地域が多い．北米は1000〜4000km，欧州も1000〜3000km の範囲に主要都市が収まるが，東アジアは主要都市が2000〜8000km も離れている．1983年時点で，アジアで直行便のある2地点間の60%が最低2000km離れていた（Taneja, 1988, p. 126, 邦訳, p. 144）[8]．

さらに，欧米にとってアジアと結ぶ国際線は重要であるものの，依然として最重要な国際線は欧州・北米路線であり，ロンドン－ニューヨーク間は5536kmの距離である．一方，アジアにとっては北米や欧州との国際線が重要であり，アジア・北米路線の東京－ニューヨーク（1万828km）やアジア・欧州路線の東京－ロンドン（9587km）は，1万km級の長距離洋上路線である．

個別的には，日本では空港の利用制限が制約となった．成田国際空港や東京国際空港（羽田空港）のような混雑する空港では処理容量の問題から運航便数が制限され，少ない離着陸回数で多く輸送できる広胴機が用いられた（深澤, 2004, pp. 1, 7）．他の国でも同様の指摘ができたが，日本以外では需要拡大にともない大規模国際空港が建設され，中国では上海浦東国際空港（1999年），広州新白雲空港（2004年），韓国ではソウル仁川国際空港（2001年），タイでは新バンコク国際空港（スワンナプーム国際空港）（2006年）が開港し，3000～4000m級の滑走路を複数もつ空港が整備された（国土技術政策総合研究所, 2007, p. 7）．

もう1つの日本の特殊的要因として，日米貿易不均衡解消を目的としたアメリカ政府の政治的圧力が，日本政府を介して広胴機の購入圧力となった．高額の広胴機が購入された結果，1990年には日本航空の機材構成の67%を747が占めるに至ったのである（経済編集部, 2010, p. 142）．

日本以外では，シンガポール航空やキャセイパシフィック航空は国内線に相当するものが存在せず，欧米行きの長距離路線が相対的に重要視されて，保有機材のほぼ100%が大型の広胴機である．

ただし，国内線需要が多い国では狭胴機も一定数保有されている．日本は国内線需要と国際線需要が同程度存在し，国内線を中心に展開してきた全日本空輸は狭胴機を積極的に導入してきた．オーストラリアは，1970年代半ばからの国際線需要が55～70%程度であるが，国内線需要も比較的大きく，カンタス航空は狭胴機保有数も増やしている．中国では1970年代半ば以降の国際線需要が20～35%であり，拡大する国内線需要に対応して，狭胴機の保有数が多い．

市場更新期の欧米とアジアでは，ともに航空需要が量的に増大したが，航空政策や経済的・地理的環境の違いから，導入機材は対照的な傾向がみられた．欧米ではハブ・アンド・スポーク型の路線網における小型の狭胴機の多頻度運航が行われるが，東アジアでは大型の広胴機による長距離洋上運航が特徴的なのである.

注

1）国内線大手のイースタン航空は1991年，国際線大手のパンナム航空は1991年に倒産し，TWA は2001年にアメリカン航空が吸収合併，ノースウエスト航空は2010年にデルタ航空と経営統合した（塩見，2006，p. 172）．1992年以降は再び参入が増え，1995年に95社，2001年は100社に達した（塩見，2006，p. 169）．

2）ETOPS 運航には，機体（Design Approvai）と航空輸送企業（Operational Approval）に関する要件として，当該機のエンジンの信頼性が，エンジン飛行時間（＝飛行時間×装着エンジン数）や世界平均エンジン飛行中停止率（IFSDR: In-Flight Shut Down Rate）によって実証されることと，当該機による航空輸送企業の運航経験や運航・整備体制が実証される必要がある．777では，運航前に条件をクリアするため，機体要件は ETOPS 運航経験の教訓を設計・開発段階で組み込んで設計し，エンジンの作動試験や飛行試験を追加で行うことで，航空輸送企業要件は他の型式の飛行機の ETOPS 運航実績を代用することで ETOPS 取得期間を短縮（Accelerated ETOPS）させた（米谷，2002，pp. 24，27，櫻井，1994，p. 66）．

3）エアバスは270分や240分という超長時間の ETOPS 認可に反対するが，ボーイングは ETOPS を270分まで拡張することを求めた（青木，2000b，p. 102）．

4）日本航空調査室が編集する『航空統計要覧』では，地域間輸送実績のデータが2013年度版を最後に掲載されていないが，その構図は大きく変わらない．なお，2008年の世界の旅客数23億人のうち，国際線9億人，国内線14億人であるが，国際線は国内線よりも距離が長く，旅客キロでみると両者の数値は逆転する．航空輸送では，運賃やコストが飛行距離によって変わるので，統計では旅客キロが用いられる（日本航空調査室，2009，p. 27）．

5）リース機はアメリカン45％，ユナイテッド41％，US エア76％，コンチネンタル65％，サウスウエスト23％，ジェットブルー37％に達した（Newhouse, 2007, p. 73）．

6）東アジアでも，アメリカ政府と各国がオープンスカイ協定を結ぶことで航空自由化が進んだ（戸崎，1995，pp. 79–84，吉田・高橋，2002，pp. 182–183，ANA，2008，pp. 51–52，河原，2010）．

7）世界全体では，旅客輸送が輸送量の7～8割，営業収支の8～9割を占め，航空機開発では既存の旅客機を転用して貨物機を開発することが多いので，本書では基本的に旅客機を対象に分析している（日本航空調査室，2009，pp. 21，68–69）．

8）北米ではニューヨークからシカゴが1,188km，ロサンゼルスが3,972km，マイアミが1,757km，欧州ではフランクフルトからパリが450km，ロンドンが653km，アジアでは東京から香港が2,961km，東京－シンガポール5,354km，シドニーが7,825km である．都市間の距離は ICAO のウェブサイトを参照した（https://www.icao.int/environmental-protection/CarbonOffset/Pages/default.aspx，2018年7月5日閲覧）．

第3章 航空機のプロダクトサポートとアフターマーケット

序章で民間航空機の産業特性を指摘したように，民間航空機産業は，航空輸送企業における機材の運航を支援するサービス産業という側面をもつ．

本章では，航空機販売後の航空輸送企業に対する航空機メーカーのプロダクトサポートが，航空機販売を確実にし，販売後も開発を継続し，後継機に対する顧客のニーズを把握するための手段として機能することでメーカーの技術競争力を強化すると同時に，アフターマーケットとして収益源になることを明らかにする．

以下，第1節では航空機メーカーのプロダクトサポートと収益源化の試みを述べ，第2節で交換部品の販売がエンジンメーカーのアフターマーケットの要となっていること，第3節で整備事業の外注化が進む中で整備事業とその契約方式が交換部品収入の面からも重要であることを明らかにする．

なお，本書で表現するアフターマーケットとは商品販売後に繰り返し発生する需要のことであり[1)]，交換部品販売や整備（MRO）が行われる．交換部品（補用品）とは，製品を補修するために取替・交換される部品であり，工場出荷時の航空機に搭載される新製のエンジンに組み込まれる新製部品と区別する[2)]．

1．航空機メーカーのプロダクトサポート

（1）航空輸送企業による航空機整備

航空輸送企業が行う航空機整備の目的は，航空輸送における耐空性，経済性，信頼性，快適性を確保・維持して収益を得ることにある．耐空性，つまり安全性の維持は航空輸送の大前提であり，経済性とともに航空機整備で確認・維持される（以下，渋武，2020，pp. 177-198を参照）．

航空機の運航段階で航空輸送企業が関与するのは信頼性と快適性である．まず航空輸送の信頼性は，単に「壊れないこと」ではなく，不具合によって航空機が地上での停留を強いられる状態（AOG: Aircraft On Ground）を避けて「常に飛び続けられる」こと，問題が発生したら一刻も早く飛べる状態にする（RTS:

Return to Service）ことで向上する．信頼性は，遅延や欠航による定時出発率（TDR: Technical Dispatch Reliability），航空機の緊急停止や目的地以外への着陸や引き返しといった運航阻害，エンジン空中停止（IFSD: In-Flight Shut Down）の発生率に表れる．運航の維持という意味では，トラブルが発生した場所では応急措置にとどめ，主基地に戻ってから修理をすることもある．次に航空輸送の快適性は，客室内の美観を維持・向上させるための改装，映像コンテンツの提供やムードライティング，ノイズキャンセル，電動シート，個室化など乗客のニーズに応えることで実現される．

航空輸送企業は，耐空性を維持するための航空機整備を納入前から準備する．パイロットは当該機種のシミュレータで飛行訓練を受けて運航資格を取得し，整備マニュアルをもとに整備プログラムを作成する．整備士や客室乗務員は，地上支援業務等の訓練を行い，就航基地の施設改修や整備機器・資材の準備，予備部品の発注・配置，運航体制の確立，関連する法令上の手続きで整備を実施する体制を準備する．トラブル時に技術的な解析や判断を行い，整備作業をアドバイスするため，航空輸送企業とメーカー，主要なシステム・サプライヤによって編成される特別チームもあらかじめ準備される．

航空機メーカーであるボーイングは，航空機を引き渡す際に，耐空性を維持するための情報や整備点検要領をまとめた指示書（ICA: Instructions for Continued Airworthiness）を航空輸送企業に提供する．就航後に初期不良やトラブルが発生すると，耐空性を維持するために改善の指示を出す．必要と判断したら，ボーイングは設計変更や追加点検などの改善指示書（SB: Service Bulletin），航空当局は耐空性改善命令（AD: Airworthiness Directive）を発行する．

航空機整備は，第1に，飛行前の点検や故障を修理するライン整備（運航整備）があり，乗客の乗降や貨物を積み降ろす駐機場（ランプ）で行うことが一般的である．第2に，航空機を格納庫（ハンガー）に入れて，機体の周りに足場をつけて行うドック整備があり，整備作業の深さによって整備内容が定められる．**表3-1**は777の例であり，機体の違いや整備事項の変更によって内容は異なる．たとえばC整備は，767では6000飛行時間または18カ月の早い方で実施されるが，787は約3年に1回の頻度である．第3に，航空機からエンジンや装備品・構成品を取り外して専門工場に運んで点検・整備を行うショップ整備がある（イカロス出版，2013，pp. 33，46）[3]．

（2）航空機メーカーによるプロダクトサポートの収益源化

民間航空機の整備市場はエンジンが4割，航空機のライン整備，重整備・改造，装備品・構成品整備が各2割である（**表3-2**）．エンジンと比べると，航空機メーカーの整備（MRO）市場はそれほど大きくないが，保有と整備を分離して運航に特化するLCCが台頭することで，航空機の機体構造やシステムでも整備の外注化が求められた．

それまでのプロダクトサポートに加えて，1999年にボーイングは，10～12人の専門家が休祝日や夜間を含む24時間対応をとるボーイング緊急対応センター（Boeing Rapid Response Center）をシアトルに開設して能動的なサポート体制をとり，世界8ヵ所の部品センターに40万点の部品を用意し，緊急時は交換部品を受注後2時間以内に出荷するサポート体制を目指した（西頭，2000，p. 47）．航空輸送企業にとって，航空機を運航できずに地上に駐機させるAOGが1～2時間続くと1～15万ドルの費用がかかる．開設からの1年間で，センターは400の運航業者を支援し，5000件程のAOGを平均1時間半で処理した（PR

表3-1　航空機整備の分類（ボーイング777を例に）

機体整備（シップ整備）			整備頻度	整備時間	
ライン整備（運航整備）	出発前点検	飛行前点検	1日の最初の飛行前（飛行間3時間以上の国際線含）		チェック項目が「飛行間」より多い
		飛行間点検	1日の2回目以降（飛行間1～2時間の国内線）	1時間	チェック項目が「飛行前」より少ない
	定時整備	A整備	750時間ごと（2カ月に1回程度）	6時間	
ドッグ整備		C整備	7500時間ごと（約2年）	7～10日	機体整備，構造整備，電装整備
	重整備	M整備／HMV	16000飛行回数または3000日（約8年）	1カ月	
工場整備			**整備頻度**	**整備時間**	
ショップ整備		エンジン整備		2～3カ月	機体から外して専門工場へ
		装備品・構成品整備			機体から外して専門工場へ

出所：イカロス出版（2013），pp. 24-53.

Newswire, 2000年7月27日).

航空輸送市場でLCCが台頭して価格競争が激しくなると，先にエンジンで取り入れられた包括契約（PBTH）をボーイングも取り入れた（Flight International, 2007年11月13日）．LCCのスカイバス航空（Skybus）は，最終的には景気低迷により2008年に経営破綻するが，ボーイングに機材購入と整備サービスのパッケージを要求した．ただし，この時は最終的にエアバスが選ばれ，65機のA319の発注を受けてエアバスは，整備の実施主体としてSTエアロ（Singapore Technologies Aerospace）を指名して，2007年からの12年間で6億3500万ドルに上るサポートを行う契約を行なった（Flight International, 2008年7月1日）．

ボーイングでは，2003年から統合資材管理（IMM: Integrated Materials Management）として，7社（デルタ，エアトラン，KLM，シンガポール航空，JAL，ANA，JTA）に対してサプライヤからの消耗部品の供給を管理し，顧客のニーズ予測やコスト抑制に生かした（Flight International, 2005年12月6日）．

さらにボーイングは，開発中だった787の機体，システム，機器のメンテナンスや部品供給を管理するゴールドケア（GoldCare）プログラムを2006年頃から用意した．ゴールドケアは，それまでボーイングが個別に提供したサービスを統合するものであり，飛行中の航空機の状態を監視し，そのデータを地上の航空輸送企業に伝達するエアプレイン・ヘルス・マネジメントや，メンテナンス及び修理データのための単一のソフトウェアであるメンテナンス・パフォーマンス・ツールボックスを含んだ．ゴールドケアによって，ボーイングは初めてライン整備から重整備まで，すべての機体メンテナンス・サービスを航空輸送企業に提供できることになった（Airline Business, 2006年9月26日，Flight International, 2006年9月26日）．

ボーイングによれば，2005年のボーイングとエアバスの売上が合計で500億ドルだったのに対して，航空輸送企業は運航に620億ドルを費やし，そのうち40％が機体メンテナンスであった．別のコンサルティングの推定では，民間機市場が388億ドル，MRO市場は民間機が370億ドル，軍事が527億ドルとされ，ボーイングにとって整備市場の重要性が増していた（Flight International, 2006年5月9日，Interavia Business & Technology, 2006年12月）．

ゴールドケアは，MROプロバイダ（MRO provider）とサプライヤ（Supplier partner）がメンテナンスと部品供給を担い，ボーイングがそれらを一元的に管理する787向けのプログラムである（Flight International, 2006年10月3日）．エンジンと同様に，整備主体はメーカー以外にも存在するが，ボーイングは，航空輸送企業の整備部門や独立系メーカーとは整備市場の獲得をめぐって競争する一方で，MRO プロバイダとして連携する関係を形成した．

北米では，アメリカンやデルタ，ユナイテッドといった航空輸送企業が独占的な MRO プロバイダを目指してボーイングに申し入れた（Flight International, 2006年10月3日及び2006年10月17日）．欧州の MRO プロバイダは，当初は航空機整備では世界的企業であり，年間に500社，航空機750機，エンジン300台，7万8000部品（component）以上を扱うスイスの SR テクニクス（SR Technics）に決まっていた（PR Newswire US, 2006年7月19日）．しかし，SR テクニクスが新型機にライン整備を提供しないことを決めたため，ボーイングは2010年に欧州の MRO プロバイダを SR テクニクスからイギリスのモナク（Monarch Aircraft Engineering）に変更した（Flight International, 2011年9月20日）．アジアでは，2007年にシンガポール・チャンギ空港内の物流倉庫（Airport Logistics Park）に統合資材管理（IMM）用のアジア地域センターを設立し（Malaysia Economic News, 2007年3月30日），2014年にアジアの大手航空機 MRO プロバイダである SIAEC（Singapore Airlines Engineering Company）との合弁でボーイング・アジア太平洋航空サービス（Boeing Asia Pacific Aviation Services）を設立した．

ゴールドケアのサプライヤ・パートナーは，降着装置のスミス（Smiths Aerospace），補助電源装置（APU: Auxiliary Power Unit）のハミルトン（Hamilton Sundstrand），飛行制御装置や航法システムのハネウェル，通信・監視システムや操縦席表示システムのロックウェル・コリンズ，機内エンターテインメントシステム（IFE）のタレス（Thales）といったメガサプライヤから構成される（Flight International, 2006年9月19日，10月3日，11月28日）．

ボーイングは，MRO プロバイダやサプライヤ・パートナーを指名すると同時に，自らのサービス体制も構築するために企業買収を行なった．2006年には，航空宇宙用のアフターマーケット部品では最大手の独立系アヴィオール（Aviall）を17億ドルで買収した（Flight International, 2006年5月9日）．2008年にボーイングは，航空機整備管理ソフトウェアの Mxi テクノロジーズとソフトウェア・ライセンス販売契約を結び，Maintenix（R）という統合型のソフトウェアを供給できるようになった（Canadian Corporate Newswire, 2008年7月23日）[4]．

787のためのゴールドケアは，他の機種にも拡大されてボーイング・エッジ（Boeing Edge）となった．ボーイングは，2012年にシンガポール航空の747-400F貨物機13機にゴールドケアを適用し，部品供給とメンテナンス管理に加えて，オプションでライン整備も提供した（PR Newswire, 2012年2月15日）．

ボーイングの民間航空機部門（Boeing Commercial Airplanes）傘下のボーイング民間航空機サービス（Boeing Commercial Aviation Services）は，2014年時点で60カ国に330のサービス拠点（field services offices）をもって1万2000機以上をサポートし，50社以上の1700機を長期契約のもとでサポートした（PR Newswire, 2014年7月9日）．

一方，ボーイングによるプロダクトサポートの収益源化は，他社に整備業務を提供する航空輸送企業やサプライヤ，独立系プロバイダを整備（MRO）市場から排除する可能性がある（Flight International, 2006年5月9日）．787では，航空機のマニュアル料金がそれまでと比べて高額に設定されたため，業者によっては航空輸送企業に787の整備事業を直接提供することが困難になり，ボーイングを介して下請的に787の特定の部品修理を行わざるをえなくなった（Flight International, 2007年9月11日）．

このようにボーイングはプロダクトサポートの収益源化を試みたが，航空輸送企業や航空機製造企業ではゴールドケアやボーイング・エッジはあまり認知されていない．整備能力をもつ航空輸送企業にとっては，高額の包括的なサポートサービスは必要でなく，必要なパッケージだけを契約する方が有益である．そもそもエンジンとは異なり，機体構造で部品を頻繁に交換する部位はそれほど多くないため，収益源化には限界がある．エンジンメーカーにとってこそ，アフターマーケットが収益源として機能しているのである．

2．エンジンメーカーの収益構造の要をなす交換部品事業

航空機エンジンメーカーの収益構造にとってはアフターマーケットが決定的に重要である．一般的に製造業では，製品を生産・販売して市場を獲得することで収益を得るが，航空機エンジンメーカーの場合，アフターマーケットで収益を得るために市場を確保しているのが実態である．

航空機エンジンは，航空機に匹敵する開発費が必要であるが，航空機部品の1つであるため販売価格は相対的に小さく，割引圧力も強い．しかし，エンジ

ンは過酷な使用環境下でも絶対的な安全性と技術の確実性が求められることから，エンジン販売後のプロダクトサポートがとくに重要であり，それは巨大なアフターマーケットが成立していることを意味する．

以下では，交換部品販売が収益の要をなし，その手段として新製エンジン販売が機能していることを明らかにする．

（1）交換部品販売の手段としての市場確保

民間航空機エンジン事業の収支カーブモデルを図３-１に示す．航空機産業では，開発に膨大な時間と資金が必要になり，投資を回収して利益を上げるためには長期間にわたって製品を販売し続けなければならない．

就航時点では，エンジンの累積生産量は少なく，割引販売のため単年度でも赤字が続く．順調に販売数が増えて４～７年が経過すると，エンジンを取り降ろして整備に入るようになり，アフターマーケットの収入が発生する．それによって，収益は単年度赤字から単年度黒字に転換する．さらに，２度目のエンジン取り降ろしを迎える頃にはアフターマーケットが拡大し，開発から20年を迎える頃には損益分岐点をこえて累積黒字に転換する．ニューハウスによれば，15年以上の航空機の寿命を通じて，航空輸送企業は，最初に購入する搭載エンジンと予備部品価格の２～３倍の金額をアフターマーケットで支払う．そのため，交換部品の販売によって高収益が実現できるのであり，エンジンの販

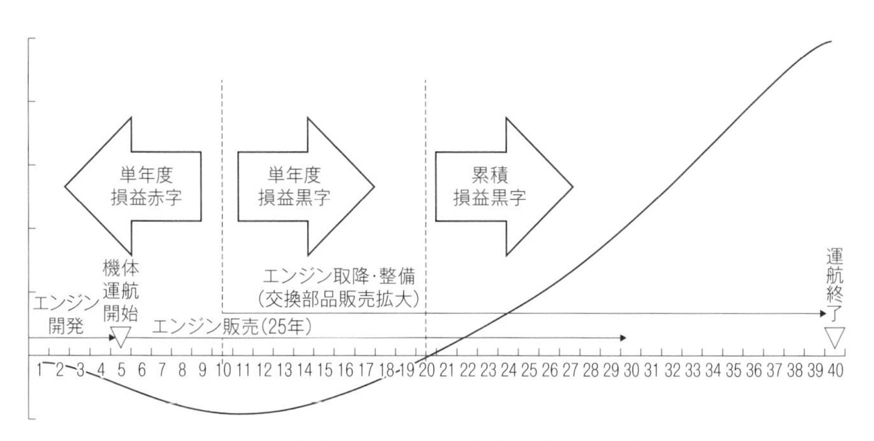

図３-１　民間航空機エンジン事業の収支カーブモデル

出所：日本航空機エンジン協会の提供資料（2013年２月21日）を一部筆者修正．

売はそのための条件となっている．なお，派生型エンジンは開発資金と期間が原型ほどはかからないので，収支カーブの潜り方は浅くなる（Newhouse, 1982, p. 53, 邦訳，p. 123）．

P&W は収益（revenue）の半分以上が交換部品販売を含むアフターマーケットから獲得し，2011年の RR のサービス収益は民間機部門における89億ドルの売上のうちの51億3000万ドル（60％弱）だった（UBM Aviation, 2013, p. 28）．IHI は，2012年度の民間航空機エンジン事業の売上高約1500億円のうち，交換部品事業と整備事業が約600億円であった（『日経産業新聞』2013年 4 月24日付）．

アフターマーケットの中でも交換部品は基本的な収益源である．航空機価格の16～30％を占めるエンジンの価格はしばしば割引され，ニューハウスによれば，1980年代初頭はエンジン価格が平均30％割引され，1991年頃の P&W は約50％も割引していた（Newhouse, 2007, p. 112）．割引がなかったとしても，新製エンジンに組み込まれた新製部品は交換部品よりも安く売られることになり，どちらも同じ生産ラインでつくっていれば価格の違いは利益率の差に反映する[5)]．GE の大型エンジン GE90は，1995年の就航から18年を迎えた2013年，年間20億ドルのエンジン販売に対して，交換部品販売は17. 5億ドルに達した（UBM Aviation, 2013, pp26-28）．利益率の差をふまえれば，交換部品の利益額は新製品を上回っていると考えられる．

ここで A320用の V2500エンジンを取り上げる．**図 3 - 2** に V2500の納入台数と日本担当部位の売上構成の推移を示す．最初の10年間（1988～97年）の累計納入数は842台，年平均84. 2台で合計10. 5億ドルの売上と販売は低調だったが，次の10年間（1998～2007年）は年平均263. 3台で合計51. 2億ドル，次の10年間（2008～2017年）は年平均403. 4台で合計127. 8億ドルと，2023年には累計で7780台を供給した．

ここで注目すべきこととして，10年間の平均納入台数と売上高合計を比較すると，1988～1997年から1998～2007年にかけて平均納入台数は3. 1倍だが，売上高合計はそれ以上の4. 9倍に増え，さらに2008～2017年にかけて平均納入台数は4. 8倍で売上高合計は12. 1倍にまで増えている．新製エンジンの納入台数の増加率以上に売上高が増大した理由は，交換部品販売の割合が増えたことにある．売上高に占める交換部品の割合は，1998～2007年の 8 ％が，2008～12年には20％，2008～2017年には29％に上がった．2016年に後継エンジンの PW1100G が A320neo に搭載・就航してからは，V2500の新製エンジン販売は

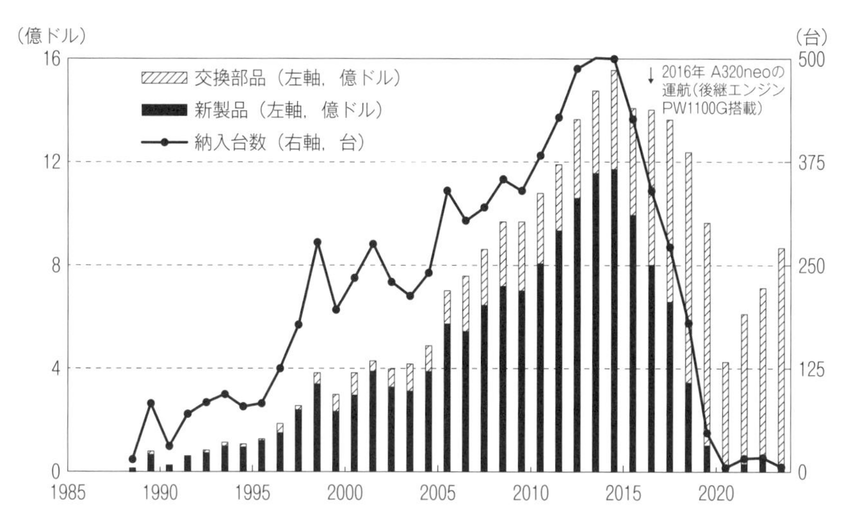

図３－２　V2500納入台数と日本担当部位の売上構成（1988～2023年，億ドル）

注：売上高は日本航空機エンジン協会を構成するIHI，川崎重工業，三菱重工業の合計であり，IAEから各Partyへの収入配分（売上通知）で得られる．新製エンジンの割引販売や交換部品販売での収益配分の考え方は，第５章のRSP方式の説明を参照されたい．

出所：日本航空機エンジン協会におけるヒアリング調査（2013年２月21日及び2024年５月24日実施）と同協会の提供資料より筆者作成．

急減し，コロナ禍で航空需要が減退したこともあり，2018～23年の６年間の交換部品販売は91％に達した．

収支カーブを黒字に転換させて収益を増やすためには交換部品販売が不可欠であり，そのためには新製のエンジンを販売して，ライバル企業よりも多くの市場を獲得しなければならない．新製エンジンの市場獲得が交換部品販売を確実にし，交換部品販売がエンジン事業の収益性の鍵を握るのである．

（２）高温・高圧部位で部品交換が必要になる技術的根拠

エンジン事業の収益性を支える交換部品販売であるが，ジェットエンジンの部品のすべてが同じ割合で交換されるわけではない．エンジンの中でも，回転体や高温・高圧部位は疲労が激しく，安全性を確保するために修理や部品交換が必要になる．

エンジンを取り降ろす期間は使用環境などで異なるが，平均的には，航空機が就航してから４～７年で１回目のエンジン取り降ろしと整備が行われる．機体にエンジンを取り付けたオン・ウイングの状態では修理ができない場合や，交換頻度の定められたライフ・リミティッド・パーツ（Life Limited Parts: LLP）の寿命が近づくと，エンジンが取り降ろされる[6]．実際には，不具合が発生してエンジンを取り降ろすよりも，飛行時間によってエンジンの取り降ろしや整備がなされることが多い．

ファン，低圧圧縮機（LPC），高圧圧縮機（HPC），燃焼器，高圧タービン（HPT），低圧タービン（LPT），ギアボックスという7つのモジュールから成るエンジンの場合，1回目の取り降ろしでは高圧圧縮機，燃焼器，高圧タービンというエンジンコアが主な整備対象である．1回目からさらに4～7年が経過した2回目の整備では，エンジンコアに加えて低圧圧縮機や低圧タービンも整備対象になる．

エンジン整備は，図3-3のような工程を経る．機体から取り降ろされると，エンジンは整備工場に運ばれる（shop visit）．問題のないモジュールはそれ以上分解せず倉庫に保管するが，問題のあるモジュールは，単品のレベルまで分解してから洗浄，検査し，問題の部位を特定する．たとえばエンジンメーカーA社における狭胴機用エンジンの整備では，分解した部品数の8割が検査に合格して倉庫に保管され，残り2割が修理や部品交換に工程を進められる（エンジンメーカーA社におけるヒアリング調査〔2013年8月30日実施〕）．修理には，やすりで削るだけの簡単なものから，すり減ったブレードの先端を溶接や溶射で肉盛りし，再び形を削ってつくり直すという高度なものまである．特殊な修理や巨額な設備投資が必要な場合は，メーカーが指定する修理専門会社に送られる．修理が無理ならば，廃棄部品となって交換部品と交換される．修理や交換が終わるとエンジンが組み立てられ，試運転を経て機体にエンジンが取り付けられる．

不具合の原因となった部位や，寿命に近づいた部品が整備の対象になるが，修理や部品交換の発生頻度が高く，主な整備対象になるのが高圧圧縮機，燃焼

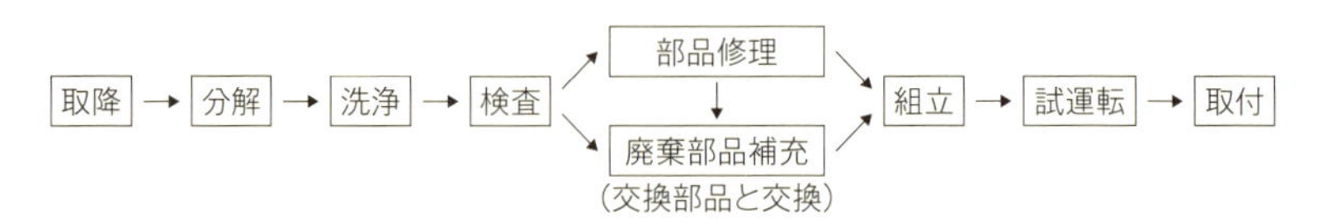

図3-3　航空機エンジンの整備工程

出所：国内のエンジンメーカーや航空輸送企業へのヒアリング調査にもとづいて筆者作成．

器，高圧タービンというエンジンコアである．

エンジンコアが主な整備対象となるには，それだけの技術的な理由がある．エンジンコアは，燃焼器と高圧タービンは高温に，高圧圧縮機や高圧タービンでは高速回転にさらされるため特殊な金属が用いられる．とりわけ高圧タービンは，燃焼器で生じる高温高圧ガスにさらされながら高速回転するため，高温強度を備えた耐熱合金が用いられる．世界最大の推力を生む GE90-115B では，最高温度は1000度を超え，高圧タービンは毎秒最大188回転（毎分１万1,292回転）する[7]．したがって，エンジンで最も疲労が激しく，交換が必要な部位は，燃焼器に一番近い１・２段目のタービンブレードである．エンジンの大きさによって異なるが，１段目のタービンディスクには60～100枚程度のブレードが取り付けられ，名刺よりも小さな30ｇ程度のブレード１枚に1.5トンを上回る遠心力がかかる．

このブレードは，精密鋳造によるニッケル合金の単結晶中空翼が用いられ，１枚70～200万円の費用がかかる[8]．１枚100万円とすると，１段目のタービンブレードをすべて取り換えると６千万円～１億円の費用がかかる．航空輸送企業にとっては最も部品費用がかかる部位なのである．ブレードの飛行回数や交換・修理の履歴は１枚ごとに管理されており，IoT（Internet of Things）の事例として取り上げられる GE によるエンジン稼働の監視サービスは，IoT の導入以前から行われていたことである（たとえば近藤，2014，p. 8）．

したがって，高価な交換部品が必要とされる理由は，航空機の技術特性に求められる．自動車や鉄道，船舶といった交通機関と比べても，航空機はエンジンの停止や機体の損傷，システムの不具合が即座に深刻な重大事故につながるため，航空当局によって強度，構造，性能が設計，製造，完成後の各段階で審査され，耐空性基準に合格して認証を取得しなければならない．部品の交換や修理方法も厳格に定められている．エンジンは，とくに回転部分や高温部分では高温強度が求められ，過酷な環境でも絶対的な安全性と技術の確実性が求められる．そのため，高価であっても部品を一定の時間間隔で交換することが技術的に必要なのである．

エンジンコアは，主な整備対象であると同時に，航空機エンジンという製品の中核技術である．使用環境が過酷で開発と製造が難しく，技術的蓄積が重要な部位であるため高価な部品が多い．航空機全体の安全性や経済性に影響するので，コストがかかっても整備で技術の確実さを保証しなければならない．それゆえエンジンコアは，アフターマーケットにおける収益源でもある．共同開発に参加する企業にとっては，担当する部位によって収益性が異なり，担当する部位が部品交換の頻度と事業収入を左右することから，基本的には3大メーカーがエンジンコアを担当し，日本企業はそれ以外の部位を担当することが多い（第5章で詳述）．

3．アフターマーケットにおける整備事業と交換部品事業の関係

エンジンメーカーは，従来から交換部品事業を収益構造の要としながら，整備事業も行なってきた．LCCだけでなく大手航空輸送企業も整備を外注化するようになると，整備市場が拡大し，エンジンメーカーを含めてグローバルな整備市場の獲得競争が激しくなった．以下では，航空輸送企業における整備の外注化と，それを受注するエンジンメーカーの整備事業を分析し，整備契約方式の変化によって両者の関係が変化していることを明らかにする．

（1）航空輸送企業における整備の外注化

IATA（International Air Transport Association: 国際航空運送協会）による民間航空機の整備市場の推移を表3-2に示す．航空機整備の中でもエンジン整備の割合は大きく，2009年には40%（185億ドル）に達し，2002年から2009年の間に，エンジン整備市場は1.78倍に拡大した．続いて重整備・改造が22%（99億ドル），装備品・構成品整備が20%（90億ドル），ライン整備が18%（83億ドル）であった．企業別では，2011年の整備事業は，RRのTrent 700/800が12億ドル，GEのGE90が11億ドル，P&WのPW4000が26億ドルと合計49億ドルに達したと推定される[9]．

整備市場が拡大する理由は，航空機整備が，航空輸送企業による自社整備から，グループ会社の整備やメーカーへの外注におきかえられたことにある．外注化の範囲も，機体・エンジン・システム（装備品）の整備から，そのマネジメントまで及ぶ（松田，2001a，p. 24）．

日本航空は，グループ会社の株式会社JALエンジニアリングに整備を任せており，機体は成田航空機整備センターと羽田航空機整備センター，装備品・構成品は成田部品整備センターと羽田部品整備センター，エンジンは成田のエンジン整備センターに拠点をもち，2013年には定時運航のために予備部品を約

表3－2　民間航空機の整備市場の推移

（億ドル）

	重整備・改造		装備品・構成品整備		エンジン整備		ライン整備		合計
2002	120	32%	69	18%	104	28%	85	22%	378
2003	107	30%	67	19%	105	29%	82	23%	361
2004	116	31%	69	19%	101	27%	85	23%	370
2005	115	30%	72	19%	107	28%	89	23%	383
2006	100	26%	74	19%	135	35%	80	21%	388
2007	86	21%	79	19%	171	42%	73	18%	410
2008	96	21%	87	19%	188	42%	81	18%	451
2009	99	22%	90	20%	185	40%	83	18%	457

注：2010年以降のデータは予測値である．
出所：IATA's Maintenance Cost Task Force（2011），p. 3.

25万点，簿価300億円を保有した[10]．全日本空輸は，自社の整備センターを中心に，ライン整備と機体，装備品・構成品，原動機の整備会社と物流を担う5社が連携して整備を行う[11]．

ただし，両社とも整備の外注化はグループ会社に対してだけではない．日本航空は，777用のGE90の整備をGEに外注し，737用のCFM56の整備は，2000年にGEエンジンサービスと10年間で約100台の整備を委託する長期契約を約200億円で結んだ[12]．全日本空輸も，2011年に777用のPW4000の整備を一部委託する契約をP&Wと結んだ．同社は，エンジン整備だけで年間約100億円を費やしたが，外注先を国内企業のIHIから国外企業へ移したり，交換部品在庫の削減や部品管理業務の効率化によって年間20億円以上のコスト削減を見込んだ[13]．

エンジン整備の外注化は，第1に，技術的問題によって進展した．エンジン技術が複雑で高度になると，整備や修理には専門的な知識と高額の設備投資が必要になったのである（UBM Aviation, 2013, p31）．第2に，保有と整備を分離して運航に特化することで低コストを追求するLCCが，整備を積極的に外注化した．本章で主に取り上げるV2500はA320に搭載され，エンジン整備を外注化するLCCのような顧客が多い．第3に，航空自由化によるLCCの台頭やコスト抑制圧力の下で，既存の大手航空輸送企業も外注化による整備コストの抑制を余儀なくされた．IATAによれば，2008年の航空輸送企業の運航コストの内訳は，燃料費31％，運航費24％，整備費11％，航空機所有（A/C ownership）10％，販売費（Distribution）８％，手数料７％であった（IATA, 2011, p. 16）．第４に，整備費が安価な国外企業が台頭したことで外注しやすくなり，エンジン整備市場はグローバルに拡大した．

（２）エンジンメーカーにおける整備事業のグローバルな展開

エンジン整備の外注化は，それを積極的に受け入れるエンジンメーカーの存在によって実現した．外注化は，ユーザーである航空輸送企業だけでなく，メーカーであるエンジンメーカーの視点からも説明できる．

第１に，エンジンメーカーによるエンジン寿命を延長させる技術開発が，交換部品事業以外の収益源を必要にし，整備の積極的受注をもたらした．交換部品は，エンジンメーカーにとっては収益源であるが，航空輸送企業にとってはコスト要因である．それゆえ，整備間隔の延長につながる部品の寿命延長が航空輸送企業の技術的要求になり，エンジンメーカーにとってはそれに応じる技術開発が，交換部品の販売機会を減らしかねないというジレンマにつながった（Kandebo, 1998, p85, UBM, 2013, pp. 30–38）．

V2500の派生型エンジン開発でも，エンジン寿命の延長が課題として追求された．1988年に型式承認を取得したV2500-A1は，当初は高温部のタービンの劣化による寿命が最大8000時間だったが，1992年に耐久性が改良されて寿命が50％増した．1992年に型式承認を取得したA320用のV2500-A5とMD-90用のV2500-D5は，V2500-A1のファン径を0.5インチ長い63.5インチにし，低圧圧縮機を１段増やして４段にした推力増大型である．2004年にはライバルのCFM56が改良計画を発表し，燃料消費率の１％改善，エンジン運航時間（Time on Wing）の20％延長，NO_Xの2004年新環境基準（CAEP4）に対する15％マージンの確保に取り組んだ．対抗してIAEは，V2500 SelectOneを開発し，燃料消費率を１％改善し，寿命を20％延長した．続くV2500 SelectTwoやV2500 SelectThreeの開発では，メンテナンス費用の抑制なども目標にした（日本航空機エンジン協会，2011，pp. 22-26，UBM, 2013, pp. 40–42）．

第２に，航空機メーカー以上に民生部門と軍事部門の関係が強いエンジンメーカーは，冷戦終結にともなう軍事調達費削減の影響を小さくするために，民生部門における収益の増大，そのための整備事業への本格的な参入を図った．欧米３社は軍用エンジンメーカーでもあり，1989年から1996年にかけて兵器販売額はGEが63億ドルから18億ドルに，P&Wが25億ドルから19億ドルに減少し，兵器販売比率もGEが11％から２％に，P&Wが36％から30％に減少した（松田，2001a，p. 25，SIPRI, 1998, pp. 261-266, SIPRI, 1990, pp. 326-329）．

1990年代半ばからは航空輸送企業のエンジン整備が外注化され，エンジンメーカーを中心に，航空輸送企業の整備部門や独立系メーカーが整備主体となって整備市場の獲得を争った．

エンジンメーカーが整備事業を重視する象徴的な出来事が，1995年のGEエンジンサービスの設立であった．GEはその後，1996年にブラジルのセルマ（Celma）を買収し，マレーシア航空との合弁会社をクアラルンプールに，ノーダム（Nordam）との合弁会社をウェールズに設立した．1997年にはグリニッチ航空サービス（Greenwich Air Service）を買収して整備事業を拡大し，**表３－３**のように世界各地に整備拠点を設けた（Kandebo, 1998, p. 85）．

V2500の場合，世界15カ所程度の整備工場が存在し，共同開発したP&WやMTU，IHIに加えてルフトハンザ・テクニーク（Lufthansa Technik AG）などが整備主体になった[14]．ルフトハンザ・テクニークは，ルフトハンザ航空（Deutsche Lufthansa AG）のV2500の整備部門が1995年に分離・独立した整備専門企業であり，ハンブルク（Hamburg）やダブリン（Dublin）のLTAI（Lufthansa Technik Airmotive Ireland）といった拠点で年間70～90台のV2500を整備した[15]．独立系メーカーには，台湾のエバー航空（Eva Airways）とGEが合弁したEGAT（Evergreen Aviation Technologies）などがある．

P&Wは，1996年に設立したジョージア州のコロンブス・エンジンセンター，ニュージーランド航空と合弁のクライストチャーチ・エンジンセンター，2009年にトルコ・テクニック（Turkish Technic）と合弁で設立したトルコ・エンジンセンターでV2500を整備した[16]．

MTUは，本社をミュンヘンにおくが，MTUメンテナンスの主な拠点は，ハノーファー（Hannover）と，中国の珠海（Zhuhai）に中国南方航空（China Southern Airlines）と共同で2003年に設立したMTUメンテナンス珠海であり，V2500やCFM56-7を整備した．MTUは，V2500を多く保有した中国南方航空やジェットブルー（JetBlue Airways Corporation），LATAM（LATAM Airlines Group S. A.）と独占的な長期契約を結ぶこともあった．MTUの２拠点では，2012年に整備されたV2500の35％を扱うなど，累積で3000台以上のV2500を整備した[17]．

表3－3　GEエンジンサービスのオーバーホール設備（1998年）

	Original Companies	General Electric																	CFMI			Rolls-Royce				Pratt & Whitney											Allied Signal				Allison	IAE
		Commercial						Marine & Industrial					Military																				P&W Cabada						APUs			
	Facility Location	CF6-6/50/80A/80C2	CF6-80E	CF34, CT7T700	CJ610CF700	CFE738	GE90	LM500/6000	LM1500	LM1600	LM2500	LM5000	F101	F103	F108/110	F404, TF39	J85	T64／CT64s	CFM56-2/7	CFM56-3	CFM56-5	RB211-228/524/535, Olympus	Avon	SPEY	TAY	PW4000	J52	JT30	JT8D	JT8D-200	JT9D	JT9D Q/R	PW100	JT15D	PT6A	PT6T Twin Pac	TFE731	TPE331	GTCP36	GTCP85	250	V2500
①	Malaysia Air Joint Ventures, Kuala Lumpur, Malaysia																			*						*							*									
②	Alrwork, Miami, Fla.																											*							*	*					*	
	Alrwork, Millville, N.J..				*																			*	*									*	*				*	*	*	
	Garrett, Augusta, Ga.																																*				*	*	*			
	Garrett, Houston, Tex.																																				*	*	*			
	Garrett, Los Angeles, Calif.																																				*	*	*			
	Garrett, Little Rock, Ark.					*																															*	*	*			
	Garrett, Ronkonkoma, N. Y.																																				*	*	*			
	Garrett, Springfield, Ill.					*																															*	*	*			
③	Greenwich Air Services,Dallas, Tex.																			*	*							*	*	*			*									*
	Greenwich Air Services, Fort Worth, Tex.																																*									
	Greenwich Air Services, Miami, Fla.								*		*												*																			
	Greenwich Air Services, Prestwick, Scotland.	*												*						*	*																					
④	GE Engine Services, Petropolis, Brazil.				*						*						*	*		*				*				*	*						*	*	*					
	GE Engine Services, Ontario, Calif.	*	*							*	*			*		*																										
	GE Engine Services, Strother, Kan.			*				*							*		*		*	*	*																					
	GE Engine Services, Wales						*													*	*	*							*		*											

注：①は合弁会社，②はグリニッチ（Greenwich）が買収したかつての UNC，③はグリニッチの買収により得た設備，④は買収以前の GE の設備．
　UNC は，アライド・シグナルのギャレット（Garrett）航空機サービスを買収した後に，グリニッチによって買収された．
出所：Kandebo（1998），pp. 86–87.

IHIは，1990年代から2000年代にかけてグローバルに対応するエンジン整備事業を展開した．IHIのエンジン整備事業（瑞穂工場）は，かつては大半が国内の顧客のエンジン整備であり，整備機種は多品種にわたった（IHI, 2007, pp. 146–153）．P&WのJT8Dエンジンの整備は，全日本空輸の727（1964年導入）や防衛庁のC-1輸送機に始まり，1973年に東亜国内航空（日本エアシステムを経て日本航空に統合）が導入したDC-9やMD-80シリーズ，日本航空の727など国内すべての航空輸送企業から受注した．合計で全日本空輸のグループから1492台（～2000年），東亜国内航空から700台以上を受け入れた．CF6エンジンは，全日本空輸からモジュールで1490台（1979～94年），日本エアシステムから509台（1982～2006年）を受注した．1993年には，南西航空（現在の日本トランスオーシャン航空）から737用のCFM56の整備を受注した．

ところが2000年代からは，IHIは整備機種を整理してV2500とCF34に特化し，それぞれ年間120台と60台を受け入れる能力を整備して国外企業からも積極的に受注した．V2500は累積で1500台以上を整備した．整備に対する航空輸送企業の基本的な要求は，機材の回転率を上げるための短納期化であった．

IHIは，1994年からしばらく導入したジェットエンジン翼検査の立ち作業を，2000年1月に再導入した．その目的は，V2500の修理の本格化であり，年間140台で14万枚のブレードについて，100枚を1時間で検査する際の生産効率の向上と短納期化であった（高森・永原，2000，p. 35）．より実効的な取り組みとして，IHI瑞穂工場では，2009年に約5億円で部品管理棟「ロジスティックセンター」を設置して，数万点に及ぶ部品をモジュール単位で管理する仕組みを導入した．これによって平均58日の納期を50日に短縮しようとした．2010年にはネックとなる洗浄工程の混雑緩和により，平均60日というV2500の納期を2～3割短縮するよう試みた．2011年にはアメリカの修理専門会社ICR（International Component Repair）と合弁会社IHI-ICRを設立し，V2500の燃料温度を制御するFDRV（Fuel Diverter and Return Valve）の修理拠点を初めてアメリカにつくった（『日経産業新聞』2009年7月20日付及び2010年12月16日付，IHI，2012）．

エンジンメーカーによるエンジン整備は，生産機種と整備機種が必ずしも同じではない．ただし，生産機種の整備であれば，整備や修理の認可を得やすく，担当部位について深い技術的知識をもつのでライバルよりも優位に立ちやすい（UBM, 2013, pp. 43–44）．そうした理由もあり，IHIは生産を分担する機種に整備事業を特化させ，グローバルな整備市場からの受注を増やした．

（3）包括的整備契約による交換部品市場の囲い込み

航空輸送企業のエンジン整備の外注化と同時に，整備契約方式も変化した．従来はエンジン整備時に人件費や修理費用，交換部品費用を航空輸送企業が支払う実費支払契約（Time & Material）が中心だったが，飛行時間当たり定額支払の包括的整備契約（Power By The Hour: PBTH）が増えたのである．包括契約は5年や10年という長期の単位で結ばれる．飛行時間当たり定額には，エンジンの取降計画や整備内容の管理，部品などの費用がすべて含まれ，問題なく飛行した時間分だけ航空輸送企業が整備企業に支払いを行う．したがって，金額は契約時に定められ，実際の整備費用には連動しない．

1994年，GE はアメリカン航空から777の GE90について，業界に先駆けて10年間の長期契約，時間単位の整備費用方式を提案された（鶴田，2009，pp. 179–181）．1995年に GE エンジンサービスを設立すると，GE は包括契約をセールスの前面に押し出した（UBM Aviation, 2013, pp26–28）．2013年には，GE90-115B を所有する40社のうち約30社，GE90-94B を所有する16社のうち10社とオンポイント（On Point）と名付ける包括契約を結んでいた[18]．RR は，1995年にキャセイパシフィック航空の A330-300の Trent 700で包括契約を導入し，2013年にはすべての Trent エンジンの90％でトータルケア（Total Care）と呼ぶ包括契約を結んだ（UBM Aviation, 2013, pp. 26, 28）．

エンジンメーカーによる包括的整備契約が本格的に採用されるようになった理由は，航空輸送企業とエンジンメーカー双方に求められる．

航空輸送企業では，整備費の平準化と抑制が求められた．エンジン整備は数年おきに1回断続的に発生し，費用もその都度変化して事業計画も立てにくい．コスト抑制圧力の下では，大きな負担である．そこで，包括契約であれば整備費を固定化でき，将来の修理の発生見通しと比較してメーカーの提案額が安ければ経費削減となる．IHI では，1982年から整備を受注した日本エアシステム（JAS）の CF6について，客先の要望で2000年代に包括契約に移行した．この契約によって，「JAS はエンジン整備費を年間を通じて平準化できるほか，整備管理の人件費を削減でき」，IHI は「長期にわたる仕事量の確保と計画的な棚卸部品管理ができる」として両社のメリットが強調された（IHI, 2007, p. 148）．包括契約により，部品在庫コストの削減や，故障リスクの回避というメリットも得られる．

自社内に技術者を抱えて整備能力をもつ大手航空輸送企業は実費支払契約を

結ぶ傾向にあるが，運航に特化するLCCは包括契約を結ぶ傾向にある．ただし，大手の航空輸送企業でも，導入当時から自社整備の体制を整えてきた古いエンジンに比べると，新しいエンジンでは包括契約を結んでいる．

なお，整備費用はエンジンの大きさで異なり，平均的な１回の整備で，CF6やGE90のような大型機用エンジンは10億円，V2500やCFM56のような小型機用エンジンで２億円程度である（全日本空輸におけるヒアリング調査〔2013年７月31日実施〕）．

一方，エンジンメーカーは，包括契約によって資金の回収を早く始められる．通常は，エンジンを販売してから交換部品が売れ出すまで数年がかかり，その間は資金を回収できないが，包括契約であればエンジンの運用とともにアフターマーケットの収入が得られ，図３-１の収支カーブの底が左にずれてくる．ただし，整備費用の見積もりによっては航空輸送企業かエンジンメーカーのどちらかが損をするので，互いの経験やノウハウにもとづいて契約金額が交渉されるため，契約内容や金額はさまざまである．（日本航空機エンジン協会におけるヒアリング調査〔2013年２月21日実施〕）．

エンジンメーカーにとってより重要な目的は，交換部品事業を妨げる要因に対抗して，確実に収益を得ることである．つまり，エンジン整備を自ら管轄してマネジメントすることで，交換部品事業を確実に行える．

交換部品事業は，非純正品や中古部品の使用，修理によって妨げられる．

第１に，交換部品販売は非純正品の流通によって妨げられる．非純正品メーカーであっても，PMA（Parts Manufacturer Approval）というFAA（アメリカ連邦航空局）の製造者承認プロセスに合格すれば，非純正品を純正品よりも低い価格で供給できる．2001年時点で，アメリカには約1,800のPMA業者があり，約16万品目のPMA部品が存在し，純正品の60～75％の価格で供給された（中村，2012，pp. 317-319，渡辺，2001，p. 30）[19]．

ルフトハンザ・テクニークによれば，2001年当時の業界の平均的なエンジン整備費用は，交換部品に相当するマテリアル・コスト（整備材料費，予備部品減価償却費）が50～60％，部品修理が20～30％，組立・分解・試験が15％と見積もられ，マテリアル・コストの内訳は80～95％が純正の交換部品で，５～15％は余剰部品，１～３％が非純正品のPMA部品であった．しかも，P&WとGE，RRの純正の交換部品の価格は，年平均で３～５％，1991年からの９年間で50％も上昇した．純正の交換部品の負担が大きいため，品質に問題がなければ，航空輸送企業は純正品よりも安い部品を使おうとしたのである（松田，2001b，pp. 25–30）[20]．2006年には，P&Wがユナイテッド航空の98機の737のCFM56について長期部品契約（Global Material Solutions programme）を締結し，GE製エンジンであるCFM56のPMA部品を提供した（Business & Technology, 2006）．それに対してエンジンメーカーは，包括契約を結ぶことで，自身の管理下で純正の交換部品を使用させようとしたのである．

第2に，中古部品も交換部品販売の妨げになる．V2500の場合，1988年に運用を始めてから2017年で30年が経過し，2016年には後継エンジンの運用が始まってV2500の新製エンジンがほとんど販売されなくなり，多くの中古部品が流通したと考えられる．機体から降ろされるエンジンが増え，エンジンを分解して中古部品が販売されやすくなったからである．そこで，2013年頃には，新製のV2500の販売時に，包括契約の1時間当たりの単価と新製エンジン価格をセットにした値段交渉がなされた．IAEは，アフターマーケットの利益を守るためにアフターマーケット・ガイドライン（Aftermarket Policy Guideline）を見直し，2007～11年の新規商談では80%以上のエンジンが包括契約をともなう受注とした[21]．

ただし，エンジンメーカーが中古部品を管理することもある．IHI瑞穂工場は，リース会社や部品会社から中古部品を購入したり，整備工場などにある予備エンジンを分解して，純正品の半額程度で中古部品を顧客に提供することで，低価格でエンジンを整備できる体制を整えようとした（『日経産業新聞』2013年4月24日付）．V2500では，2003年頃からアフターマーケットを取り巻く環境が変化し，PMA部品や中古部品を用い，航空局が認定するDER（Designated Engineering Representative）Repairを行う低価格エンジン整備会社（3th Party Shop）が台頭してきたため，その対抗策がとられたのであった（日本航空機エンジン協会，2011，p. 34）．

第3に，修理による部品寿命の延長も交換部品販売の妨げになる．検査の結果として損傷があり修理が必要になった場合，通常はエンジンメーカーのマニュアルにもとづき，認定された修理方法や修理工場を利用するか，修理が無理であれば交換部品と交換する．しかし，エンジンマニュアルにない修理であっても，DER修理であれば，その管轄範囲内で，特定の航空輸送企業の特定のエンジン部位という限定された範囲で修理ができる．たとえばMTUは，自身の担当でないV2500のドラムの修理方法をEASA（欧州航空安全機関）によって認定された（UBM Aviation, 2013, p44）[22]．包括契約の下では整備費を下げる必要があるので，エンジンメーカーも積極的に修理開発を行なっている．

なお，2010年頃は，エンジンメーカーはPMA部品を問題視しておりPMA排除のためにも包括的整備契約の拡大を目指した．しかし，航空機エンジンを保有するリース会社は，エンジンの価値（残価）を下げないために，PMA部品やDER修理品の使用を避けた．こうして，エンジンメーカーにとっての関心は，PMA部品よりも純正の交換部品と競合する中古エンジンや中古部品の流通に移っている（日本航空機エンジン協会におけるヒアリング調査〔2024年５月24日実施〕）．

4．航空機の製造企業・輸送企業・整備企業の関係

本章では，航空機販売後の航空輸送企業に対する航空機メーカーのプロダクトサポートが，航空機販売を確実にし，販売後も開発を継続し，後継機に対する顧客のニーズを把握するための手段として機能することでメーカーの技術競争力を強化すると同時に，アフターマーケットとして収益源になることを明らかにした．

本書では主に，航空機製造企業（メーカー）と航空輸送企業（ユーザー）の関係に着目するが，それに加えて本章では，製品販売後のアフターマーケットを対象とした航空機整備企業との関係が加わる．

第１に，新製のエンジンや部品に着目すると，エンジンメーカーが供給者であり，航空輸送企業が顧客である．

第２に，交換部品事業に着目すると，ここでも基本的にはエンジンメーカーが供給者で航空輸送企業が顧客である．絶対的な安全性と技術の確実性が求められる技術的特性から，とくにエンジンは頻繁な部品の交換が必要なのである．航空輸送企業は，高価な交換部品のコストを抑制するために，純正品ではなくPMA部品や中古部品を使ったり，修理によって部品交換を回避してコストを抑制しようとする．そのため，エンジンメーカーはPMA部品や中古部品を分解・販売する企業や航空輸送企業と対立的な関係になることもある．

第３に，エンジン整備に着目すると，航空輸送企業がエンジンメーカーの顧客になる場合と，両者が競合関係になる場合がある．エンジンが高度で複雑化する一方で，航空自由化後はトータルコストの抑制が迫られ，航空輸送企業は

国内外にエンジン整備を外注化した．エンジンメーカーは，機材の回転率を上げるための部品寿命の延長によって部品交換機会が少なくなる傾向に加えて，冷戦終結にともなう軍事部門の縮小が民生部門の市場競争激化をもたらしたことから，整備事業の収益源化に取り組んだ．エンジンメーカーは，整備機種を整理してグローバルな市場を奪い合い，ルフトハンザ・テクニークのような航空輸送企業の整備部門が独立した企業や整備専門企業と市場で競合するようになった．

第4に，エンジン整備の契約方式に着目すると，航空輸送企業とエンジンメーカーが利害を一致させる場面がみられる．従来の実費支払契約は飛行時間当たり定額の包括契約に置き換わると，航空輸送企業のエンジン整備費の平準化や，エンジンメーカーのアフターマーケットの成立を早め，PMA部品や中古部品といった純正品の交換機会を阻む要因を取り除くことができる．

さらに，エンジン整備費用は，飛行時間に対して航空輸送企業がメーカーに支払うので，何らかの理由で飛行できない場合は支払いが発生しない．航空機の運航が，航空輸送企業に運航収入をもたらし，エンジンメーカーに整備収入をもたらす．故障が少ない長寿命の技術開発が，エンジンメーカーと航空輸送企業の双方にとっての収益上のメリットになるのである．実費支払の整備契約では，整備や修理の発生が航空輸送企業には出費になり，エンジンメーカーには収益になるが，包括契約であれば利害を共有し得るのである．

エンジンメーカーにとって，交換部品販売は従来からの収益源であり，アフターマーケットが収益構造に不可欠であることは変わらないが，1990年代半ばからの市場環境の変化に対して，エンジン整備の包括契約によって交換部品事業を柱としながら，整備を収益源にすると同時に交換部品収入の手段としているのである．エンジンメーカーは，エンジン販売で儲けるというよりは，アフターマーケットで確実に儲けるために新製のエンジンを販売し，市場を確保しているのである．

注

1）『米国流通用語事典』によれば，アフターマーケット（購入後需要）とは「商品の購入後に発生する商品またはサービスの需要」である（西山，2009，p. 6）．

2）本書ではspare partsやreplacement partsの邦訳で交換部品という表現をとる．筆者のヒアリング調査では，工場出荷時からエンジンに組み込まれている新製品と，整備時に交換される補用品という表現が現場では一般的であったが，それ以外に，前者を新品や新規部品，量産品，後者を内部部品やメンテナンス用部品と表現されることもあった．補用品と予備品が区別されることもあるが，本書では予備品を交換部品（補用品）に含める．

3）航空機整備は，出発前や定期的に行う通常作業と，改善の指示や命令，機体のトラブルによる大修理など通常の運航からは発生しない特別作業に分かれる．さらに通常作業は，必ず実施する定例作業と，不具合や改善の指示・命令に対応する非定例作業がある（イカロス出版，2013，pp. 28）．不具合の種類や発生する形態によって整備には次の技法がある．第1にハード・タイム（HT: Hard Time）であり，整備実施時期を運用時間などで定めて分解整備や廃棄を行う．定期的な点検や状態のモニタ手法が未確立の時代の主な手法であり，信頼性のばらつきが少なかったり，予兆が感知しにくいシステムでは有効である．第2に，オン・コンディション（OC: On-Condition）であり，状態のモニタ可能な機体構造やステムの場合，定期的な点検や試験で劣化の程度を確認する．第3に，コンディション・モニタリング（CM: Condition Monitoring もしくは Health Monitoring）であり，定期的な点検や検査を行わず，不具合に関するデータを収集・分析して適切な処置を行う（渋武，2020，pp. 184-185）．

4）その他にも，2000年には飛行情報サービス（flight information services）のジェプセン（Jeppesen）を買収した．2006年からは子会社のアルテオン（Alteon）を通じて787の乗務員訓練と整備訓練の包括的システムを開発し，乗務員の移行訓練が，ボーイング機以外の場合は21日かかるところを，747-400の場合は10日間，777からであれば5～8日間で済むことを目指した（Pilot studies, Flight International, 2006年9月26日）．

5）現実に顧客に対して設定されるのは新製のエンジン価格と補用部品価格であり，新製部品価格は存在しない．ここでいう新製部品の価格とは，新製エンジン価格に占める当該新製部品に相当する金額である．

6）エンジンを構成する部品の寿命の考え方は2つある．まず疲労破壊しない前提の部位は，エンジンの運転状態を常に監視し，不具合が発生したらエンジンを取り降ろして整備するオン・コンディション・メンテナンス方式をとる．この方式は，不具合がなくても定期的に分解検査（オーバーホール）するハードタイム・メンテナンス方式よりも効率的かつ経済的である（航空機国際共同開発促進基金，2008，p. 1）．電子制御のもとでパラメータが変化してパフォーマンス低下が確認されると，エンジン各所の点検孔からボアスコープ（内視鏡のような検査具）で問題のあるモジュールや部位を特定する．

もう1つはライフ・リミティッド・パーツであり，エンジンシャフトや圧縮機，タービンのディスク，ロータ，ドラムなどの回転体が該当し，定められた飛行時間もしくは飛行サイクル（1サイクルは1度の離着陸）をこえた運航が認められず，寿命の前に交換しなければならない．金属疲労は外観検査や非破壊検査では破壊直前まで判別できないので，廃棄や交換までの寿命が定められている．

なお，タービンブレードの劣化は金属疲労ではなく，コーティングや母材金属の減少等を検査で確認して廃棄か否かを見極める．タービンブレードは疲労が激しいが，ライフ・リミティッド・パーツにする必要がないのである．

7）FAA による GE90の Type Certificate Data Sheet（第13回改訂版，2007年3月8日取得）より（http://www.airweb.faa.gov/Regulatory_and_Guidance_Library/rgMakeModel.nsf/0/c3dde38cb50b3100862572a60049bec3/$FILE/E00049EN.pdf，2013年10月6日閲覧）．

8）吉中（1994），pp. 39-40．ブレードの価格は，「しのびよる破壊　航空機エンジン」（『NHK スペシャル』2006年7月11日放送）を参考にした．

9）航空コンサルティング企業 ICF SH&E の MRO 市場モデルリング・ツールにもとづく（UBM Aviation, 2013, p26）．地域別整備市場は，2008年の440億ドルのうち，北米35%（154億ドル），西ヨーロッパ26%（114億ドル）と多くを占めた（機械振興協会経済研究所，2011，p. 12）．

10）航空宇宙産業海外展開支援セミナー（名古屋市）における JAL エンジニアリングの講演より（2013年9月27日開催）．

11）全日本空輸のウェブサイト（http://ana-recruit.com/group/c_box03.html，2013年10月6日閲覧）．

12）『日経産業新聞』2005年9月16日付．整備拠点は，GE90が成田空港内の日本航空の設備，CFM56は GE エンジンサービスのマレーシア工場とされた．

13）『日本経済新聞』2011年2月10日付．2013年7月時点で全日本空輸は，機体の重整備（ドック整備）では，全体の作業工数の半分程度をアジアなど海外に外注した（全日本空輸におけるヒアリング調査〔2013年7月31日実施〕）．

14）エンジンメーカーA社におけるヒアリング調査（2013年8月30日実施）．15ショップには，A社の他に，P&W の3工場，MTU の2工場，RR，ルフトハンザ・テクニーク，EGAT などがある．

15）UBM（2013），pp. 44-45及びルフトハンザ・テクニークのウェブサイトより（http://www.lufthansa-technik.com/ltai，2013年10月14日閲覧）．

16）3拠点すべてで V2500-A5を整備し，クライストチャーチでは V2500-A1と V2500-D5の整備も行なった（UBM, 2013, p. 44）．

17）UBM（2013），pp. 43-44及び MTU のウェブサイト（http://www.mtu.de/en/company/corporate_structure/locations/index.html，2013年10月5日閲覧）．LATAM はブラジルの TAM 航空とチリの LAN 航空が2012年に合併してできた．

18）1995年当時は，GE の包括契約は MCPH（Maintenance Cost Per Hour）と呼ばれた．包括契約は，これ以前にも，たとえば日本航空が1984年にフライング・タイガーの747貨物機15機の JT9D エンジンの整備を受注した際に採用されたことがある（松田，2001c，pp. 39-42）．2001年にはアメリカン航空が，102機の757の RB211について10年間の包括契約を結んでいた（松田，2001d，p. 24）．

19）非純正品を扱う企業は，基本的にはアメリカ企業に限られる．

20)　三菱重工業によれば，エンジン整備費用の内訳は純正の交換部品40～55％，非純正の交換部品５～15％，修理25～35％，組立・分解・試験15％であった（田中他, 2003, pp. 102–103）．ルフトハンザ・テクニークはアメリカのHEICOに資本参加してPMA部品を積極的に活用しようとした（松田，2001b，p. 30）．

21)　日本航空機エンジン協会（2011），p. 34．IAEでは長期整備保守契約（Fleet Hours Agreement）と呼ばれ，「V-Services」という商標で顧客展開された．

22)　欧州では，DERと異なりJAR-21 Design Organization Approval（JAR-21 DOA）という制度があるが，基本的な考え方は同じである（松田，2001b，p. 30）．

第Ⅱ部

製品の技術競争力と生産の技術競争力

——航空機を「つくる」——

第Ⅱ部では，製品の開発・生産プロセスを扱い，航空機産業における製品の技術競争力と生産の技術競争力を明らかにする．欧米の航空機メーカーは，階層的な国際分業構造のもとで，自らは中核的なプロセスを担当し，日本企業などのサプライヤには周辺的な技術を担当させていることを，機体構造（第4章），エンジン（第5章），航空機システム（第6章）を扱って明らかにする．第5章と第7章では，航空機生産において生産性を高めるような生産技術の高度化や生産設備の増強，品質管理を扱う．航空機を「つくる」段階であり，航空機を技術として実現し，価値と生産する段階が第Ⅱ部である．

第4章 航空機機体における航空機メーカーの主導的役割

航空機は，300～600万点の部品を単一の航空機に組み立てるため，1社で素材や部品の加工から最終組立までを担当することは現実的ではない．企業の目的は利潤の獲得であり，航空機メーカーは，利潤の源泉となる生産プロセスを自ら担いながら外部の企業にも頼る．機体構造には，主翼や尾翼，胴体，窓・扉などの構造部材が含まれるが，その中核技術は主翼である．

本章では，ボーイングが基本設計や最終組立，中核技術である主翼の設計・開発に特化する一方で，日本など国外の機体メーカーに周辺技術を任せて階層的な国際分業構造を形成すること，国際分業がコンピュータなど情報通信技術を用いて設計情報を共有する仕組みによって成り立つことを明らかにする[1)]．

1．中核技術としての主翼の設計と開発

主翼は，機体の空気力学的性能を左右し，何より安全性に直結する重要な構造部材である．航空機メーカーにとって，時間と費用が莫大にかかる主翼開発は，技術競争力の核心部分でもある．

（1）国家的支援のもとでの主翼の設計・開発

主翼形状は，航空機を上からみた平面形状と，翼を輪切りにみた翼断面形状によって決まる．主翼の平面形状は，ジェット化により直線翼から後退翼へ移行した．飛行速度が音速に近づくと衝撃波が発生して飛行が困難になるが，主翼を左右に直線的ではなく斜め後方に伸ばし，主翼に直角な流れの速さを小さくして衝撃波の発生を遅らせることで，高速飛行が可能になるのである．主翼の前縁が機体の中心線に直角な方向となす角を後退角という．

今日の主翼の原型は，ジェット化の初期段階で確立された．ジェット機は，何よりも軍事用途で必要とされ，第2次世界大戦中に各国で研究された．1945年5月にドイツが連合国に対して無条件降伏すると，米ソは競うようにしてドイツに調査団を送り，アメリカは高速飛行における後退翼の有効性を裏づける

風洞実験データを発見した．同じ結論はNACAでも得られた（Irving, 1993, pp. 75-78, 邦訳，pp. 103-106, Rodgers, 1996, pp. 95-98）．

このときボーイングは，ドイツへ送られた調査団に技術者を送り込み，情報をいち早く入手していた．後退翼の有効性が明らかになると，次の課題は最適な後退角の発見であり，それは実験的に確認しなければならなかった．航空機開発では，本格的な飛行試験の前に，風洞内に空気の一様な流れを人工的につくり，模型を用いて局所的な風速や圧力分布を測定する風洞実験が不可欠である．ボーイングは，1944年に気流速度マッハ0.975の風洞を他社に先駆けて独自に建設した．そうすることで，風洞実験に競合他社の6倍の時間を費やして戦略爆撃機B-47の後退角を35度に決め，支柱（パイロン）でエンジンを主翼に懸架する吊り下げ式エンジン搭載法を採用した．35度の後退翼と吊り下げ式のエンジン搭載法は，ボーイング初の民間ジェット機707にも用いられた[2)]．

主翼形状のもう1つの要素である翼断面形状は，戦前からカタログのように番号をつけて発表されたNACA翼型を元にした．707の主翼断面は，低抵抗翼断面のNACA 6系列（6-series）を元にし，衝撃波が発生すると抵抗が急増した．対抗するDC-8は，衝撃波が発生しても抵抗が急増せず，超音速流と音速以下の亜音速流が翼面に共存できる遷音速翼断面を用いたので，主翼表面の流速を速くできた．空気力学的性能に優れる遷音速翼断面は，ダグラスが，1950年代には旧式化していたNACA 4桁系列（4-digit series）を元に社内開発し，DC-8で実用化したものだった．後には707の主翼も改修され，遷音速翼断面は民間ジェット機の主流になった（Shevell, 1985, p2, 久世，2006，pp. 117，134）．

こうしてダグラスのプロペラ機DC-7Cが巡航速度550km/hに対して，ジェット機DC-8は900km/h以上と高速化を実現した．日本航空では，東京－ホノルル－サンフランシスコの所要時間は，DC-7Cの実飛行時間が冬期で19時間，夏期で21時間だったが，DC-8の1960年の初運航は経由時間込みで14時間半に短縮できた（日本航空株式会社広報部，2002，国土交通省，1980，pp. 41-42）．

1970年代以降の主翼も，遷音速翼断面の後退翼という基本形状を受け継いだ．747（1970年就航）は，長距離を飛行するため707（1958年就航）より高速が要求され，37.5度の後退角でマッハ0.85という高い巡航速度を実現した．1980年代には燃料消費率の改善が求められ，遷音速翼断面を改良したスーパークリティカル翼断面を元に757と767（1982年就航）の主翼を開発し，後退角には25度と31度を採用して，マッハ0.8を実現した．スーパークリティカル翼断面は，

表4－1　世界の風洞設備の数（1993年）

（マッハ数） （測定部寸法）	亜音速風洞 ～1.0 3m以上	遷音速風洞 1.0前後 2m以上	超音速風洞 1～5程度 1m以上	極超音速風洞 5程度～ 0.5m以上	合計
アメリカ	33	12	14	19	78
ヨーロッパ	15	5	4	8	32
ロシア	5	4	3	5	17
日　本	3	1	1	1	6
合　計	56	22	22	33	133

出所：久保田（1994），pp. 2–3.

NACAのラングレー研究所で開発され，1971年に特許出願された．後退角が大きくなると翼が重く，製造も複雑になるため，この翼断面を採用すると，小さい後退角で同等のマッハ数を実現できた．777（1995年就航）は長距離飛行を行うため767よりも高速が求められ，スーパークリティカル翼断面を改良し，31.6度の後退角でマッハ0.83～0.84を実現した[3)]．

アメリカ航空機産業における主翼開発は，国内の豊富な風洞設備に支えられた．風洞実験の精度を上げるには，風洞を大型化し，なるべく実物に近い大きさと条件で実験する方がよいが，そうすると風洞の設置費用がかかり，実験も長期化する．風洞実験は，航空機開発で莫大な資金と長い時間が必要になる一因である．**表4－1**に示すように，アメリカの風洞設備は，質，量ともに他国を凌駕しており，NASAのエイムズ研究所やラングレー研究所，国防総省が多くを保有する．ボーイングやロッキードなど航空機メーカーも自社で風洞を保有する．戦前から1950～60年代に建設された風洞が多く，膨大なデータが蓄積されてきた．1950年代は，米ソが超音速軍用機開発を競った時期であり，軍事との深い関係もあり，国家予算が風洞設置に投じられてきた．

ボーイングの技術競争力は，風洞設置の経営判断だけでなく，国内に多数設置された風洞設備と，NASAや国防総省，大学の研究蓄積に支えられたのである．ジェットエンジンの高空性能試験設備でも同様の指摘ができる．

（2）後退翼の機械加工とNCフライス盤

設計された主翼形状は，正確に機械加工しなければならない．主翼が直線翼ではなく後退翼となったことで形状はより複雑になった．大型素材から複雑形状を一体で削り出すために米空軍の支援を受けて開発されたのが，NC（Numerical Control: 数値制御）フライス盤であった．米空軍のF-86戦闘機の主翼は，部品をリベットでとめて製造されており，重量軽減と高速化の技術的制約となっていた．朝鮮戦争で，ワンブロックの金属塊から，曲面や捻れ面を含む複雑形状を削りこむことで，F-86の主翼を一体化構造部品として製造することが緊急課題となり，NC フライス盤が開発されたのである．

1952年3月，米空軍の支援を受けたMIT サーボ機構研究所が3軸制御 NC フライス盤を開発すると，空軍は105台の3軸連続制御スキンミラー及びプロファイルミラーを6200万ドルで契約し，航空機メーカーの工場に設置した（河邑，1995，p. 87）．これらは，素材から薄肉の構造物を削り出すフライス盤であり，胴体や翼の外板（スキン）の加工に用いられる．1955年には，航空宇宙工業会（AIA: Aerospace Industries Association）の進言で，空軍は3500万ドルで約100台の NC フライス盤を発注した．大部分は，ベッド長12mクラスの輪郭制御スキンミラーで，1台約50万ドルのものもあった．1956年には，空軍が600台以上の NC 工作機械を発注した．NC 工作機械は，空軍の支援を受けて航空機産業で普及し，1957年中頃までに大半の航空機メーカーが利用するようになった（ニュースダイジェスト，1987，p. A-140）．

当初，NC 機の数値制御に必要な NC テープは手作業でつくられていたが，1959年に MIT が，米空軍の支援を受けて107語からなる APT（Automatically Programmed Tool）を開発した．それによって，NC 工作機械のプログラミング速度が増し，リードタイムを短縮し，精密なテープを作成できるようになった（ニュースダイジェスト，1987，p. A-141）．

一体化構造部品を製造するには，大型素材が必要である．航空機生産における機械加工の切削量は非常に多く，加工前の板材，型材，鍛造材と成形品の重量比は，アルミニウム合金で6対1，チタン合金で9対1といわれる（原田，1984，p. 15）．そこで，1951～58年に空軍のヘビー・プレス計画にアルコアなど8社が参加し，航空機用大型素材の製造能力が向上した．計画前は1万8000トン鍛造プレスと5500トン押出しプレスがアメリカで最大だったが，最低でも4億ドルが投じられ，4基の5万トン鍛造プレスと7基の1万4000トン押出しプレスがつくられた（DoD-NASA-DoT, 1972, Appendix 4, pp. 10-11，久世，2006，p. 146，河邑，1995，pp. 86-87）．

軍の支援により，航空機用大型素材を用いた一体化構造部品の製造が，民間機製造でも可能になった．ジェット機の主翼は，高速でのフラッタ（振動を伴う空力弾性不安定現象）を避けるために高いねじり剛性（ねじりに対する変形しにくさ）が必要になり，薄翼のため外板を厚くしてねじり剛性を確保する．707では，主翼付根近くに厚板を取り付け，翼端にかけて薄くなるように，付根から翼端まで3カ所で桁間外板をリベットなどで接合した．しかし，太く厚い構造部材を継ぐには，継ぎ手の重量や工作の手間がかかり，運用中の疲労強度や点検，整備の問題が生じる．そこで727（1964年就航）では，主翼の付根から翼端まで継ぎ目なしの設計になり，747では主翼外板の長さは32mに達した．

翼の付根から翼端に伸びる構成部材は桁（スパー）と呼ばれ，主翼の前桁と後桁の間に張られる桁間外板は，航空機でも一番大きく厚い外板である（久世，2006，p. 146）．安全性の問題から，前桁から後桁までの間の外板は何枚かに分けられた（松田，1978，pp. 39–40）．

このような大型の一体化構造部品の製造に，NCフライス盤が用いられた．1960年代半ばに使用された桁フライス盤のベッドの長さは，大型航空機用で18～26m，さらに91mのものも存在した（ASTME, 1964, p. 295, 邦訳，p. 273）．

2．ボーイングの技術競争力を支える日本企業

戦前のアメリカ航空機産業では必ずしも分業は一般的でなかったが，戦後のジェット化を経て下請生産が広がり，1970年代以降は国際的に展開した．

アメリカ航空機産業では，戦後になって下請（sub-contract）方式が普及した．第2次世界大戦までのレシプロ機は，エンジンや無線機器，わずかな標準装備品を除き，ほとんどの部品が航空機メーカーによって内製され，1941年の下請生産率は10％台であった．ところが，第2次世界大戦では戦時動員体制として軍用機分野で下請生産が組織された（Reguero, 1957, p. 118）．これを契機に，ボーイングやダグラスの民間機部門でも下請生産が広がり，1950年代には民間用レシプロ機の40％が下請生産された．ジェット化後は高速化と大型化が追及され，技術が高度で複雑になったことで単独の企業による内製は技術的にも難しく，経営的にもリスクが高くなったため下請生産が広がった．747は，大小のアメリカ企業2万社によって65％が生産され，下請契約は21億ドルに達した．ボーイングが製造したのは操縦室（フライトデッキ）を含めた前胴と主翼だけだった（Bilstein, 2001a, pp. 178, 188–189, Bauer, 1991, pp. 278–279）．

ボーイングは，1970年代から広胴機の機体構造の下請生産を国際的に展開した．727では契約の２％の国外発注にすぎなかったが（Economist, 2005, p. 68），1970年代後半から開発された767では日本企業と15％の分担比率（機体構造価格比）で国際分業を始めた．

第１に，ボーイングにとって，国際共同開発の目的は開発費と販売リスクの分散にある．日本企業との共同によって，直接的なリスク分担だけでなく，日本政府から間接的な補助金を受けた．767では，1977年価格で11億ドル（1320億円）の開発費に対して，1978～82年度だけでも日本側事業費315億7100万円の47％にあたる148億3800万円が日本政府からの補助金だった．777では，総開発費約5000億円のうち，1990～98年までの日本企業５社の分担1045億円は，日本開発銀行から578億円を借入れ，政府助成として33億円を受け，残り434億円を企業側の資金調達で賄った[4]．

第２に，国際共同開発の目的は開発相手国の市場の確保にあった．共同開発に参加する国の政府にとっては，産業政策の観点から計画の成功が望まれる．各国の代表的な航空輸送企業（National Flag Carrier）は，直接・間接に政府の支援を受けることが多く，分業関係を通じて航空機販売の促進が可能である[5]．

第３に，国際共同開発には，優秀なサプライヤをライバル企業に奪われないようにすると同時に，相手国のメーカーを自らのライバルとならないように下請化する狙いが含まれた．1980年代には，日本企業は自動車や家電などの製造業で競争力を獲得し，欧米では航空機産業でもライバルに成長することが警戒された．1970年代の日本政府は，YS-11に続く国産旅客機開発を断念して，ボーイングとの国際共同開発を模索したが，日本企業は「農奴的なボーイングの下請け」とも表現される立場に甘んじた（Newhouse, 1982, p. 217, 邦訳，p. 494, Lynn, 1995, p. 156, 229, 邦訳，p. 174，254，283）．ボーイングのスタンパー（Malcolm T. Stamper）社長は，「日本を将来ボーイングの強敵にするような育て方をする必要はない」と考えた（YX/767開発の歩み，1985，p. 203）．

当初は下請的な立場にあった日本企業だが，分担比率（機体構造価格比）を次第に高め，767の15％から777では21％，787（2011年就航）では35％に達した．日本側担当部位は，最初は胴体パネルが主だったが，次第に開発が難しい主翼や動翼の関連部位にも広がった．767では主翼リブ（小骨）を川崎重工業，翼胴フェアリング（主翼と胴体の接合部を覆う部材）を富士重工業（現在の株式会社SUBARU）が担当し，777では中胴下部で主翼と胴体を連結する中央翼を富士重工業が担当した．787では，機体構造の中核である主翼製造を三菱重工業が担当した（日本航空機開発協会，2008，p. Ⅷ-21，日本航空宇宙工業，2007，p. 73，「777開発の歩み」，2003，pp. 21，321）．

日本企業は，767ではプログラム参加企業（Program Participant）であったが，777と787ではプログラムパートナーと称して収入配分方式を改善した．下請契約では，500機分の部品を供給する場合，販売がその機数に達しなかったとしても開発費分はボーイングに保証された．それに対して767では，製造だけでなく設計・開発に日本企業が参加する代わりに，開発費を契約機数分に分割して上乗せする割掛回収方式になり，販売数が契約機数分を下回ったら開発費を回収できないという意味でのリスクを分担した．ただし，販売時に価格を割り引くリスクは負わず，契約機数分よりも販売機数が増えても開発費負担分の収入分配はなかった．

777では，生産終了まで開発費負担に対する収入配分が続く方式でボーイングと合意し，販売機数が増えるほど収入が増えることになった（777開発の歩み，2003，p. 71，84）．787でもボーイングは固定価格でサプライヤと契約し，777の方式を踏襲しており，これはエンジンのようなレベニューシェアリングの方式（第5章）ではない（787開発の歩み，2013，p. 245）．

日本企業はサプライヤとして成長する一方で，ボーイングは，機体構造の分業構造を国内だけでなく国際的に形成し，契約方式などで主導性を保った．航空機の全体的な開発方針のもとで，航空機メーカーにとっての中核技術である主翼を担当し，サプライヤには周辺的な技術を分担するのである．

3．国際分業の技術的基礎としての情報通信技術

国際分業では，共同開発を行うメーカーがシアトルに集まって基本設計を行なった後，各企業の拠点で詳細設計や開発が行われる．その際に，設計情報の共有や同期化のために情報通信技術が利用され，国際分業の技術的基礎として機能した．767ではマスター・ディメンジョン（MD: Master Dimension）が本格利用され，777では3次元CAD（Computer-Aided Design）が導入された．

（1）767の開発におけるコンピュータによる設計情報の処理

航空機の外形は，空気抵抗が小さくなるように滑らかな曲面形状で形成され

る．従来の設計では，機体外形を温度伸縮の少ない透明材料（マイラーシート）に実物大で描いた線図（ロフト）で表現し，そこから実物大の石膏モデル（マスターモデル）をつくって機体外形の基準にした．たとえば，機首方向から一定間隔で描いた外形をアルミ板に転写，切断し，機体の外形状に組み立て，アルミ板の間に石膏を流し込んで表面を滑らかに仕上げれば，機首の石膏モデルができる．しかし，これでは外形の作図に高度の熟練と長い時間が必要であり，石膏モデルの製作に時間とコストがかかり，外形に変更が生じると修正に同じだけの労力が必要になる（YX/767開発の歩み，1985，p. 395）．

そこで767ではマスター・ディメンジョン（MD）が用いられ，石膏モデルが不要になった．MD は，航空機の外形をコンピュータ内の数式で表現し，コンピュータ処理で機体の外形線上の点列座標データ（MD データ）を取り出し，設計と生産に共通のマスター・データになった．設計では，（2次元）CAD に MD データを送り，図面を機械作画できた．生産では，MD データを NC プログラミング用ソフト APT で NC データに変換し，機体外形を NC 加工できた．727，737，747で機体形状を MD 化した実績と経験をもつボーイングは，初の国際共同開発になる767で，日本とイタリアとの間で機体形状の設計情報を一元的に管理し，設計変更などを迅速に伝えるために，MD の全面的な適用を決定したのであった（原田，1984，pp. 18–19，YX/767開発の歩み，1985，pp. 395–396）[6]．

航空機メーカーがシアトルに集まって基本設計を行なった後，日本で実施された詳細設計では，当時のコンピュータ技術と通信技術が利用された．

第1に，767開発に参加するすべての企業は MD で管理され，MD のマスター・データは，東京のセンチュリーリサーチセンター株式会社（CRC，現在の伊藤忠テクノソリューションズ株式会社）が所有するスーパーコンピュータ CDC6600に組み込まれた．日本の機体メーカー3社が端末を設置し，自社に必要な外形情報を MD データとして取り出した[7]．

第2に，静強度や疲労強度などの構造解析は，全機を一体にした有限要素法で行われ，この計算にも CDC のスーパーコンピュータが用いられた．さかのぼれば，構造設計が複雑になった後退翼設計からコンピュータは利用されていた．直線翼と異なり，後退翼は，上下に変動するだけでなく捩じれてしまい，衝撃波の発生を遅らせるために薄い翼型を採用したことにより，非常にたわみやすい．そのため，後退翼は，単純で膨大な計算をこなすコンピュータの発達に助けられ，複雑な翼構造を小さく分けた要素ごとに計算する有限要素法で設計された（鈴木真二，2000，p. 45）．胴体などの詳細設計を担当した日本でも，三菱重工業は広島製作所のCDC6600を利用し，川崎重工業と富士重工業はCRCのコンピュータと端末を通信回線で結んで利用した．

第3に，ボーイングは，部品情報を管理する部品表システムを一元的に管理したため，機体メーカー各社は日本においた端末機器（Ⅳ Phase ミニコン）を介し，通信回線を利用してシアトルのIBMコンピュータに部品リストデータを入力した．日本では，国際規模でのデータ通信用回線使用としては他に先駆けたもので，日本電信電話公社（現NTT）及び国際電信電話（現KDDI）と調整の末に，国際回線が利用された（YX/767開発の歩み，1985，pp. 400–401）．

コンピュータ技術と通信技術を利用して，設計段階における設計情報のコンピュータ処理と，国際間での設計情報のデータ通信が実現されたのである．

（2）777の開発における3次元CADによる設計変更件数の削減

1990年代の777開発では，ボーイングは開発・製造コストの抑制を迫られ，1980年代よりも発達したコンピュータやソフトウェア，通信技術を利用した．

航空機開発では，巨額の費用がかかるだけでなく，超過コストが発生しやすい．開発における未知の要素（Unknowns）には，金額はわからないが発生するとわかっている未知の要素（Known unknowns）と，発生するかどうかもわからない未知の要素（Unknown unknowns）があり，とくに後者は臨時の出費をともなう．機体設計では，設計中に一部寸法を大きくすると，機体全体のサイズは増加分の2乗，機体重量を決める容量は3乗分で増加するという「2乗・3乗の法則」が存在する（Newhouse, 1982, pp. 19, 161–162, 邦訳，pp. 52，365–366）．

777開発に先立つボーイング社内の研究では，767を含むそれ以前の開発では製造コストの50％以上が設計変更，設計ミスとそれに伴う修正などに起因することがわかった．たとえば，767のドアの設計だけで1万3000件以上の設計ミスや設計変更があり，6400万ドルが設計変更に費やされた（Sabbagh, 1996, pp. 90–91）．777計画の総責任者ミュラリ（A.R. Mulally）は，1986年頃から，「ボーイングは今まで良い仕事をやってきた．しかしもっとコンペティターに差をつけるため，さらに安い，さらに良い機体をつくりたい」と考えた（金丸，1996, p. 562）．既存機種のコスト分析からは，767開発における設計変更と設計ミスが，日本メーカーの方が少なかったこともわかり，ボーイングはコストダウンを可能にする日本メーカーの生産方法（Japanese Way）を学ぶため，幹部や生産技術者を，航空機分野だけでなく，日本の造船や自動車，二輪車，工作機械分野に派遣した（777開発の歩み，2003，pp. 141-143）．777開発でボーイングは，当初から開発・製造コストの抑制を重視していたのである．

ボーイングが（2次元）CADを導入したのは1978年であり，767の支柱設計などに利用した．その経験をふまえ，1986年に3次元CADソフトのCATIA（Computer Aided Three-dimensional Interactive Application）が導入された．CATIAは，フランスのダッソーが，ミラージュ戦闘機開発のため1980年代初頭までに開発したソフトウェアである．従来の開発では，ボーイングは，配管・配線などのシステム設計や組立・整備性の確認のために3回にわたってモックアップ（実物大模型）を製造しており，時間と費用がかかる上，一度つくると変更が難しいという欠点があった．そこでCATIAを利用すれば，コンピュータ上で3次元モデルを設計でき，それを専用共有ファイルへ蓄積すれば，コンピュータの中にデジタル・モックアップを描き出し，部品間の位置関係や干渉等の不具合をチェックできた．こうして，従来のモックアップが不要になったばかりでなく，設計変更が激減した．

デジタル・モックアップというCATIAの利点を最大限生かすには，頻繁な設計変更を適時反映させて，最新の状態を管理・共有する必要があった．設計に参加する各社は統一してCATIAを導入し，2カ月に1回のバージョンアップを同時に行い，常に同じバージョンレベルにCATIAを管理・設定した[8]．MD同様に，CATIAは国際共同開発の技術的基礎として機能したのである．

ところがCATIA導入の初期負担は大きく，当初は技術的限界に悩まされた．

第1に，通信回線の問題があった．通信技術は，部品表システムに加えて設計データをデジタルで交換できる水準に達していた．日本では，名古屋のコンピュータ・テクノロジー・インテグレイタ（CTI，現在の株式会社中電シーティーアイ）のネットワークシステムが利用され，ボーイングとCTI，CTIと日本の機体メーカーが専用回線を介してIBMコンピュータで結ばれ，1991年10月にCTIの開発用データセンターの運用が始まった[9]．当時の通信回線料は月当たり240万円程度と高額であり，検討の末，ピーク時128KBの回線を2本にした通信回線を，太平洋経由とアラスカ経由の両方で使用した．日本国内では，高額であったNTT回線の利用を避け，CTIと機体メーカーが64KBの通信回線で結ばれた．しかし，当時の通信技術は，CATIAデータをやり取りするには能力が十分でなかった．日本でのCATIAの運用が1992年5月に始まり，ボーイングから最初に送られた約4000の3次元CATIAモデルの受信には約10日間がかかった（777開発の歩み，2003，pp. 110–112，115）．

第2に，CATIAを利用するコンピュータの能力が不足した．シアトルでの基本設計は，1990年10月から1992年3月まで行われ，1991年7～8月のピーク時には8台の大型IBMコンピュータですら能力が不足して反応が遅くなり，部品相互の干渉チェックではシステム・ダウンが頻繁に起こった．1992年4月から1993年3月までの日本における詳細設計でも同様の問題が生じた．三菱重工業では，CATIAの端末台数が設計者の60～70％と不足し，「前代未聞の設計の二直24時間運営」が8カ月続いた．川崎重工業では，IBMのメインフレームの容量が不足し，「通常キーを押してから1秒以内の反応時間が数十秒から数分かかるようになった」．また，CATIA専用の緊急電源を設けておらず，停電に備えて工場内に雷予報担当をおき，停電が予想されると一斉にデータのセーブが始まった．富士重工業では，CATIAの反応速度の遅さからメインフレームを増強し，負担の大きい干渉チェックは夜間に実施された（777開発の歩み，2003，pp. 119，128，137）．

こうした技術的問題を抱えながらも，ボーイングの民間航空機開発では，従来の2次元の図面が3次元のデジタル・データに置き換えられ，「上流の設計部門から下流の工場，さらに外注工場をも巻き込んで生産システム全体に及んだ」．CATIA導入の成果は初号機が完成してから表れ，三菱重工業では初号機の設計不具合が767の2分の1，2号機以降は10分の1以下に減った（777開発の歩み，2003，pp. 120，130–131）．CATIA導入によって設計変更が減少したことは，納期の短縮にも有効であり，ボーイングの技術競争力に結実した．

なお，工場現場やサプライヤ，航空輸送企業で部品を可視的に確認するために，かつてはテクニカル・イラストレータがアイソメトリック法で描いた部品の立体図をカタログにしたマイクロフィルム・システムを顧客の所在地に設置した．ボーイングは，1990年代にはイメージ・ファイルを用いたREDARS（Reference Engineering-Data Automated-Retrieval System）を顧客の所在地に設置してそれを置き換え，2000年代には顧客がインターネット経由でボーイングのサーバーにアクセスしてREDARSを使えるようにした（ボーイングの元システム管理者に対するヒアリング調査〔2018年2月13日実施〕）．

MDやCATIAの利用は，NCフライス盤同様に，コンピュータの発達に依存した．1960年代以降のコンピュータは階層的に発達した．メインフレームと称する大型コンピュータは，IBM などが開発し，複雑な計算や高速・高性能処理に利用できた．1960年代半ばには，1964年に開発されたCDC6600のようなスーパーコンピュータの系譜とは逆に，デジタル・イクイップメント（Digital Equipment Corporation）が1965年に開発したミニコンピュータ（ミニコン）PDP-8のように，メインフレームの性能や速度を限定して経済的なコンピュータも開発された．PDP-8の基本素子にはIC が用いられ，NC 工作機械を制御する NC 装置にはコンピュータが内蔵できるようになった．1971年にはインテルがマイクロプロセッサを開発し，コンピュータの低価格化，小型化，高性能化を進める決定的な役割を果たした（河邑，2000，pp. 288–301）．

航空機産業は，コンピュータの高い計算・処理能力を利用した単純で膨大な繰り返し計算や，設計情報のコンピュータ処理，グラフィック機能を利用した３次元の図面作成・処理，複雑な機械加工のコンピュータ制御など，開発と製造のさまざまなレベルでコンピュータを利用したのである．また，データ通信の実現や海底ケーブルの利用，通信速度の向上と大容量化によって，遠隔地での共同開発を実現する技術的基礎が形成された．３次元 CAD の CATIA は，航空機産業に始まり，自動車や家電産業など多くの産業分野で使用されている．

777の開発では開発・製造コストの抑制が試みられ，設計ピーク時には技術的問題がみられたものの，情報通信技術が国際分業の技術的基礎となり，ボーイングの技術競争力を強化したのであった．

４．ボーイングにとっての中核領域と周辺領域

本章では，ボーイングが基本設計や最終組立，中核技術である主翼の設計・開発に特化する一方で，日本など国外の機体メーカーに周辺的な技術を任せる階層的な国際分業構造を形成してきたことを明らかにした．

航空機メーカーにとって機体構造の中核技術は主翼であり，その開発でボーイングは技術開発力を有する．主翼開発の要である風洞設備を自社でもつだけでなく，アメリカ国内で NASA や国防総省，大学が多くを保有する．航空機の開発時に国内の風洞設備を利用できることと，研究機関における研究・実験の蓄積は，アメリカの航空機メーカーの技術競争力を支えてきたのである．後

退翼という複雑形状を機械加工するためのNCフライス盤も，軍事的要求のもとアメリカで開発され，民間航空機産業にも普及したのであった．

ボーイングが中核技術を自ら担当するのに対して，周辺技術はサプライヤの供給に頼っている．1970年代以降，日本の機体メーカーとの国際分業を始め，日本企業は分担部位を段階的に増やしてボーイングの技術競争力を支えてきた．

エアバスとの市場競争のもとで，ボーイングは航空機購入価格の割引という航空輸送企業の要求への対応を余儀なくされ，開発・生産コストの抑制を試みた．設計情報のコンピュータ処理や３次元設計，データ通信といった情報通信技術は，国際分業の技術的基礎であると同時に，開発・生産コストを抑制する手段とされた．

注

1）田口直樹は，金型産業における中核企業と中小・零細企業の重層的な分業関係に着目し，最新鋭機械がまず中核企業に導入される一方で，中小・零細企業は特定分野に特化して取引する企業層のユーザー（市場）が異なることから，企業階層が技術格差と市場の違いをともなうと指摘する（田口，2011，pp. 62，246，279-280）．本書で扱う航空機やエンジンの階層的な分業構造では，自動車産業のように同じユーザーに提供する完成品を完成品メーカーと部品・素材メーカーが分業するが，開発・製造における役割に階層性があるため「階層的」と表現する．

2）Rodgers（1996），pp. 93-94. Irving（1993），pp. 46-48, 88-89, 145（邦訳，pp. 82-85, 115-116，182）．久保田（1994），pp. 3-6．747の主翼開発では最低１万時間以上の風洞実験が必要とされ，短期間で開発するため全米８ヶ所で風洞実験がされた．

3）石川（1993），p. 205，木村（1985），p. 144，YX/767開発の歩み（1985），p. 354，浅井（1983），p. 598，Norris（1996），pp. 36-40．高速時に空気抗力が急増し始める速度である臨界マッハ数を高めた翼型がスーパークリティカル翼である．757と767の開発ピーク期には，年間風洞実験時間は２万時間に達し，そのうち5000時間は1944年にボーイング自身が設置した遷音速風洞で行われた．767の主翼の最終形状決定段階では，１万6000時間の風洞実験が行われ，日本の航空宇宙技術研究所の風洞も利用された．

4）1967～82年までのYX/767開発の日本側事業費413億6600万円のうち，政府の補助金は230億700万円と55.6％だった．ボーイングでは，共同開発相手である「イタリアと日本の両方が出すと，ボーイングは投資なしで開発ができるんじゃないか」とも言われた（YX/767開発の歩み，1985，pp. 111，206）．政府助成には，助成に対して事業で得られた収益を納める収益納付義務が課せられ，767は1995年度までに納付を終え，777では2002年度までに33億円の助成に対して28億円が納付された．777では，納付の限度額が助成額に等しかった767とは異なり，販売が続く限りは助成額を超えても収益からの納付が継続される．777では日本政策投資銀行からの借入金が578億円であり，そのうち2002年度末までに428億円が返済された（777開発の歩み，2003，pp. 74，252，255）．

5）日本では国土交通省（旧運輸省）が航空輸送企業に影響力をもつ一方で，航空機開発は経済産業省（旧通産省）とのつながりが深い．

6）開発段階では大量の設計技術者が必要になる．767開発のピーク時には，外部の技術者を短期的で受け入れるために，ボーイングではあらゆる職種の人材のファイルをもち，国内外の航空機メーカーからの派遣，移籍や遊休技術者を集め，シアトルの移民局が入国者に神経を使うほどであった（YX/767開発の歩み，1985，pp. 440–441）．設備や設計技術者を一定程度保有することは，需要が一定せず，頻繁に開発を行うわけでもない産業ではリスクを抱えることになる．新開発機の設計が行われる間は，数多くの設計技術者との効率的な情報共有が重要であり，設計が物理的に離れたサプライヤの拠点にも移されると，それはますます重要になるのである．

7）YX/767開発の歩み（1985），pp. 396–398，401–402．1982年に767の日本側設計がボーイングに移行されると，日本に設置されたMDのシステムもボーイングに返却された．なお，三菱重工業や川崎重工業は，1974年に747SPのフラップ生産を受注し，ボーイングの支給するMDデータによる生産を経験した．

8）Sabbagh（1996），p. 62. 777開発の歩み（2003），pp. 105，107，114．アメリカにおける航空機開発への３次元CADの利用は，ノースロップのB-2ステルス爆撃機開発が最初であり，その手法がボーイングに引き継がれたという指摘もある．B-2では，ワイヤーフレームという骨組みだけの３次元モデルだったが，777で使用されたCATIAでは，現実的なソリッドモデルを利用できた（鈴木，2000，p. 48）．1993年，ボーイングは次世代システムにCATIAバージョン４を選び，1996年にIBMとダッソーとの間で，５年で数百万ドルというCAD/CAM契約としては最大のライセンス協定を結んだ（Bradley, 1996, p28）．

9）株式会社中電シーティーアイ（当時のCTI）ウェブサイトより（http://www.cti.co.jp/company/enkaku.html，2009年９月３日）．CTIは中部電力の情報システムを開発・運用した．回線を２本用いた理由は，断絶リスクの回避であり，現実に地震でアラスカ経由の断線，台風で太平洋経由の断線が数度生じた．

第5章
航空機エンジンにおける日本企業の段階的成長と参入障壁

航空機エンジンを単独の企業が生産することは資金，技術，人員の面で難しいことは機体構造と同じである．本章では，まず，航空機エンジンのサプライヤが，サブ・コントラクタからモジュール・パートナーへと担当範囲を広げながら段階的に成長してきたことを，日本企業による航空機エンジン部品の開発と生産に着目して明らかにする．その一方で，中核領域で主導的役割を担う欧米企業が，有力企業を階層的な国際分業構造に組み込んで自らの技術競争力の基盤を強化すると同時に，競合企業としての市場参入を阻止していること，つまり有力サプライヤの完成品市場への参入を阻んでいることを明らかにする．

以下，第1節で日本の航空機エンジン事業を概観し，第2節で日本企業が欧米企業のサプライヤとして段階的に成長したこと，第3節で欧米企業が中核的な部位やプロセスで主導的役割を担っていることを明らかにする．

1．日本の航空機エンジン事業と国際共同開発

（1）V2500エンジンの国際共同事業

戦後日本の民間航空機ジェットエンジン事業は，1966年に通産省工業技術院に創設された大型工業技術研究開発制度（大型プロジェクト制度）を利用して始まった．科学技術庁の航空宇宙技術研究所の指導のもとで，IHI が約70%，川崎重工業が約15%，三菱重工業が約15%の割合で設計・試作を担当した．第1期計画（1971～76年）で推力5トン，第2期計画（1976～81年）で推力6.5トンのジェットエンジン開発を目標に，約206億円の開発資金を投じた．1985年には，FJR-710エンジンを搭載した短距離離着陸機「飛鳥」が初飛行した（日本航空宇宙工業会，1987，p. 35，同，2003，p. 74，同，2016，p. 36）．

当時の日本には高空飛行状態を模擬する高空性能試験設備がなく，1977年にイギリスの国立ガスタービン研究所（NGTE，現在は王立航空機研究所に合併）で各種試験を実施した．この時に日本の技術水準が認められ，欧米企業との共同事業が始まった．RR の呼びかけに応え，1979年12月に IHI，川崎重工業，三菱

重工業の3社は，100〜120席級の航空機エンジンの共同事業計画に調印した．1980年代前半にはRJ500（XJB）エンジンの開発を進めたが，需要が想定よりも大きな130〜150席機に移ると予測したことから，開発費負担の増大をともなう共同事業の再構築が必要になった．

1981年にGEとP&WがRJ500への参加を打診すると，日英両国は1982年3月には類似の計画をもつP&Wを共同開発の相手企業に絞った．P&WがドイツのMTU（Motoren- und Turbinen-Union Aero Engines AG）とイタリアのアヴィオの参加を要請したため，このプロジェクトは5カ国の共同事業に発展し，1983年12月に合弁会社IAE（International Aero Engines）を設立した．こうしてV2500となるエンジンの参画比率はRRとP&W（UTCが契約当事者）が各30%，日本が23%，MTUが11%，アヴィオが6%になった（IHI, 2007, p. 127, 日本航空宇宙工業会，2003，p. 75，日本航空機エンジン協会，2011，p. 12）．

日本側の窓口として，通商産業省（現在の経済産業省）の指導の下に，IHI，川崎重工業，三菱重工業が協力して日本航空機エンジン協会（JAEC: Japanese Aero Engines Corporation）を1981年に設立し，国内のワークシェアはIHIが59.8%，川崎重工業が25.2%，三菱重工業が15%になった[1]．V2500（図2-1）は，民間航空機エンジン事業において欧米企業と共同開発を経験し，技術を蓄積できたという意味で日本企業には重要な機会になった．

（2）サプライヤの契約形態と収益配分

欧米企業と分業関係にある日本企業は，サプライヤとしていくつかの契約形態をとる．まず貸与図による下請生産を行うサブ・コントラクタ（サブコン），次にRSP（Risk and revenue Sharing Partner）方式で主に承認図によって部品や結合部品を供給する部品パートナー，モジュールを供給するモジュール・パートナー，そして共同事業もしくは合弁事業（Joint Venture）の形態をとるフル・パートナーである．

RSP方式では，開発費を分担し，参画シェアに応じてリスクを負う代わりに収益が分配される．新製品（工場出荷時搭載部品）の場合，エンジン販売の収益が参画シェア（プログラム・シェア）に応じて配分されるが，割引も負担しなければならない．たとえば，エンジンのカタログ価格が10億円で製造コストが4億円だった場合，10%の比率で参画する企業は，エンジンが1台売れるたびに1億円の収益配分を受け，コスト見合い部分（製造コスト）が4000万円，利益見合い部分が6000万円になる．しかし，仮にエンジンが８割引きで販売されると，収益配分は２億円の10％で2000万円にとどまり，収支は赤字になる．一方，交換部品（補用品）販売が10億円だった場合，部位によって交換頻度が異なるが，実際に供給された交換部品の製造コストの合計が１億円とすると，それを差し引いた９億円はすべてのパートナーに平等に配分されるため，プログラム・シェア10％の場合は，実際の製造コストに加えて9000万円が収益配分となる．ただし，量産効果や製造方法の改良によってコストが削減できれば自らの収益になるので，交換部品が多く出る部位の担当は，収益の面でも重要である（日本航空機エンジン協会におけるヒアリング調査〔2013年２月21日実施〕）[2]．

それに対してフル・パートナーになると，RSP の権限・責任や業務範囲に加えて，事業の意思決定への参加やプログラム全体の管理，プロダクトサポート，マーケティング，営業，契約などすべての活動に参加して合議で決定をする（平塚，2008，p. 257）．RSP 方式では，事業を中心的に運営する３大企業が運営費などの名目でその分の費用を差し引いてから収益配分を行うが，フル・パートナーでは IAE のような合弁事業の組織体の運営にかかった費用だけが差し引かれて収益配分がなされる．一方で，エンジンに起因する事故や整備が発生した場合のリスク，損益分岐点に達しなかった場合に開発費が未回収になるリスクや，需要を予測して用意した交換部品が販売できなくなる在庫責任も共同で負う必要がある．いずれの方式でも航空輸送企業からの交換部品発注の窓口は OEM である欧米企業が担い，RSP 方式では在庫責任を欧米企業が負うことになる（日本航空機エンジン協会におけるヒアリング調査〔2024年５月24日実施〕）．

2．部品パートナーからモジュール・パートナーへ

日本企業は，サブ・コントラクタに始まり，欧米企業の部品パートナーとして担当範囲を段階的に広げ，モジュール・パートナーに成長した．以下では，主に川崎重工業の中圧圧縮機，IHI の低圧タービンとブレード，三菱重工航空エンジン株式会社（以下，グループ名称にもとづき三菱重工業と呼ぶ）の燃焼器の生産に着目して，日本企業の成長プロセスを確認する[3]．

（1）川崎重工業による RR に対する中圧圧縮機モジュールの供給

川崎重工業は，V2500への参画に加えて，1988年から RSP 方式で RR のプロ

表５−１　川崎重工業の明石及び西神工場における民間航空機エンジン事業

		参画比率	エンジン運用数		
			1993	2004	2012
1980年	RR の RB211の部品製造・下請契約（サブ・コントラクター）				
1983年	５カ国共同による V2500（主に A320向け）の合弁事業に参画	5.8%	260	2,154	4,622
1985年	P&W の PW4000（広胴機用）で RSP 契約による部品の製造開始	1.0%	979	2,423	2,959
1988年	RR の RB211-524（L-1011など）に RSP 契約で参画	3.0%	894	1,013	630
	RR の Trent700（A330用）に RSP 契約で参画	2.7%	-	264	994
	産業用ロボット用に確保した用地を転用して西神工場建設				
1990年	RR の Trent800（777用）に RSP 契約で参画	4.0%	-	392	448
	西神工場 第１工場を建設（３月）				
1996年	CF34-8に RSP 契約で参画	3.0%	-	2,464	3,112
	明石工場が担当した航空機エンジン部品生産を西神工場に移管，両工場の研究開発部門は明石工場に集約				
1998年	明石工場にテストセル（ジェットエンジン運転試験用設備）が完成				
	RR の Trent500（A340用）に RSP 契約で参画（ドラムを担当）	5.0%	-	216	512
2003年	RR の Trent900（A380用）で丸紅のサブコン契約（丸紅は RR エンジンの販売日本代理店）		-	-	192
2005年	Trent1000（787用）に RSP 契約で参画（モジュールを担当）	8.5%	-	-	44
2006年	西神工場 第２工場を建設（７月）				
2007年	西神工場 第３工場を建設（10月）				
2009年	Trent XWB（A350XWB 用）に RRSP 契約で参画（モジュールを担当）	7.0%	-	-	-
2011年	PW1100G-JM（A320neo 用）の国際共同開発に参画	6.0%	-	-	-
2012年	西神工場 第４工場を建設（９月）				

注：エンジン運航数は Jet Information Services のデータから筆者が推計した（山崎，2017，p. 76）．「CF34-8」は CF34-8/10（CF34-3を除く）で，「RB-211-524」はそれ以前の型を含まない．

出所：川崎重工業（2008），p. 5，同（2013a），p. 1，同（2013b），p. 14．明石工場史編纂委員会（1990），p. 283．日本航空宇宙工業会（2003），p. 78，『日経産業新聞』1983年６月20日付，1988年12月14日付，1996年７月18日付．

グラムに参加したことでモジュール・パートナーに成長した．**表5－1**に川崎重工業における民間航空機エンジン事業の歩みを示す[4]．

①RRとのRSP契約による成長

1980年，川崎重工業は，IHIとともにRRの引き合いを受けてRB211の部品下請生産に合意した．その際に，約30億円をかけて明石工場（兵庫県明石市）に専用生産設備を新設した[5]．1983年に5.8%の比率でV2500に参画してから，川崎重工業は，1985年に1.04%のシェアでPW4000にRSP方式で参画した．約3000億円にのぼる開発費負担からP&Wは日欧韓の企業に参加を呼びかけ，IHIと三菱重工業が資金不足などを理由に参加を見送る一方で，川崎重工業が参画を決めたのである．これによって，V2500で3社が一体的に行動してきた体制が崩れた．

川崎重工業にとっては，1988年にRSP方式で参加したRRのプログラムがより重要であった．1980年以来，川崎重工業は，RB211のサブ・コントラクタであったが，1988年12月に派生型のRB211-524G/Hを含む524シリーズのパートナーとして部品を担当することに合意し，従来の下請（サブコン）契約からRSP契約に切り替えた．これに先立つ1987年2月には，分散していた事務・技術部門の効率的活用と事業規模拡大のために明石工場内にジェットエンジンの新工場（第48工場）を建設し，1990年3月にはエンジン部品を機械加工する西神工場（兵庫県神戸市）を建設した．1990年にはTrent 800（777用），1998年にTrent 500（A340用）のプログラムにRSP方式で参画した（明石工場史編纂委員会編，1990，pp. 285-286，289）．

②防衛用ラインから民間用ラインへの転換と多能工化

民間機のエンジン事業が本格化すると，防衛庁（現在の防衛省）向けの多品種少量生産からの転換が必要になり，1993年から明石工場と西神工場の生産ラインを再編成した．それまでは，一定量をまとめて加工するロット生産方式をとり，V2500のブレードは工程ごとに明石工場と西神工場を何度も往復した．これを改め，基本的には西神工場で一貫した連続加工を行う「一個流し」方式を導入し，物流の手間や経費を省き，生産リードタイムを圧縮した．V2500のブレードの生産に約80日，ファンケースの生産に約120日をかけていたが，1994年から1996年にかけて，それぞれ15日と40日に短縮した．月産8個のファンケースは，納期が６カ月であれば常時48個の仕掛品を工場内に抱えるが，２カ月であれば16個に減らせることになる（『日経産業新聞』1997年２月７日付及び1996年８月15日付，1995年12月１日付）．

生産工程の改善にともなって，現場作業員には多能工化が求められた．従来は，旋盤や穴あけ，研削など工程ごとに作業エリアが機能的に分割される「ジョブショップ」で，作業工には特定の技能への習熟が求められた．それに対して，全工程の工作機械を同じ場所に集めて一貫生産する「フローショップ」では，１人で全工程の責任をもつ多能工が求められた．1998年の時点で，V2500のブレード生産では，１人で８台の機械を担当した．多能工化は，ジョブショップ制における熟練工からの反発が予想されたため，1990年に建設されたばかりの西神工場でまずは導入された．１年をかけてOJT（オン・ザ・ジョブ・トレーニング）で各工程を経験するそれまでの社員育成制度は廃止され，多能工化のために必要なジェットエンジンの構造に関する知識が専門の教育機関から提供されるようになった（『日経産業新聞』1998年８月６日付及び1998年１月28日付，1997年２月７日付）．

③参画比率・生産規模の拡大と重要部位の担当

2000年代半ばからは参画比率とともに生産の規模が大きくなった．RB 211-524の３％，Trent 700の2.7％から Trent 500では５％，Trent 1000は8.5％，Trent XWBは７％の参画比率に増えた．搭載機はTrent 1000が787（2016年末で1200機受注），Trent XWBがA350（同818機受注）であり，その時点で受注残機数がそれぞれ700機を超えたこともあって生産規模を大きくした．2011年には，V2500の後継となるA320neo用のPW1100G-JMの国際共同開発への参画も決めた．

参画比率と生産規模の増大は，生産設備の拡張を必要とした．1990年に西神工場の第１工場を建設してから，生産工程を改善しながら事業規模を拡大し，2005年にTrent 1000の中圧圧縮機モジュールの担当が決まると，2006年に45億円を投じて第２工場を建設した．続いて2007年に第３工場，2012年に第４工場を建設した．2015年までの10年間で約170億円を投じて工場建屋の新設など増産体制を整えると，その後は「自動化のレベルを上げていく段階」（三島悦朗・ガスタービンビジネスセンター生産総括部総括部長）とされた（川崎重工業，2013a, p. 1，川崎重工業，2008，p. 5，『日経産業新聞』2006年10月26日付及び2017年12月20日付）．

一方で，2016年時点の外注比率は5割で，85社の外注先が存在した（『日本経済新聞』2016年5月26日付）．

担当部位の面では，段階的に重要な部位を担当するようになった．川崎重工業は，RB211とTrent 700/800では低圧タービンのケースやディスクを担当したが，Trent 500では中圧圧縮機（IPC）のドラム，Trent 1000/XWBでは約4000点の部品から構成される中圧圧縮機モジュールの組立までを担当する（『日経産業新聞』2009年1月8日付）．中圧圧縮機モジュールの組立は以下のプロセスを経る．ディスクは，チタン素材を旋盤やマシニングセンタで円盤状に機械加工し，その外周にブレード（羽根）を取り付けるために溝加工（ブローチ加工）する．中圧圧縮機のドラムは，8段のディスクを電子ビームで溶接した回転体であり，単体の部品ではなく結合部品である．ドラムにブレード（動翼）とベーン（静翼）を取り付けるとロータになる．8段のディスクに用いる合計418枚のブレードはすべて重量を計測し，バランスがとれるようにコンピュータで計算した位置に手作業で取り付け，バランスマシンでアンバランスを修正する．さらに，ロータとケースの間の隙間をごくわずかに調整するために，ブレードチップ研削盤でロータを高速回転させ，遠心力で正規位置に固定させたブレードの先端をミクロン単位で研磨する．ドラムにケースやフロントベアリングハウジングを一体化すると中圧圧縮機モジュールになる[6]．

川崎重工業は，担当部位を単独の部品から結合部品，モジュールに変化させて参画比率と生産規模を増やし，生産工程を改善し，生産設備を拡張したのである．

（2）IHIによる低圧タービンモジュール及びブレードの供給

IHIは，V2500の参画に加えて，主にGEのエンジン・プログラムに参画し，P&WやRRにもブレードなどを供給してモジュール・パートナーに成長した．**表5－2**にIHIにおける民間航空機エンジン事業の歩みを示す[7]．

①防衛用及び民間用エンジンにおけるGEとの深い関係

IHIは，1983年に13.8％の比率でV2500に参画する一方で，川崎重工業と同様に，1980年からRRのRB211の部品製造を下請契約で請け負い，サブ・コントラクタとなった．1988年からはRB211のG/H/J/LモデルにRSP契約（約5％）で参画し，1992年にはTrent 800にも参画した．ただし，川崎重工業と

表５－２　IHI における民間航空機エンジン事業

		参画比率	エンジン運用数		
			1993	2004	2012
1957年	ジェットエンジン専門工場として田無工場を開設				
1966年	通産省の「高島通達」により国内プライム３社体制に				
1970年	田無工場から分離して瑞穂工場が独立．部品生産と組立・運転・整備を分担．				
1973年	IHI 航空エンジン事業部に精密鋳造部設立				
1977年	IHI より分離独立して ICC（石川島精密鋳造）の設立				
1980年	RR の RB211の部品製造・下請契約（サブ・コントラクター）				
	呉第二工場を航空宇宙事業本部に編入				
1983年	５カ国共同による V2500（主に A320向け）の合弁事業に参画	13.8%	260	2,154	4,622
1988年	RR の RB211-524（L-1011など）に収入配分方式で参画（開発不参加）	(5.0%)	894	1,013	630
1990年	GE の GE90（777用）に RSP 契約で参画	8.7%	-	318	1,338
	P&W の旅客機用メインシャフトを独占供給する契約が成立				
1992年	RR の Trent800（777用）に RSP 契約で参画	(5.0%)	-	392	448
1996年	CF34-8に RSP 契約で参画	27.0%	-	2,464	3,112
1998年	相馬第一工場の開設（ICC も相馬工場を開設）				
	RR の Trent500（A340用）に RSP 契約で参画	5.5%	-	216	512
2001年	相馬工場に第二加工棟（第一工場）を建設				
2002年	RR の Trent900（A380用）の低圧タービン・ブレード供給で合意		-	-	192
2004年	GE の GEnx（787用）に RSP 契約で参画	15.0%	-	-	214
2006年	相馬工場に第三加工棟（第二工場）を開設，田無工場からの撤退（相馬工場への集約）				
2007年	相馬工場に第四加工棟（第二工場）を建設				
2011年	PW1100G-JM（A320neo 用）の国際共同開発に参画	15.0%	-	-	-
2016年	相馬工場に第五加工棟（第一工場）を建設				

注：エンジン運航数は Jet Information Services のデータから筆者が推計した（山崎，2017，p. 76）．「CF34-8」は CF34-8/10（CF34-3を除く）で，「RB-211-524」はそれ以前の型を含まない．

出所：「IHI 航空宇宙50年の歩み」(2007)，pp. 3，127，137，139，140，142–145，255，264，265．佐藤他（2013），p. 29．須貝（2015），p. 6.「航空エンジン部品を生産する相馬工場の新加工棟を建設（2007年10月19日）」『IHI プレスリリース』(https://www.ihi.co.jp/ihi/all_news/2007/aeroengine_space_defense/2007-10-19/index.html, 2018年４月４日閲覧)．『日刊建設工業新聞』2016年８月19日付．『日経産業新聞』1998年12月８日付．

は異なり，IHI は開発段階には参加せず，RR の図面（貸与図）と仕様にもとづいて製造する例外的な RSP 形態（Manufacturing RSP）をとった（『日経産業新聞』1988年12月19日及び21日付，2018年4月9日に電子メールで得た IHI からの回答）．

IHI は軍用エンジンの生産で GE と深い関係にあり，民間機エンジンでも GE との関係を優先して，RR と一定の距離をおいたとみることができる（『日経産業新聞』1998年12月8日付）．IHI は，1954年に自衛隊が導入した F-86F 用の J47-GE-27の部品で GE と技術提携してから，1960年に F-104J 用の J79-11A，1969年に F-4EJ 用の J79-17，1996年に F-2用の F110-129といった戦闘機エンジン，ヘリコプタや対潜哨戒機用の T58（1961年），T64（1965年），T700（1988年頃）でも GE と技術援助契約を結びライセンス生産をした．IHI は，GE の他に RR や GM，P&W とも技術提携契約を結んだが，一貫して GE と強い結びつきをもってきたのである[8)]．

IHI が民間機エンジン事業で成長する決定的な要因も，GE のエンジン事業への参画であった．1990年代以降，GE は全製品群で市場シェアを増やし，民間機分野では最大のシェアを占めてきた．GE の成長にあわせて，IHI は1990年に推力40トン超級の GE90（777用）に8.7％，1996年には10トン未満級の CF34（リージョナルジェット用）に27％，2004年には30トン級の GEnx（787用）に13％の比率で RSP 方式の参画をしてきた．推力10トン級の V2500（A320用）と後継の PW1100G-JM（A320neo 用）に参画（2011年，15％）したことをふまえれば，IHI は全製品群の主要エンジンに参画してきた．

GE は当初，MTU と IHI が GE90の低圧タービンを担当することを望んだが，1990年に MTU が GE と競合する P&W との資本提携を発表したため，契約違反として GE は損害賠償を請求した．MTU が予定した部位を含めた担当は多額の開発費負担を強いるが，低圧タービンを扱うことで高度な技術を習得でき，売上における民需比率を増やせるという思惑から，IHI はプログラムへの参加を決めた．当時の GE は，防衛庁の F-2戦闘機エンジン受注をめぐって P&W と競合したことから，「日本で最大のシェアをもつ石播（IHI――筆者注）を参加させ，商戦を有利に導きたいと考えた」という見方もあった（『日経産業新聞』1990年7月13日付）．

こうして GE90には GE が59％，フランスのサフラン（Safran Aircraft Engines，当時は Snecma）が25.3％，IHI が8.7％，GEnx では IHI（15％）以外にアヴィオ，イギリスの GKN などが参画し，CF34では GE が70％，IHI が27％，川崎

重工業が３％という比率で参画した（IHI, 2007, pp. 137, 140, IHI, 2010）．IHI は参画しないが，737や A320用の CFM56では GE と Safran が50対50の合弁事業 CFM を設立している．GE からみれば，それぞれの主力エンジンで欧州とアジアの有力企業と国際分業を形成しているのである．

ところが1990年代後半の IHI は，GE プログラムへの参画は必ずしも成功とみなさず，1998年に5.5％の RSP 契約で RR の Trent 500に参画した．この時点では GE90は販売不振にあり，CF34-8は型式承認を取得していなかった．IHI は Trent 700/800の部品の下請生産を続けていたが，この時に初めて RR のプログラムに開発・設計から関与した．それまで IHI は GE との関係を重視していたが，販売実績を伸ばす RR との関係を強化してエンジン事業の拡大を図ったのである．IHI が RR のプログラムに本格的に参画したことは，主に川崎重工業が RR，三菱重工業が P&W，IHI が GE と深めていた関係を変化させ，日本企業のそれぞれが欧米企業と複雑に関係を築くきっかけの１つにもなった．2005年には三菱重工業も RR プログラムに参画した（『日経産業新聞』1998年12月８日付）．

しかしながら，世界最大の推力52.2トン（11万5000ポンド）を誇る GE90-115B が2002年に型式承認を得ると，777の航続距離延長型である777-300ER（及び777-200LR/ER）に独占的に搭載され，GE のエンジン事業の柱に成長した．従来型の777には３社が PW4000-112inch，GE90，Trent 800を供給したが，航続距離延長型は市場規模が500機程度と予測されたことから，開発費負担などをふまえて，1999年７月にボーイングと GE が GE90-115B を唯一の搭載エンジンとすることで合意した（山崎，2017，p. 77，堀部他，2003，p. 162）[9]．

②生産拠点の拡充と生産工程の改善

IHI は，主に GE のエンジン・プログラムに参画し，生産規模の拡張に対応しながら成長してきた．航空宇宙事業の生産拠点としては，J47の部品生産と国産ジェットエンジン J3の研究開発に対応して，1957年に部品生産と組立を一貫して行う田無工場（東京都西東京市）を開設した．1970年には防衛庁向けの生産や民間向けの整備が増えて田無工場が手狭となり，瑞穂工場（東京都西多摩郡）が分離・独立し，部品生産を田無，組立・運転・整備を瑞穂で行なった．呉第２工場（広島県呉市）は，1980年に RR エンジンの部品製造の拠点となり，1986年には航空エンジン部品専門工場として全面改装され，シャフトや大型構造物を供給する拠点となった．

IHI は生産工程の改善にも取り組んだ．1993年，当時の大慈弥省三専務がGE や P&W の工場を訪問すると，かつての多機能マシニングセンタ（MC）による大ロット生産ではなく，単機能の工作機械を並べた「シンプル・アンド・スピーディー」により工期を短縮していた．この後，IHI は在庫圧縮と工期短縮のために「一個流しライン」を構築した．田無工場と呉第２工場で「94年度末の棚卸し資産回転率を12回まで高める」目標を設定し，「量をまとめて同じ加工をする大ロット生産を，可能な限り同じテンポで一個ずつ生産する方式に転換する」ために42台の機械を並べた．ここで問題になるのが段取り替えだった．GE90だけでもディスクは５種類あり，一本の「一個流しライン」で数種類を混流生産するためには，頻繁な段取り替えを素早く行う必要があった．そこで IHI は，「スーパーマーケット」と呼ぶ事前準備場を設置し，「段取りマン」と呼ぶ作業員が治工具をラインまで運搬した．こうして呉第２工場で３～４カ月かけたエンジンシャフトの納期を半減し，仕掛品の滞留を減らした（『日経産業新聞』1994年７月10日付及び10月25日付，2017年７月３日付）．

1990年代後半からは，民間機エンジン事業のさらなる拡大とともに生産設備を拡張した．1998年にタービンブレードの製造に特化する相馬工場（第１工場第１加工棟，福島県相馬市）を開設し，2006年には田無工場を閉鎖して，その機能を相馬に全面移転した（IHI, 2007, pp. 2, 6, 8－9）．開設後も相馬工場を順次拡張し，2001年に第２加工棟（第１工場），2006年に第３加工棟（第２工場），2007年に第４加工棟（第２工場），2016年に第５加工棟（第１工場）を建設した．こうして相馬第１工場でタービンブレード，第２工場で中小型部品，呉第２工場で大型部品やシャフト，瑞穂工場でエンジンの組立・運転・整備・試験を行う企業内分業体制を構築した．ディスクについては，2007年から呉第２工場と相馬工場とともに，産業機械を扱う横浜第２工場を含む三拠点で生産できるようにした（『日経産業新聞』2007年10月22日付）．

③低圧タービンブレードとエンジンシャフトの量産体制

タービンブレードは，相馬工場内に立地する株式会社 IHI キャスティングス（ICC）などから調達する精密鋳造素材を砥石で研削加工し，特殊なコーティングを施す．相馬第１工場では，生産されるブレードとノズルの９割が民間航空機用であり，ブレードの生産数は，2001年に18万枚，2003年に28万枚，2007年に64万枚，2011年には75万枚，2013年には81万枚と増加し，ブレードの供給では世界有数の生産拠点となった[10]．相馬工場では，2010年以降にタービンブレードを年間100万枚，大型タービンディスクを2500枚，中型タービンディスクを2400枚生産することが目指された（『日経産業新聞』2009年８月５日付）．

エンジンシャフトは，大同特殊鋼株式会社から調達する素材をIHIが加工する．1990年に，受注に生産が追いつかなくなったP&Wが，自社生産してきたエンジンシャフトの外注方針を打ち出し，協力を求められたIHIが下請生産を始めた．777-300ERに搭載されるGE90-115Bの低圧シャフトの素材には，開発を主導するGEの特許をもとにIHI，大同特殊鋼と共同開発した新マルエージング鋼（GE1014）が採用された（『日本経済新聞』1990年７月17日付，舘野，2000，p. 366，依田他，2009，pp. 127–128）．これは「疲労破壊の起点になる介在物を極力廃しクリーンな材料を得るために材料の溶解工程の改良を重ね」たものである[11]．IHIは，2013年にエンジンシャフトを30～50種類，年間約4000本を生産した（IHI, 2013a, p. 10）[12]．

大同特殊鋼の素材提供は，1985年にIHIを経由したV2500のエンジンシャフトを契機とし，1987年の四面鍛造機の導入で本格化した．大同特殊鋼はP&WのPW4000やJT9D，PW2000，RRのRB211-524やRB211-535，Trent 700/800/1000，GEのGE90やGEnxに低圧シャフトの素材を提供し，シャフト鋼材では世界シェアの約３割，中型・大型機エンジンに使う３メートルサイズに限定すると７割を占め，フランスのオベール・デュバル（Aubert & Duval）やアレゲニー・テクノロジーズ（Allegheny Technologies）と競合する．2013年時点の累積生産数は２万本以上であり，その約７割はV2500向けであった[13]．

IHIは，GEとRRのエンジンでは低圧タービンブレード，P&Wが中心的役割を務めるIAEのエンジンではファン及び低圧圧縮機と幅広い範囲のブレードやディスクを扱い，生産設備の改善と拡張を続けてきた．単独の部品や結合部品の供給に始まり，モジュール組立を担当するようになって，GEのCF34とGEnxでは低圧タービンモジュール，IAEのV2500ではファンモジュールを担当した[14]．しかし，高圧タービンブレードは防衛省向けのエンジンで扱うだけで，民間用は低圧系に特化し，高圧系は欧米のエンジンメーカーが握っている．

表5－3　三菱重工業における民間航空機エンジン事業

		参画比率	エンジン運用数		
			1993	2004	2012
1972年	小牧北工場建設（エンジン組立，試験工場として開設）				
1983年	5カ国共同によるV2500（主にA320向け）の合弁事業に参画	3.45%	260	2,154	4,622
1984年	JT8D-200にRSP契約で参画	3.0%	2,310	2,450	1,736
1986年	大幸工場からの全面移転で，小牧北工場はミサイル，航空・宇宙，エンジン，制御機器等の開発・生産・修理工場に				
1989年	PW4000にRSP契約で参画	10.0%	979	2,423	2,959
	小牧北工場から名古屋誘導推進システム製作所（名誘）に名称変更				
2002年	PW6000（A320用）にRSP契約で参画	7.5%	-	-	30
2005年	Trent1000（787用）にRSP契約で参画	7.0%	-	-	44
2005年	GEnx（主に787向け）の下請生産		-	-	214
2008年	PW1200G（MRJ用）にRSP契約で参画		-	-	-
	名誘の第5工場に民間機用エンジン事業を集約				
2009年	TrentXWB（A350XWB用）にRSP契約で参画	7.0%	-	-	-
2011年	PW1100G-JM（A320neo用）にRSP契約で参画	2.0%	-	-	-
2014年	三菱重工航空エンジン（株）を事業会社として発足				

注：エンジン運航数はJet Information Servicesのデータから筆者が推計した（山崎，2017，p. 76）．「CF34-8」はCF34-8/10（CF34-3を除く）で，「RB-211-524」はそれ以前の型を含まない．
出所：三菱重工業（2013a），pp. 3，5ページ．佐藤他（2013），p. 29．参画比率は日本航空機開発協会（2017），p. Ⅷ-28を，Trent XWBの参画年は『日経産業新聞』2009年1月21日付と2009年1月8日付を参照した．

（3）三菱重工業による燃焼器モジュールの供給

三菱重工業が民間航空機エンジン市場で成長する契機は，V2500の参画に加えて，エンジン燃焼器と低圧系に特化して，1989年からP&W，2005年からRRの事業に参画したことであった．**表5－3**に，三菱重工業の名古屋誘導推進システム製作所（名誘，愛知県小牧市）における民間航空機エンジン事業の歩みを示す．名誘の2014年度の生産高2003億円のうち，60％がミサイル，20％が民間航空機エンジン，12％が防衛省向けの官需エンジン，8％が宇宙エンジン・機器であった（三菱重工業，2015，p. 2）[15]．

①P&W及びRRエンジンの燃焼器製造

三菱重工業は，1983年にV2500の合弁事業に3.45%のシェアで参画した後，1984年にはP&WのJT8D-200に参画比率3%のRSP方式で参加し，1989年にはP&WのPW4000にRSP方式で参画した．PW4000の参画比率は，当初の1%から1991年には5%，1993年には10%に引き上げた[16]．三菱重工業が燃焼器に特化したのは，参画比率を10%に引き上げ，P&Wが三菱重工業との間でPW4000の燃焼器の戦略的な移管に合意してからであった[17]．同じ1993年からは生産時間（フロータイム）の短縮を目標に，部品の一個流しや作業者の多工程持ちを徹底して生産効率の改善にも取り組み，防衛庁向けの生産体制からの転換を進めた（『日経産業新聞』1996年2月29日付）．

P&Wは，コネティカット州ハートフォードで民間航空機の燃焼器を製造したが，軍用エンジンやP&Wカナダの小型エンジンを除き，PW6000（2002年参画）やPW1200G（2008年参画）を含む民間航空機エンジンの燃焼器の製造を三菱重工業に任せることを決めた．燃焼器は，外径側はケース（gas generator casing），内径側は燃焼筒と燃料ノズル，着火器（igniter）から構成され，さらに燃焼筒は上端部のドーム（dome）と円環部のライナ（liner）から構成される（吉中，2010，p. 138）．三菱重工業はこれら部材の製造とともに，PW1100GやPW6000では燃焼器モジュールを組み立てるモジュール・パートナーとなった．

三菱重工業はP&Wとの結びつきの中で成長したが，次の転機は2000年代半ばに訪れた．787向けにGEがGEnx，RRがTrent 1000を開発する一方で，P&Wは対抗するエンジンの開発を断念した．P&Wを傘下にもつUTCのCEOであったデイビッド（George David）は，「P&Wはそのエンジンのために事業を立ち上げることはできなかった」と2005年9月の投資家向けカンファレンスで発言した（Reed, 2005, p. 94）．そのため三菱重工業は，2005年にRRのTrent 1000，続いて2008年にTrent XWBにそれぞれ7%の比率で川崎重工業とともに参画した．

②燃焼器の生産技術と生産能力の拡張

三菱重工業の担当分野では，燃焼器の特性に応じた生産技術が求められた．Trent 1000の燃焼器ケースは，運転中に高圧に耐えながら，熱膨張する後部では耐熱性も求められる．そのため，アメリカの鍛造メーカーからニッケル基の耐熱合金を調達し，リング状の鍛造材が削り出される．

V2500で三菱重工業が製造するライナは，1mm 未満のニッケル合金板を板金，溶接してドームと一体構造になり，内側は燃焼するため耐熱性や耐酸化性が求められる．表面にはレーザー加工機で大小数千の穴を空け，圧縮機から抽気した圧縮空気が通過することでライナ等の壁を冷却したり，燃焼ガスを希釈することで燃焼ガス温度を一様にする（吉中，2010，pp. 140-141）．燃焼器の冷却効率を上げるために，空冷用の穴は増大傾向にあり，Trent XWB では穴の数が従来の20倍以上に増え，それにともなって加工時間と納期の短縮が課題とされた．そこで2015年，三菱重工業は高速回転するプリズムを用いて，直径1mm 以下，厚さ1～3mm の穴を従来の9分の1となる2秒で加工する技術を開発した（『日経産業新聞』2015年9月17日付）．三菱重工業の担当ではないが，GE90では，冷却空気の流れが燃焼室の金属壁に均一に広がるように，流れに小刻みな抵抗を与えるため，レーザー加工によって正確な角度で数十万の微細な穴を燃焼室ライナに空けている（Gunston, 1997, p. 31, 邦訳，p. 40）．

ところが，三菱重工業は，参画するエンジン・プログラムが増えて RR のエンジンが787や A350向けに大量の受注を抱える一方で，既存の名誘の工場では生産能力を拡張する余地がなかった．そこで2014年10月，三菱重工業89%，日本政策投資銀行10%，IHI から1％の出資を得て，民間航空機向けのエンジン事業を分社して三菱重工航空エンジン（愛知県小牧市）を設立した．2015年1月時点で名誘では年間約15万枚のブレードの生産能力をもったが，IHI に生産委託して，相馬工場の専用ラインで最大年間15万枚を生産することになった．さらに放電精密加工研究所の愛知県内の工場にも生産委託をし，自社と生産委託を合わせて全体で45万枚の生産能力を目指した（『日本経済新聞』2014年12月27日付，『日経産業新聞』2015年1月23日付）．

③燃焼器の中核技術としての燃焼効率と排ガス対策

三菱重工業は，燃焼器や低圧タービンに特化し，P&W のほとんどのプログラムと RR と GE のいくつかのプログラムで欧米企業のパートナーとなり，部品供給からモジュール組立にステップアップし，生産規模を拡大させた．

しかし，三菱重工業が主に担当するのは燃焼器の製造であり，欧米企業は燃焼の中核技術である燃焼ノズルや着火器は日本企業に外注していない．燃焼ガス温度を一様にするために，燃料ノズルは小型エンジンでも12個，大型エンジンでは30個程度つけられ，ドームの中心部に燃料ノズルの出口部が位置する．

高圧状態の液体燃料は，気化されて70〜120度のスプレー角で燃焼筒内に噴霧され，圧縮機からの高圧空気と急速に混合される．噴霧の際には，燃料の粒が小さく，また空気中の酸素と混合するほど燃焼効率がよくなる（吉中，2010，pp. 138–139）．

燃焼器の開発では，燃焼効率とともに大気汚染物質の低減が求められ，汚染物質の排出を抑えるためには燃焼の技術が鍵を握る（第2章第1節）．欧米企業が燃焼技術に取り組む一方で，三菱重工業が特化する燃焼器の生産技術の技術開発上の焦点は，耐熱性など要求性能を満たした上で生産性を高めることにある．その意味では，高圧圧縮機や高圧タービンのブレードがほとんど外注されず，日本企業が担うのはファンや低圧圧縮機や低圧タービンが多いのと同様に，燃焼器でも中核の燃焼技術は欧米企業が担っている．

3．国際分業における欧米企業の主導性

日本企業が民間航空機エンジン事業で成長する過程は，欧米企業にとっては日本企業がエンジン完成品のライバル企業になることを阻みながら，自らの技術競争力を支える国際分業に組み込むプロセスとみることができる．国際分業の中で，欧米企業は主導的役割を担い，それを決してサプライヤには任せない．以下，欧米企業の主導性を，製品群，担当部位，開発と販売のプロセスの視点から検討する．

（1）製品群別にみた契約形態——大型エンジンと中小型エンジン

表5-4に，欧米企業のプログラムで日本企業が担当する部位や参画比率，参加年を示す．日本企業は，推力10トン未満から40トン超の全製品群のプログラムに参画し，中小型では20〜30%という高い比率のRSP契約や合弁事業の形態で深く関与する一方で，大型では10%程度の参画比率のRSP方式にとどまる．

GEの推力10トン未満級のリージョナルジェット用CF34にはIHIが30%の比率で参画し，P&Wの推力10トン級のV2500やPW1100Gにはフル・パートナー方式で日本企業として23%の参画比率である．しかし，P&Wの推力20〜40トン級のPW4000では，三菱重工業と川崎重工業の参画は合計で11%である．GEのGEnxやGE90，GE9Xといった推力30トン以上の大型エンジンで

表5－4 日本企業が参画する欧米企業の民間機エンジン・プログラム

		GE			IAE		P&W			RR				
搭載機種		777 A330	CRJ ERJ	787	A320	A320neo	DC9 737他	777 A330	A320	L-1011 747	777 A330	A340	A380	787 A350
engine		GE90 GE9X	CF34-8/10	GEnx	V2500	PW 1100G	JT8D -200	PW 4000	PW 6000	RB211 -524	Trent700 Trent800	Trent 500	Trent 900	Trent1000 TrentXWB
最大推力		40t 超	10t 未満級	30t 級	10t 級	10t 級	10t 未満	20-40t 超	10t 級	20t 級	30-40t 超	20t 級	30t 級	30-40t 超級
型式承認取得		1995 2020	1999	2008	1988	2014	1979	1986	2005	1988	1993 1995	2000	2004	2007 2013
日本参画年		1990 2016	1996	2005	1983	2011	1984	川崎1985 三菱1989	2002	1988	1988 1990/92	1998	2003 (丸紅)	2005 2009
運用数	1993年	-	-	-	260	-	2310	979	-	894	-	-	-	-
	2004年	318	2464	-	2154	-	2450	2423	-	1013	656	216	-	-
	2012年	1338	3112	214	4622	-	1736	2959	30	630	1442	512	192	44
ファン			blade disk (-8) (石)		module blade (石) case (三 川)	case/blade (石) disk (川)								
圧縮機	低圧				disk/blade (川) bleed duct (三)	disk blade (石 川)		vane (川)			disk (石)	drum (川)	case (川)	module (川)
	高圧		blade (後段) (石)	blade vane (後段) (石)				case (三)						
燃焼器				case (三)		module (三)		(三)	module (三)					(三)
タービン	高圧				case (三)		case (三)							
	低圧	blade/disk (石)	module (石)	module (石) disk (三) (6-7段)	disk (三)		case blade (三)	case (川) disk/blade (三)		disk case vane (川)	blade (石) disk/case (川)	blade (石)	blade (石)	blade (6段) (三)
シャフト(低圧)		(石)	(石)	(石)	(石)	(石)		サブコン (石)			(石)			

参画比率	IHI（石）	8.7% 10.5%	27%	15%	13.75% (59.8)	15% (65)		-		（5%）	（5%）	5.5%	サブコン	
	川崎重工業	-	3%	-	5.8% (25.2)	6% (26)		1%		3%	2.7%（700）4%（800）	5%	サブコン	8.5%(1000) 7% (XWB)
	三菱重工業		-	（2%）	3.45% (15.0)	2% (9)	3%	10%	7.5%		-			7%
	計	8-10%	30%	15%	23%	23%	3%	11%	7.5%	3%	2.7-4%	11%		14-15.5%
他の partner		Avio GKN	-	Avio Safran	P&W/AEI MTU	P&W MTU		-	-		BMW 他	ITP Avio		ITP
備考			川崎が gearbox		JAEC で23% Joint Venture							丸紅 10%	丸紅 14.5%	

注1：RR のエンジンは，「ファン」が低圧圧縮機，「低圧」が中圧圧縮機と読み変え，タービン部分は「低圧」に低圧と中圧タービンを含めている．blade は動翼，vane は静翼，羽を取り付けるのが disk であるが，川崎重工業や三菱重工業で vane と呼ばれる静翼は IHI では nozzle と呼ばれる．

注2：エンジン運用数は Jet Information Services のデータを参考に筆者が推計した（山崎，2017，p. 76）．「CF34-8」の運用数は CF34-8/10（CF34-3を含まない），「RB-211-524」もそれ以前の型の運用数は含めていない．

注3：「石」は IHI，「川」は川崎重工業，「三」は三菱重工業を意味する．

出所：分担部位は日本航空機開発協会（2017），p. Ⅷ-28，JAEC 提供資料（2013年2月21日），JT8D は『日本経済新聞』1984年4月18日付．型式承認取得年は日本航空宇宙工業会（2015），p. 77，PW6000は EASA の取得年（http://www.pw.utc.com/Content/Press_Kits/pdf/ce_pw6000_pCard.pdf，2018年4月4日閲覧）．「他の partner」は日本航空宇宙工業会（2017），pp. 10-11，GE 関連は IHI（2007），p. 137，『IHI プレスリリース（2010年6月17日）』（https://www.ihi.co.jp/ihi/all_news/2010/aeroengine_space_defense/2010-6-17/index.html，2018年5月5日閲覧）より．

は，IHI や三菱重工業の参画比率は最大でも15%の RSP 方式である．

欧州企業の RR は中小型の事業を縮小し，大型エンジンに資源を集中している．RR が1995年に開発したリージョナルジェット用の AE3007は旧式化して後継エンジンを開発しておらず，推力10トン級の V2500の合弁事業からは2012年に撤退した．推力20～40トン超級の Trent500/700/800/900/1000/XWB には日本の３社が参画するが，参画比率は合計しても最大15.5%である．

したがって，日本企業は大型エンジンと比べて中小型エンジンで参画形態，参画比率ともに高い水準で参入している．つまり，GE と RR は大型エンジンで新機種を開発しながら，日本を含む各国企業を RSP 方式などで国際分業に組み込んでいる．中小型エンジンでは，RR は市場から撤退しつつあるが，GE と P&W は合弁事業や RSP 方式で日本企業や欧州企業の参画比率も相対的に高い比率で受け入れ，開発・生産をより積極的に分担している．

（2）担当部位にみる主導性――中核技術としてのエンジンコア

担当部位からみると欧米企業は高圧・高温系のエンジンコアを決して手放さず，日本を含むその他のメーカーは周辺的な技術を担当する．

川崎重工業は中圧圧縮機に特化している．RR の低圧タービン（RB211や Trent 700/800のディスクやケース，ベーン），RR の中圧圧縮機（Trent 900のケース，Trent 500のドラム，Trent 1000/XWB のモジュール組立），IAE と P&W のファン及び低圧圧縮機（V2500，PW1100G，PW4000）を担っている．

IHI は，低圧系のタービンと圧縮機のブレード，シャフトに特化している．IHI は，GE や RR の低圧タービン（GE90，GEnx，CF34，Trent500/700/800/900）と中圧圧縮機（Trent700/800）のブレードやディスク，IAE（V2500，PW1100G）のファン及び低圧圧縮機と低圧シャフト，低圧タービン（GEnx，CF34）やファン（V2500）のモジュール組立を担当する．

三菱重工業は，欧米３社の燃焼器（GEnx，PW1100G，PW4000，PW6000，Trent 1000/XWB）や低圧タービン（GEnx，V2500，PW4000，Trent 1000/XWB）のブレードやディスクに特化している．PW1100G と PW6000では，燃焼器モジュールの組立を担当している．ただし，三菱重工業は製造に特化し，燃焼効率や排出ガスの抑制で鍵を握る燃焼技術の開発は欧米企業が担当している．

ジェットエンジンの技術は複雑・高度であり，型式承認にともなう作業や品質管理システムも厳しくチェックされることから，ある部位を担当すると，次のプログラムでも類似の部位を担当しやすくなる.「一度，民間エンジンでその部位を経験すると，その経験値が，やっていないメーカーに比べると圧倒的に差がつく……次の開発も同じ部位をやろうと思って，設計もより高度化するような研究開発を各社が続けるので，技術的にも先行優位の立場になる」(日本航空機エンジン協会におけるヒアリング調査〔2016年2月5日実施〕，以下，2016年JAEC調査と省略）のである.

したがって，エンジンの担当部位には「参入障壁があり，OEM（GE，P&W，RR）はエンジンのコア部分，高圧圧縮機，燃焼器，高圧タービンへの部分的な参入は許すが，基本的には全部自分たちでやるというスタンスである．……OEM ＝コアのマニュファクチャラーというのが基本的な構造である」(2016年JAEC調査)．第3章で述べたように，エンジンメーカーにとってエンジンコアは開発と製造で高度な技術が必要になるだけでなく，ブレードの交換などアフターマーケットで高い利潤を生みだす収益源でもある.

(3) 開発と販売のプロセスにみる主導性

民間航空機エンジンの開発は，概念設計，基本設計，詳細設計，試験運転，飛行試験，エンジンの型式承認，航空機の認証取得，運航という段階を経る．PW1100Gでは，詳細設計が2011年4月，エンジン初号機試験（First Engine to Test: FETT）が2012年11月，飛行試験が2014年9月に始まり，型式承認は2014年12月，搭載機であるA320neoの型式証明は2015年11月に取得され，2016年1月に就航した（2016年JAEC調査)．このプロセスでは，概念・基本設計という初期設計段階と，試験運転と型式承認というシステム統合段階，アフターマーケットの段階で欧米企業であるGEとP&W，RRの主導性がみられる.

①概念設計と全体設計における欧米企業の主導性

第1に，概念設計や全体設計は欧米企業が担い，日本企業は関与していない．概念設計では，仕様を設定したり，燃費などの性能を達成するためにファンや圧縮機，タービンの段数などエンジンの基本的な要素を設定する．それにもとづいて，エンジンの断面図レベルの情報や，モジュールの入口と出口の境界条件（インターフェス)，温度や圧力の条件を決める．この段階は，P&Wはコネティカット州ハートフォード，GEはオハイオ州シンシナティ，RRはイギリスのダービーを拠点とする（2016年JAEC調査).

エンジンの全体設計を担うのも欧米企業である．エンジン全体の設計は，個々の部品やモジュールの設計がアップデートされるたびに見直され，最終的には全部品，モジュールの詳細設計の結果を反映する．全体の設計は，エンジン全体システムとエンジン全体構造に分けられる．まず，エンジン全体システムとしては，詳細設計にもとづいて試作された部品やモジュールのリグ試験，エンジン試験の結果を反映して，エンジン性能，エンジン各部冷却空気設計，オイルシステム，エンジン制御システム等を更新（アップデート）する．次に，エンジン全体構造として，詳細設計の3D モデルを組み合わせて，エンジン全体の3D モデルを作成する．これにもとづき，エンジン全体の振動や剛性解析を実施する．たとえば，ファン・ブレードが破断した場合のエンジン全体の挙動を解析で求め，エンジン各部の強度を確認する．強度が不足する部品は，その部品の詳細設計に立ち戻って設計変更する．このような繰り返し作業を，最終的に詳細設計が固まるまで継続する．エンジン全体設計は，個々の詳細設計結果をとりまとめて，エンジン全体としての性能，構造強度を満足させる作業なのである（日本航空機エンジン協会から電子メールで得た回答〔2018年４月25日受信〕）．

②担当部位の設計における日本企業との分担

第２に，RSP 契約を結ぶ日本企業は，担当する部位やモジュールの基本設計を欧米企業と共同で担当し，ある程度，基本設計が進むと，詳細設計を日本国内の日本企業の拠点で行なった．

Trent 1000では2004年10月の段階で三菱重工業が10人，川崎重工業が12人の設計技術者を RR の主力工場であるダービーに送り，Trent XWB でも中圧圧縮機を担当する川崎重工業が，2008年12月に約10人の設計技術者を基本設計の段階から派遣した．Trent 1000では，RR は航空輸送企業である全日本空輸の技術者も受け入れ，ユーザーの立場から，部品の交換のしやすさなど整備面の要求を取り入れた（『日経産業新聞』2004年10月25日付及び2007年10月18日付，『日本経済新聞』2008年12月27日付）．

ただし，すでに開発が進んでいる場合は基本設計には参加せず，自らが担当する詳細設計から参加することもある．三菱重工業が1993年に PW4000への参画比率を10％に高めた際に，PW4000-94inch と PW4000-100inch はすでに量産段階にあり，担当部品移管計画を設定して約１年をかけて P&W からの移管を進めた．一方で，PW4000-112inch は新たに開発を行い，詳細設計の段階では

P&W や RSP 契約の MTU との性能や重量，コストをふまえた設計協議に参画し，詳細設計に反映させた（鈴木洋一，2000，p. 374）．

なお詳細設計では，基本設計では決めなかったことを決め，また決まっていたことでも必要に応じて変更する．たとえばエンジンのファンケースにフランジを取り付ける場合，ボルトの孔の位置を三次元的に決めなければならない．その位置情報は，基本設計の段階では決めておらず，詳細設計時に決定して開発メンバーの間で共有する．また，使用する材料が指定されていても，コストや耐久性をふまえて詳細設計で最終的に決定する．ブレードの結晶構造が単結晶か一方向凝固かということも詳細設計で決定する（日本航空機エンジン協会から電子メールで得た回答〔2018年４月25日受信〕）．

詳細設計の過程では何度か設計変更を行う．最初は最低限の耐久性を有するものを設計して性能を確認する．続いて耐久性や寿命をふまえて軽量化も追及する設計を行う．さらにエンジン試験結果等を反映し，ブラッシュアップさせた型式承認形態となる．型式承認後も，コストや組み立てやすさなど，量産形態に向けて段階的に設計変更をする（2016年 JAEC 調査）．

こうして設計した３次元の図面データは，３次元 CAD を通じて欧米企業と日本企業の間で共有し，組立時の干渉も確認する．ボーイングの機体設計では３次元 CAD のソフトウェアとして CATIA を利用するが，エンジン設計ではシーメンスの NX を利用する．

③性能開発と型式承認における欧米企業の主導性

第３に，設計作業と並行して行う性能開発でも，欧米企業が主導的役割を果たす．性能開発は，要素試験，圧縮機・燃焼器・タービンを組み合わせたガス発生機試験，フルエンジン地上試験，高度試験装置による疑似高度試験，飛行試験という段階を経る（吉中，1990，p. 223）．

このうち日本企業が担当するのは主に要素試験であり，詳細設計の前に終わるよう計画する（2016年 JAEC 調査）．ファンや圧縮機，タービン，燃焼器をエンジンに組み込んでからでは，それぞれの要素性能がつかみにくいため，要素試験ではタービン円盤の破壊試験，圧縮機及びタービン翼の振動及び寿命試験を行う（吉中，1990，p. 222，吉中，2010，pp. 242–243）．

要素試験以降の性能開発は，モジュールを組み合わせた試験になるため欧米企業が主導する（2016年 JAEC 調査）．高温高圧の燃焼ガスを発生させる中核的なモジュール（core module）である圧縮機，燃焼器，タービンを組み合わせたガス発生機の試験では，圧縮機とタービンのマッチング，そして次の段階の試験で機械的なトラブルが起きないことを確認する．フルエンジン地上試験では，開発中の試験の大部分を行う（吉中，2010，pp. 248-249）．

第4に，したがって型式承認のための試験や報告書の作成も，欧米企業が中心になる．エンジンの型式承認のためには，連邦航空規則（Federal Aviation Regulation: FAR）の耐空性（第33条）や，排気（第34条），騒音（第36条）といった環境性，航空機の推進用サブ・システム（乗客20人以上の固定翼機は第25条）に関する証明をしなければならない．そのために，上記の各種試験を行なってからレポートを書く（吉中，2010，pp. 239-240）．

ここで重要なのは，多くの部品とシステムから構成されるエンジンのシステム統合である．ハードウェアとしてみると，モジュールや部品相互のインターフェスをすり合わせたり，エンジン全体の振動やファンブレード・アウト時の影響を解析するなど，全体をまとめることがエンジンメーカーには求められる．さらに，電子化が進む中で，FADEC（Full Authority Digital Electronic Control: 全デジタル電子式エンジン制御装置）を中心に，ソフトウェアによってシステム統合がなされる．かつてのFADECの役割は燃料のコントロールが基本であったが，今日では数十種類の補器や機器をまとめて制御し，機体側と通信することが求められる．これらのシステム統合を行い，型式承認を取得して確実に飛行できるようにするのはエンジンメーカーの役割である（2016年 JAEC 調査）．エンジンの型式承認を取得し，航空機メーカーが航空機の認証を取得すると，航空輸送企業の商業運航が始まる．

④プロダクトサポートにおける欧米企業の主導性

第4に，エンジン販売後のプロダクトサポートでも欧米企業が主導性をもつ．就航後は一定の頻度で交換部品を販売したり，修理，整備にともなうプロダクトサポートを行わねばならない．交換部品の販売は基本的には分担生産する部位で発生するが，交換頻度が高いエンジンコアは基本的には欧米のエンジンメーカーが担当している．また，第3章で論じたように，アフターマーケットでの収益を確実にするために，エンジンメーカーは包括的整備契約で交換部品市場を囲い込んできた．

4．航空機産業の二重の参入障壁

本章では，日本企業が航空機エンジンのサブ・コントラクタからモジュール・パートナーへと担当範囲を広げながらサプライヤとして段階的に成長する一方で，中核領域で主導的役割を担う欧米企業は，有力企業を階層的な分業構造に組み込んで自らの技術競争力の基盤を強化すると同時に，競合企業としての市場参入を阻止していることを明らかにした．

第1に，欧米企業にとって，日本企業がサブ・コントラクタからモジュール・パートナーへと段階的に成長したことは，優れた技術をもつ日本企業を自らの国際分業に組み込み，技術競争力を強化することにつながった．

日本企業は，当初は主に貸与図によるサブ・コントラクタだったが，1980年代半ばから承認図によるRSP方式の部品パートナーから結合部品パートナー，モジュール・パートナーへと段階的に成長し，担当する部位を中心に設計・開発能力を蓄積した．市場の拡大という条件のもとで，生産工程の改善とともに参画比率，生産規模，生産設備を段階的に拡張してきたのであった．

V2500では，日本企業はファンや低圧圧縮機，タービンを中心に部品を供給し，IHIはファンモジュールを担当した．後継のPW1100Gでは，三菱重工業が燃焼器モジュールを担当した．個別には，川崎重工業は，RRのサブ・コントラクタに始まり，RSP方式による中低圧圧縮機の部品生産から結合部品としてのドラム，そして中圧圧縮機モジュールを供給する．三菱重工業は，P&Wによる事業移管を契機として燃焼器生産に特化し，GEやRRとの関係も築きながら部品供給を経て燃焼器モジュールを担当する．IHIは，RRやP&Wのサブ・コントラクタとなる一方で，小型から大型までのGEエンジンに8～27%のRSP方式で参画し，低圧タービンモジュール組立やブレードの供給を担当する．

製品群別には，中小型エンジンで合弁事業の形態がとられる一方で，利益率の高い大型エンジンはRSP方式にとどまり，日本企業の参画比率も高くない．日本企業が高い比率で参入できているのは量産の中小型エンジンなのである．

第2に，航空機エンジンの技術的な特性からは長期継続的取引関係が有効であり，参入した日本企業が特定の部位で技術を蓄積し，型式認証のプロセスにも習熟することで欧米企業の国際分業を支えた．未参入企業にとってみれば参入障壁が形成されたとみることができる.

航空機エンジン生産では，複雑で高度な部品を数百から数千の規模で生産する必要がある．そのため，日本企業は相対的に難易度の低い部品の開発・製造から参入し，次第に同じ部位の類似部品や結合部品の開発・製造にも関与して技術を蓄積し，モジュール全体を担当するまでに成長した．いったん航空機産業に参入すると，担当箇所で技術を改良，成熟させたり，就航後の不具合に対応する経験値を蓄積し，類似の部位を担当するサプライヤは研究開発を継続し，技術的にも先行優位の立場に立てるのである.

また航空機生産では，すべての設計図面が航空規則の要件を満たし，厳しい耐空性や安全性，環境性を満たして認証を取得しなければならない．独特の認可・証明のプロセスが存在し，欧米企業は新たなプログラムでも既存のサプライヤに類似部品の分担を打診し，長期継続的な関係を形成している．部品をつくれるだけではサプライヤとしての参入も難しいのである.

第３に，欧米企業は中核的な技術であるエンジンコアは自らが担当し，日本企業には周辺的な技術を担当させることで主導的立場を維持している.

高圧圧縮機，燃焼器，高圧タービンから構成されるエンジンコアは，圧力や温度条件が厳しく，エンジンの性能を左右する重要な部位である．同時に，エンジンコアはアフターマーケットにおける収益源でもある．そのため，日本企業は主に低圧系の部位を担当し，欧米企業は高温高圧系のエンジンコアを担当する．エンジンコアの中でも三菱重工業が燃焼器製造を担うこともあるが，燃焼効率や排ガス対策に関わる燃焼技術の開発は欧米企業が担う.

航空機産業における参入障壁は，サプライヤの段階での参入障壁と，完成品市場の段階での参入障壁という２つの意味で理解する必要がある.

第４に，開発と販売のプロセスにおいて，概念・基礎設計という設計の初期段階と，試験や型式承認というシステム統合段階，アフターマーケットの段階で欧米企業は主導性をもつ．エンジンメーカーの技術競争力の源泉は，エンジンの開発・生産・運用・整備を通じた経験や実績，技術の蓄積にある．それらをふまえて安全性と経済性を考慮する設計を行い，中核技術を含むすべての部材に設計思想を反映させ，最終的に部品やシステムを統合，組み立てる．その意味では，国際分業のパートナーは，エンジン全体からみれば一部分の開発・製造を担当し，その範囲での技術的蓄積を得られるに過ぎず，エンジンメーカーに対置するのは容易ではない.

ある技術をつくれるということと，安全性や経済性をふまえて設計・開発・生産し，また運用・整備してその技術の確実性を実証することは別の話である．その確実性を裏付けるための型式承認を認めるのは欧米の航空当局であり，長期にわたって欧米企業は航空当局と協力しながら型式承認を取得して技術を蓄積してきた．

注

1）RJ500のために日英は，1980年にRolls-Royce & Japanese Aero Engines LTD（RRJAEL）を設立した．アヴィオは1996年にIAEを離脱してRRのサプライヤとして部品を供給した．RRは2012年６月にIAEを離脱し，そのシェアを取得したP&W AEI（P&W Aero Engines International，アメリカ国内税法の関係からスイスに設立）のサプライヤとして部品供給を継続した．結果，P&W AEIが33.5%，UTC（P&W）が32.5%，JAECが23%，MTUが11%の参画比率となった（日本航空宇宙工業会，2015，pp. 131-132，日本航空機エンジン協会，2011，pp. 4-5，12-13，17，松木2000，p. 348，UBM, 2013, p. 43）．

2）V2500エンジンでは，コスト見合い部分は，開発当初の為替レート（日本円は１ドル233円）を基礎に５カ国で為替変動を吸収したが，1995年の急速な円高に対してP&Wからクレームがつき，収益見合い部分と同様に，基本的にはドル建ての収益配分に変更された（IHI, 2007, p. 134）．

3）IHIの社名は1960～2007年は石川島播磨重工業だった．1969年に川崎重工業，川崎車輌，川崎航空機工業が合併したのが川崎重工業，1964年に新三菱重工業と三菱造船，三菱日本重工業が合併したのが三菱重工業である．2014年に民間航空機向けのエンジン事業が分社され，三菱重工航空エンジンが設立された．

4）2016年度のカンパニー別の売上は，モーターサイクル＆エンジン（3130億円），航空宇宙（3299億円），ガスタービン・機械（2419億円，ジェットエンジン事業が所属），プラント・環境（1608億円），精密機械（1552億円）車輌（1371億円），船舶海洋（1032億円）だった（川崎重工業，2017，p. 13）．

5）エンジン部品やファンケースなど約50品目を10年間にわたって生産する契約だった（川崎重工業，2013b，p. 14，『日経産業新聞』1982年11月27日付，『日本経済新聞』1980年１月17日付）．

6）川崎重工業西神工場におけるヒアリング調査（2013年４月16日実施）及び川崎重工業（2008），p. 7より．Trent 1000の圧縮比は50対１以上であり，地上では圧力容器として50気圧に耐えながらケースの厚さは数ミリ程度におさえねばならない．ブローチ加工は，荒加工，中仕上げ，仕上げと複数回の加工が連続的に実施されるが，難削材であるチタンの加工に時間がかかることに加えて，一定枚数の加工後に刃物の研磨や交換が必要になる．ディスクおよそ20枚分を加工したら再研磨し，７～８回の再研磨でブローチ加工に用いる刃物は廃棄される．ドラム溶接では，軸がずれないように溶接加工前は各段の芯を合わせ，加工時はさえ込みながら溶接する．中圧圧縮機モジュールはバレル缶１杯分の空気を0.01秒でコップ１杯分に圧縮できるパワーをもつ．

7）IHI において，2016年度の売上高１兆4863億円のうち航空・宇宙・防衛事業セグメントは31％（4719億円）であり，その大半を航空エンジンが占めた．航空エンジンにおける防衛と民間の割合は，1990年代から民間の割合が徐々に増え，2005年頃に民間の売上高が防衛を上回った（IHI, 2017, pp. 7, 13, 14, 須貝，2015，p. 6）．

8）1970年に RR と TF40（T-2練習機や F-1戦闘機），1978年に GM のデトロイト・ディーゼル・アリソン事業部（DDA）と T56（P-3C 対潜哨戒機），1978年に P&W と F100（F-15戦闘機）の技術提携契約を結んだ（日本航空宇宙工業会，2003，pp. 66-72）．

9）777用には，他社が既存エンジンの派生型を用意したのに対して，GE90は新規エンジンであったため推力増強要求に対応しやすかった（館野，2000，p. 365）．

10）『日本経済新聞』2001年７月３日付，『日経産業新聞』2004年10月26日付及び2007年５月28日付．IHI 相馬工場におけるヒアリング調査（2013年９月２日実施）及び，電子メールによる IHI の回答（2018年４月12日受信）より．2013年現在，相馬第１工場では年間約80万枚のブレードを生産，年間目標は100万枚とされた（IHI, 2013a, p. 12）．

11）この素材は GEnx にも用いられた（堀部他，2003，pp. 166-167）．大同特殊鋼は IAE の V2500 や P&W の JT9D，PW4000，PW2000，RR の RB211，Trent800，Trent700，Trent1000，GE の GE90，GEnx，Passport20のシャフトを供給する．

12）一般に加工する部品は長いほど精度を保つのが難しくなり，加えて，シャフトには陸上機械に比べて３～５倍の加工精度が必要になる．しかも，「中空になっている内側の肉厚は必要に応じて削られており，複雑な曲線を描いている」（『日経産業新聞』1992年３月17日付）．IHI では，従来は手作業で行なったシャフトの塗装工程を自動化し，熟練工が１日に２本程度しか塗布できなかったものが１本２時間程度に時間を短縮できた（IHI, 2013b, pp. 21, 23）．

13）『日経産業新聞』1986年10月30日付，『日本経済新聞』1990年７月17日付，依田他，2009，pp. 127-128及び2013年２月21日に実施した大同特殊鋼渋川工場におけるヒアリング調査．1988年に開発が始まった RB211-524L は，1989年に Trent700と命名された（Gunston, 1997, p. 196, 邦訳，p. 277）．

14）PW1100G は GTF（Geared Turbo Fan）であり，IHI がファンケースと SGV（Structural Guide Vane），Front Center Body，低圧圧縮機をサブ組立し，P&W の Fan Drive System と組み合わせてファン・モジュール部になる（日本航空機エンジン協会による電子メールの回答〔2018年４月５日受信〕）．IHI では，瑞穂工場で低圧圧縮機部モジュールの組立，相馬第１工場で SGV，相馬第２工場で低圧圧縮機の IBR（Integrated Bladed Rotor），呉第２工場でシャフトと大型部品の製造，IHI エアロスペース富岡事業所でファンケースモジュールの製造・組立の体制を整えた（https://

www.ihi.co.jp/ihi/all_news/2015/aeroengine_space_defense/2015-5-27/index.html, 2018年４月２日閲覧).

15)　三菱重工業の2016年度の売上高３兆9140億円は，ドメイン別でエネルギー・環境（１兆4704億円），交通・輸送（5153億円），防衛・宇宙（4706億円），機械・設備システム（１兆4380億円）だった（三菱重工業，2017，pp. 4，11，30）.

16)　『日経産業新聞』1996年２月29日付，『日本経済新聞』1992年４月11日付．JT8D-200では，三菱重工業はP&Wの技術，販売力の使用料（「のれん代」）として十数億円を支払った．分担比率はMTUが11％，ボルボ６％，三菱重工３％だった（『日本経済新聞』1984年４月18日付）.

17)　鈴木（2000），p. 375,『日経産業新聞』1993年５月11日付．この後，三菱重工業は大型エンジンの燃焼器の研究開発も始めた（長谷川・島内，2000，p. 390）.

第6章 航空機システムの一括外注化と株主利益の重視

冷戦終結後のアメリカのITや電機・電子産業では，生産過程を外注化し，研究開発などの川上工程と販売やアフターサービスなどの川下工程，いわゆる「スマイルカーブ」の高付加価値部門に特化する傾向がみられる（井上，2008, p. 15, Ernst, 2000, pp. 100-20）．航空機産業でも，1990年代以降は，航空機システムを一括して外注化し，1次サプライヤが機器だけではなくシステムを一括受注する傾向がみられる．

ここで，航空機生産において，複数のサブシステムを1つにまとめ上げるシステム統合を担当し，それぞれの機能が正しく働くように完成させるメーカーをシステム・インテグレータ（systems integrator）と呼ぶ．システム・インテグレータに対して，1次サプライヤのレベルでサブシステムを一括受注するメーカーをシステム・サプライヤ（system supplier もしくは systems supplier）と呼ぶ[1)]．多くの場合，最終組立を担当する航空機メーカーがシステム・インテグレータとなる．

本章では，ボーイングが，基本設計と中核技術の開発，システム統合で主導的役割を担うシステム・インテグレータとして技術競争力を獲得したことを明らかにする．その一方で，新自由主義政策のもとでの市場の要求や短期的な株主利益を重視する経営方針が，コスト抑制の手段としての外注化を促進し，人員の削減・流出が重なってトラブル対応能力を低下させたことも明らかにする．

以下，第1節で一括外注化によってシステム・インテグレータとシステム・サプライヤが形成されたこと，第2節でシステム・インテグレータとしてのボーイングの主導的役割，第3節で過度の外注化がボーイングの技術競争力の低下を招いたこと，第4節で外注化が短期的な株主利益の重視という経営方針への転換のひとつの帰結であることを明らかにする．

1．システム・インテグレータとシステム・サプライヤの形成

1990年代から2010年代にかけてボーイングは航空機システムを一括外注化し，システム・インテグレータとシステム・サプライヤの関係を形成した．この変化は，情報処理装置の導入という技術的要因と生産コストの抑制という経済的要因によってもたらされた．

（1）ボーイングによる内製範囲の縮少と一括外注化

従来から，ボーイングは機体構造の開発・生産だけでなく，航空機全体を開発する最終組立メーカーという立場から，システムメーカーと協力しながらシステムの開発と統合も担当してきた．ところが，1990年代以降は，システムが一括外注され，ボーイングの内製範囲が縮小する傾向がみられる．つまり，サプライヤは個々の機器を含むシステムを一体的に供給するシステム・サプライヤとなり，ボーイングは複数のシステムの仕様設定と各システム納入後の機体への統合・組立を行うシステム・インテグレータに特化する傾向を示してきた（溝田，2005，pp. 13-16，ナブテスコ〔2000年10月13日実施〕及び東京航空計器〔2009年３月10日実施〕に対するヒアリング調査）．以下では，分業構造の変化を特徴づけた上で，変化の理由を分析する．

第１に，1990年代以降のボーイングは，従来よりも少数のサプライヤに対し

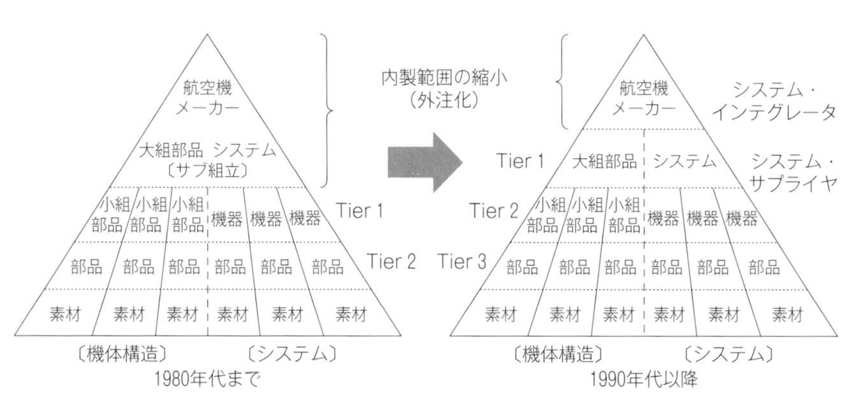

図６－１　ボーイングにおける内製範囲の縮小と一括外注化

出所：筆者作成．

て，より多くの発注を一括で行う傾向を示した．それによって，1次サプライヤは，従来よりも規模が大きいメガサプライヤに変化した．

図6-1に，ボーイングにおける内製範囲の縮小と一括外注化の進展を示す．システムの技術的構成は，生産工程に沿って部品，機器，システム，航空機に分類できる．ボーイングは，1980年代まではシステムの段階も内製し，自らサブ組立をしたが，1990年代以降は外注化を進めた．1996年から2003年までボーイングのCEO（最高経営責任者）を務めたコンディット（Philip M. Condit）によれば，「かつては機体や部品のほとんどを自社の工場で製造していたが，外部に任せた方がコストダウンを図れるならばどんどん外注化し，自分たちは付加価値が高い開発・設計や，最終組み立てに特化」した（西頭，2000，pp. 44-45）．

発注方法に着目すると，1980年代までは，個別の機器ごとに入札で発注先を決め，ボーイングが機器メーカーと直接に契約することが多かった．たとえば，株式会社小糸製作所は，1979年6月から1980年1月まで767の外部及び内部照明に関する10回の提案作業を行い，読書灯などで4回の受注に成功した[2]．しかし，1990年代からは，ボーイングがシステムを一括で発注し，それを受注したシステム・サプライヤが機器を2次サプライヤに発注する傾向がみられた．その結果，外注化の一方で1次サプライヤの数は従来よりも少なくなり，システム・サプライヤへの一括外注化が進んだ．

飛行制御システムでは，ナブテスコ株式会社（当時は帝人製機株式会社）が，767の飛行制御装置の動翼（補助翼，昇降舵，方向舵）を制御するアクチュエータ（駆動装置）43個のうち17個をボーイングから受注し，残りの26個は別のメーカーがボーイングと直接契約した．ところが777では，アメリカ現地法人として1976年にワシントン州に設置されたナブテスコ・エアロスペース（当時はテイジンセイキ・アメリカ）をシステム統括会社として，軍用機用飛行制御コンピュータで経験が豊富なBAEシステムズ（BAE Systems plc［英］：当時はLear Siegler Incorporated［米］）がコンピュータ関係を担当し，ナブテスコがアクチュエータを担当するチームが，飛行制御システムを共同で一括受注した．実質的には，ナブテスコがシステム・サプライヤとしてボーイングと直接契約したのである[3]．

降着システムは，着陸時や地上走行時の衝撃の緩衝，ブレーキ，ステアリング（操舵）を行うシステムであり，主脚や前脚，緩衝装置，ブレーキ，ホイール及びタイヤから構成される．767では主要な構成品である前脚をメナスコ

(Menasco Manufacturing Co.)，主脚をクリーブランド (Cleveland Pneumatic: CPC) が受注し，その他の構成品はボーイングが直接調達した．たとえば，カヤバ工業株式会社（当時は萱場工業株式会社）は，767の降着装置の7品目（ブレーキ・バルブ，アクチュエータなど）をボーイングから直接受注した[4]．

ボンバルディアの降着システムのサプライヤである住友精密工業株式会社は，リージョナルジェットCRJ-700の脚や揚降システム，緩衝機能，タイヤ，ホイール，地上走行機能を降着システムとして自社でサブ組立し，ボンバルディアの最終組立工場に納入し，リフトで持ち上げてピンでつなげば，容易に機体に取り付けられる．降着システムの分野でも，「従来のコンポーネント需要から，核となる基本コンポーネントを中心とするシステム需要へ転換」（住友精密工業，2001，p. 112）している．

ボーイングの787ではメシエ・ダウティ (Messier-Dowty，仏) がシステム・サプライヤとして降着システムを一括受注した．ボーイングでもボンバルディアと同様の方式が取り入れられたと考えられ，一括発注にともない，従来は機器が個別に納入されてボーイングの工場でサブ組立されていたものが，システム・サプライヤの工場でサブ組立されるようになった（住友精密工業に対するヒアリング調査〔2010年8月12日実施〕）．

第2に，ボーイングの内製範囲が縮小するにつれ，ボーイング単独ではなくサプライヤと共同で仕様を決定する範囲，個別の仕様の決定をサプライヤに任せる範囲，サプライヤが開発に参加する範囲が広がった．

飛行制御システムでは，ナブテスコは，777で飛行制御のアクチュエータと制御装置 (Actuator Control Electronics: ACE) 及びそのシステムの仕様書をボーイングと共同で決定した[5]．ナブテスコはシステムの仕様作成で最適設計を模索して，「アクチュエータの数量と機能，ACEの設置場所，数量，機能といった基本的なことを決めるまでに，ボーイング社と共同で長期間の検討を行った」（帝人製機，1995，p. 248）．

降着システムでは，システム内部の仕様決定でも外注化の傾向がみられた．航空機全体としては，大組部品間やシステム間のインターフェスはシステム統合の要であり，従来は降着システムと機体構造間のインターフェスの仕様はボーイングが決定してきた．しかし，1990年代以降，降着システム内部の構成機器や部品のインターフェスの仕様はシステム・サプライヤが決定し，ボーイングは関与しなくなってきた．たとえば，脚とホイールのインターフェスの仕様は，以前はボーイングが脚メーカーとホイールメーカー間の調整を行い，仕様を決めたが，その調整もシステム・サプライヤが行うようになってきた．

仕様の設定におけるボーイングの関与は，777から787にかけてさらに小さくなり，ボーイングが主導しながらサプライヤと共同で設定した方式は，2000年代には担当するサプライヤに仕様の設定を任せるように変化した．それは，ボーイングが作成してサプライヤに送る仕様書のページ数の減少にも表れた（Robison, 2022, p. 104, 邦訳，pp. 173-174）．

第3に，ボーイングによる2次以下のサプライヤ管理が，直接管理から1次サプライヤを通じた間接管理に変化する場合があった．従来，1次サプライヤだけでなくその外注先も，品質保証などでボーイングの認定が必要になることが一般的だった．しかし，1990年代以降は，システム・サプライヤから先の2次サプライヤや外注先が，システム・サプライヤの責任で管理されることもあった．その場合，システム・サプライヤはボーイングに対して外注先の報告は行うが，その決定や管理には直接ボーイングは関与しなかった（ナブテスコに対するヒアリング調査〔2010年9月7日実施〕）．

第4に，システムの一括発注にともない，従来はボーイングが行なったシステム試験も外注化された．部品や機器のレベルの試験はサプライヤが担当するが，システムとしての試験は767まではボーイングが担当していた．しかし，777ではナブテスコが飛行制御システム機器のシステム試験を担当し，ナブテスコ・エアロスペースで実施した．エアバスのA380に対抗する747-8（2011年就航）では，2006年に高揚力装置の駆動装置を株式会社島津製作所が一括受注し，油圧モーターや変速機など18品目を開発・製造し，システムの品質確認試験も担当した．ナブテスコが777の1次飛行制御装置を一括受注したのに対して，島津製作所は747-8の2次飛行制御装置を一括受注した（島津製作所に対するヒアリング調査〔2010年8月25日実施〕，『日本経済新聞』2007年11月26日付）．

（2）情報処理装置による機能統合と航空機システムの一括開発

システムの一括外注の技術的要因として，電子技術の導入によってシステムの一体性や連動性が高まり，一括開発しやすくなったことがあげられる．飛行制御システムは，検知装置，表示装置，伝達機構（ケーブル）という個別の装置の電子化，さらには情報処理装置（コンピュータ）の導入によって情報をデジタル信号で生産・処理・伝達できるようになり，システム全体が電子化・自動化された（山崎，2010，pp. 81–84）．

767の飛行制御では操縦操作がケーブルを介して機械的に伝えられたが，777では電線として利用するケーブルを介して電子信号が伝えられるフライ・バイ・ワイヤ（Fly By Wire）が本格的に導入された．それによって，「操縦席から個々のアクチュエータを操作するだけでなく，搭載コンピュータを介してすべてのアクチュエータを同時に制御し，状況に応じた最適飛行」ができるようになった．技術的には，それまで存在しなかった機器，すなわち電子信号をアナログ信号に変換して駆動装置を制御する制御装置（Actuator Control Electronics: ACE）が導入され，機器（アクチュエータ）メーカーとコンピュータメーカーが共同して，ボーイングが共同して設計する必要が生じた（帝人製機，1995，pp. 244–245）．

1980年代後半のボーイングは，767に続いて日米共同で150席級の7J7の開発を計画し，それに先立ってシステムメーカーと飛行制御システムの共同研究を進めた．1986年末には，「世界の飛行制御アクチュエータのメーカーから７社を選んで，航空機の仮仕様に対するシステムの設計技術提案とコスト見積りの提出を求めた」[6]．ボーイングの条件は，①アクチュエータ・メーカーはコンピュータメーカーとチームを組んでシステムとして提案すること，②完全フライ・バイ・ワイヤ方式とすること，③ボーイングが方向舵，昇降舵，補助翼のアクチュエータとその制御コンピュータ（ACE）をシステムとして一括発注すること，④先行する共同研究中の費用は参加企業が自己負担する，というものであった．このとき，ナブテスコとBAEシステムズのチームは，絞り込まれた共同研究相手３チームの１つに選ばれた．実際には7J7は開発に至らなかったが，ボーイング主導の777計画に研究成果が受け継がれた．ボーイングは，1989年10月に7J7計画で選定した３チームに777の飛行制御システム機器の提案を依頼し，1990年３月にナブテスコのチームが777の飛行制御システムの制御装置と駆動装置をシステムとして初めて一括受注したのである（帝人製機，1995，pp. 245–247）．

従来は単独の機能をなした複数の機器が技術的に機能統合される決定的な要因は，情報処理装置の導入であった．767の飛行管理システム（Flight Management System: FMS）は，設定されたルート上を最適な燃料消費量や所要時間で飛行する自動運航を実現した．767のFMSでは，機能ごとに別々のコンピュータが用いられ，それらの機能を連結することでコンピュータ制御がなされていた．たとえば，燃料消費が最小となる飛行経路を計算する飛行管理コンピュータと，フライトスケジュールに沿って推力出力を調整する管理コンピュータは別個に存在したが，777では同じコンピュータに統合された．

FMSを発展させたのが，777の飛行管理システム（Aircraft Information Management System: AIMS）である．AIMSは，飛行計画にもとづく最適飛行のための航法情報を提供する従来のFMSの機能に加えて，推力管理や機器の動作データの収集・保存，システム間のデータ通信制御など7つの機能が物理的に1つの箱にまとめられた．高性能コンピュータが利用できるようになったため，機能ごとにハードウェアとソフトウェアが用意されるのではなく，ハードウェアを共有して，ソフトウェアの組み込み方で異なる機能を発揮できたのである（YX/767開発の歩み，1985，pp. 361-362，青山，2001，p. 56）．

外注化は，単なる外注ではなくシステムとして一括外注されており，開発・生産コストを一括してサプライヤに管理させる経済的要因が根本にあった．その意味では，技術的要因によって一括開発されやすくなったことは副次的要因であり，電子化によって必ずしも技術的構造を大きく変えていない降着システムでも一括外注されるようになった．

ボーイング以外の航空機メーカーでは，すでにシステムとしての一括外注が行われていた．エアバスでは，1970年代のA300の頃から，フランス・ドイツ・スペイン・イギリスなど欧州諸国が国際分業しながら，航空機を機能ごとに分割して開発・生産し，最終組立を行う方式がとられてきた．1990年代には，リージョナルジェット市場を獲得したエンブラエルやボンバルディアが，欧米の機体メーカーやシステムメーカーを組み込んだ生産システムを構築した（山崎明夫，2009，p. 26，前間，2009，p. 36）[7]．

なお，本書では航空機産業における一括外注化を分析しているが，自動車産業では1990年代後半の欧州でモジュール化が進展した．物理的もしくは機能的な部品の組み合わせやかたまりとしてのモジュールの生産が，自動車組立メーカーからサプライヤに移されたのである．その目的は，サプライヤ管理コストや自動車組立メーカーにとっての開発・設計及び生産コストの抑制にあった（植田，2001，pp. 47-50）．自動車産業におけるモジュール化と航空機産業における一括外注化は，グローバル競争が激しくなる中でコストの抑制が求められ，分業構造に変化がみられたという点で共通している[8]．

（3）生産コストの抑制とメガサプライヤへの一括外注化

システムの一括外注の経済的要因として，トータルコスト抑制という市場の要求への対応が迫られたことが挙げられる．ボーイングはサプライヤにシステムを一括外注することで生産コストの抑制を図ったのである．一方で冷戦終結後の産業再編を経てシステムメーカーは淘汰・集約され，システムの一括外注を受注できるだけの企業規模をもつメガサプライヤを形成した．

第1に，冷戦終結後の軍事市場縮小とボーイングのサプライヤ管理によって産業再編が進み，システムメーカーの集約・統合が進んだ．

まず，ボーイングの外注化と並行して，冷戦終結後の航空機産業の再編成が，機体メーカーだけでなくシステムメーカーにも及び，軍事市場の縮小と民生市場における受注獲得競争によって産業再編が進んだ．

さらに産業再編は，ボーイング民間機部門（BCAG）によるサプライヤの選別によって促進された．ボーイングは，2002年時点で2000社弱のサプライヤを，業績測定システム（Supplier Performance Measurement System: SPMS）にもとづき5段階に層別し，パートナー9社とメジャー215社を中核に，2006年までに1200社程度に絞り込む方針をとった（777開発の歩み，2003，p. 248）．ボーイングのサプライヤは1998年に約3800社，2002年に約1600社，2006年に約1000社と減少し，この方針は着実に実行された（元双日シアトル支店長の岩村順一氏の私信〔2010年11月25日受信〕）．

2013年当時のボーイングは，777で600社以上にのぼったBFE（購入者提供品）サプライヤを，787では140社に抑えようとした．エコノミークラスのシートは，777では16社から供給されたのに対して，787では6社に抑えようとした．従来，ギャレーはBFEであったが，787ではジャムコ（A350ではコリンズ）が供給するSFE（供給者提供品）とされ，ボーイングとエアバスは，世界の民間航空機の80％以上で使用されるATLAS規格のギャレーのみを提供することでギャレー規格とレイアウトの組み合わせを減らそうとした（Ackert, 2013, pp. 5, 13）．

第2に，ボーイングのサプライヤ管理と同時に，コスト抑制のために，発注形態としてシステムの一括外注が増えたことが，システム・サプライヤとメガサプライヤの形成をもたらした．システムメーカーに，「部品の設計から製造」に加えてシステムをまとめる能力が求められたことで，システムの開発規模を大きくしてメーカーが単独で応札することを困難にし，世界的なM&Aや共同開発を進めた（住友精密工業，2001，pp. 46，112）．

降着システムが典型的であり，欧州ではメシエ・ダウティを傘下に入れたサフラン・ランディング・システム，北米ではグッドリッチを傘下に入れたRTX（旧レイセオン・テクノロジーズ）という欧米の2社に集約された[9]．同様に，飛行制御システムでは，ハネウェルやサフラン（コリンズが前身），BAEシステムズ，飛行制御システム機器ではパーカー・ハニフィン（Parker Hannifin Corporation［米］），RTX（前身はLucas Industries plc［英］の事業を受け継いだグッドリッチ），ムーグ（Moog Incorporated［米］）が有力なシステム・サプライヤである．

内装品では，一方で，シート，照明，ギャレー，ラバトリー，機内エンターテインメントなど製品ごとに市場を争う．7500万ドルのエコノミークラスシート市場では，サフラン，コリンズ，レカロの3社が75％の市場を占める[10]．他方で，内装品メーカーは，内装品全体のシステムとしての提供をめぐって競争している．ジャムコによれば，2013年の世界の内装品市場65億ドルのうち，フランスのサフラン（当時はZodiac Aerospace）が29億ドル（45％），アメリカのコリンズ（当時はB/Eエアロスペース）が16億ドル（25％），ドイツのディール（Diehl Aerospace GmbH）が9.5億ドル（15％），ジャムコが5.8億ドル（9％），その他が4.7億ドルと推定され，カウンターポイントによれば，2021年の内装品市場は80億ドル，2022年は103億ドルに成長した[11]．

サフランの内装品事業の起源はゾディアックにある．2005年に航空機エンジンのスネクマと軍用電子・通信のSagenが合併して誕生したサフランは，2018年に航空機の内装機器を扱うゾディアックを買収してサフラン・シート（Safran Seats）を設立した．1896年に設立されたゾディアックも，1992年にアメリカのウェーバー（Weber Aircraft，1941年設立），1993年にフランスのSicma（1944年設立），2012年にイギリスのコンター（Contour Aerospace，1996年設立）という航空機シートを扱う企業を航空機器部門（Zodiac Aerospace）にM&Aで吸収した．ウェーバーはエコノミークラスシートを専門とするサフラン・シートUSA，コンターはビジネスクラスとファーストクラスのシートを専門とするサフラン・シートGBとなった．シートと同様に，ギャレー等の内装品もゾディアックがM&Aで事業を拡大しており，その買収によってサフランは総合的な内装品メーカーに成長した[12]．

一方，コリンズの内装品事業の起源はB/Eエアロスペースにある．同社は，投資グループのクーリー（Amin Khoury）が，シートの制御装置を製造するバッハ（Bach Engineering）を1987年に，EECOアヴィオニクスを1989年に買収し，

1992年にシートを製造するPTCエアロスペースとギャレーを製造する子会社（Aircraft Products）を買収して創設し，1993年には航空機シート市場の30％を占めた[13]．B/Eエアロスペースは，2017年にロックウェル・コリンズ（Rockwell Collins, Inc.）に買収され，2018年にはUTCに買収されてコリンズ・エアロスペース（Collins Aerospace）となった．2020年にUTCがレイセオンと合併し，2023年にRTXと名称を変えたため，コリンズはその傘下にある．

内装品でも，M&Aによりメガサプライヤが形成され，サフランやコリンズを中心に，近年はレカロがシートを中心に参入し，日本のジャムコもラバトリーやギャレーで足場を築きながらシート事業に参入している．メガサプライヤ化により，ボーイングは，航空機メーカーと競争するだけでなく，価格や納期で完成品メーカーと対立的なメガサプライヤに対抗する必要に迫られた．

2．システム・インテグレータとしてのボーイングの技術競争力

ボーイングは，内製範囲を縮小して一括外注化を進めながら，市場を独占的に獲得している．以下では，ボーイングの技術競争力の源泉を，基本設計とシステム設計，中核技術の開発，システム統合における主導性から明らかにする．

（1）基本設計とシステム設計における主導性

まず，ボーイングは航空機全体の設計・開発を主導する．基本的にはボーイングが単独で行う新型機開発の構想・決定の段階では，顧客である航空輸送企業の要望をふまえながら新型機の機体サイズ（有償荷重）や形状，航続距離，巡航速度と高度，離着陸距離，エンジン数などの構想と基本コンセプトを固め，発注を受けることで新型機開発が始まる．この段階では，世界中の航空輸送企業の要求を把握し，長期間の生産により損益分岐点に達するだけの販売を見越した決断を行えるだけの実績と顧客からの信頼を得ていることが重要である（機体メーカーA社〔2000年9月13日実施〕及びB社〔2009年4月5日実施〕のヒアリング調査）．

基本設計では，基本コンセプトが計画図として描かれ，航空機の安全性や経済性に関する要求性能が仕様として各部位に落とし込まれる．仕様と設計基準は，航空機開発における試験や初期不良への対応，プロダクトサポートの経験と実績，事故の教訓といった技術的蓄積をふまえて設定される．各部の設計は

航空機全体の設計思想にもとづいて一貫していなければならず，基本設計では部品相互のインターフェスの決定も重要である．そのため，サプライヤは個別のハードウェアやソフトウェア，システムの設計・開発ができても，航空機メーカーなしに仕様やインターフェスを決めることは難しい．

安全性に関しては，航空機メーカーは航空当局の耐空性基準をクリアするために独自の設計基準をもつ（前間，2000，pp. 134–135，月刊エアライン，2010，pp. 84–85）．

空力設計では，高速飛行時に気流の中で航空機が受ける力を考慮して流体的な設計を行う．空力設計の要である主翼は，形状が複雑なので開発と製造が難しいが，航空機全体の設計や安全性，経済性への影響が大きく，それゆえ機体構造の中核である．主翼の場合，翼面積や翼型，縦横比，後退角，翼厚が耐空性基準を満たすような設計基準が必要である．主翼生産には多くの人員が必要になることから雇用面でも重要であり，主翼の開発・製造を手放すことは航空機メーカーにとって望ましくない．ボーイングは787の主翼製造を三菱重工業に担当させたが，737や767，777の主翼は自らが生産しており，787でも主翼の基本的な開発にはボーイングも深く関与した．

システム設計では，複数システム間や単独システム内部のインターフェスとハードウェアやソフトウェアの基本的な構造もしくはアーキテクチャを設計する．システム設計では，信頼性の高いハードウェアとソフトウェアの開発や，システムの一部が故障しても正しい処理ができるように冗長性（redundancy）を確保することが重要である．システムのバックアップは２重よりも３重の方が安全であるが，すべてのシステムを多重化することは重量や機体サイズ，コストの面から現実的ではない．どのシステムやハードウェア，ソフトウェアを多重化するのか，また何重化するのかを判断する際に，航空機メーカーが独自に設定する安全性要求と設計思想が反映される（ナブテスコにおけるヒアリング調査〔2010年９月７日実施〕）[14]．

システム設計は，飛行制御の電子化によって重要性が増した．電子化以前は，空力，エンジン，構造の３分野で機体形状を決定し，飛行制御は基本設計後に付け加えた．迎角（流れに対する傾き）が増大したら機首が自動的に下がるように機体重心を空力中心よりも前方に置き，水平飛行時に安定性を確保するために水平尾翼の尾翼面積を大きくして負の揚力を発生させねばならなかった．電子的な飛行制御を前提に設計する777では，従来よりも重心位置を後退させてわざと不安定な状態をつくり，飛行制御によって運航中に安定性を確保する．そのため水平尾翼を小さくして重量や抵抗を軽減し，燃費改善や機体製造コストを抑制できた（越智・金井，1996，pp. 458-459）．

基本設計におけるボーイングの主導性は，開発拠点と設計技術者数からも確認できる．767では1978年7月から1979年6月まで，777では1990年5月から1992年3月まで，ボーイングの民間機生産拠点のシアトルで基本設計を行なった．777では，各部位の計画図設計に加えて構造やシステムを設計するために2000人の技術者（総勢7000人）が参加した．ピークの1991年には日本企業から263人が参加したが，日本側が設計・製造の責任をもつ部位でも日本側の参加は人員の約50%にとどまった（777開発の歩み，2003，pp. 101，106）．

基本設計が終了すると詳細設計に移行するが，この段階は大胆にサプライヤに外注化された．計画図には航空機の全体像を概観するものと部分ごとに分割して拡大されたものがあり，各部位では計画図と詳細図が1対1の対応関係にある．詳細設計には表面粗さなど部品製造に必要な情報がすべて含まれる．基本設計がシアトルでボーイングの主導下にあるのに対して，詳細設計はサプライヤの所在地に分散して，それぞれの責任で行われた．ただし，ボーイングは支援の設計・生産要員を派遣し，品質や納期に問題があれば直接の介入によってサプライヤを管理した．777では日本に約100人を派遣した．設計責任移管（transfer design review）後，767では1979年6月から1980年8月頃まで，777では1992年4月から1993年11月頃まで詳細設計を行なった（777開発の歩み，2003，p. 102）．

詳細設計が終わると，生産・就航後の初期不良や維持，メンテナンスの過程再設計を行う維持設計に移行し，プロダクトサポートにも関係することから，ボーイングが再び主導した．この段階では製造が始まっており，製造にともなう設計改良が行われる．777開発では，日本が詳細設計を担当した部分について，1993年11月頃からボーイングに設計責任が再移管（Design Re-Transfer）された（777開発の歩み，2003，p. 103）．

以上，経済性と安全性を実現する基本設計や仕様及びインターフェスの決定とその設計・図面への落とし込みは，航空機全体の開発を続けてきたボーイングの経験や技術的な蓄積といった総合力によって実現できるのであり，日本企業が代替するのは容易でなく，ボーイングの技術競争力の源泉になっている．設計思想が空力設計とシステム設計にも貫かれていることは，それぞれの中核技術の開発でボーイングが主導性を発揮できる根拠にもなっている．

（2）中核技術としての飛行制御システム開発における主導性

航空機全体の設計に加えて，中核技術の開発もボーイングが主導する．

飛行制御システムは，飛行中の姿勢を制御することで安全性と経済性に影響することから航空機システムの中核である．飛行制御システムの開発でボーイングが主導したのは，システムの全体や情報処理装置，飛行管理システムのアーキテクチャ設計やソフトウェアの開発であった．図6－2に777の電子的な飛行制御システムのアーキテクチャを示す．

実際のソフトウェア開発では，航空機メーカーとコンピュータメーカーが共同開発を行う．コンピュータメーカーは，コンピュータに詳しいが顧客の業務に詳しいわけではない．航空機メーカーは航空機の機能に詳しく，とりわけ過去の飛行試験や運航データ，事故対策など安全性に関するデータを蓄積しており，開発したソフトウェアの試験も実機なしには行えない．

飛行管理システム（AIMS）では，ボーイングとシステム・サプライヤのハネウェルが共同でソフトウェアを開発した．試験段階では，ハネウェルは要求が正しく実現されていることを検証するシステム検証（verification）試験を担当

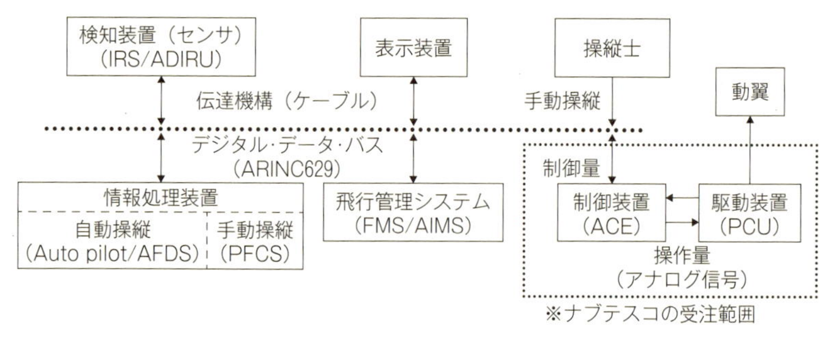

図6－2　777の電子的飛行制御システムのアーキテクチャ

注：飛行管理システム（FMS）は離陸から着陸までの飛行ルートや速度など運航全体を管理し，飛行制御の情報を提供する．777の飛行制御では飛行管理システム（FMS/AIMS）や検知装置（Air Data Inertial Reference Unit: ADIRU）から得た飛行進路や外気情報を操縦操作や選択した飛行モードと合わせ，手動操縦時は主要飛行制御装置（Primary Flight Computer System: PFCS），自動操縦時は自動操縦装置（Auto-pilot Flight Director System: AFDS）で情報を処理し，動翼（操縦翼面）を動かす制御量を決める．動翼の操舵信号は，伝達機構（ケーブル）を介して制御装置（ACE）でデジタル信号からアナログ信号に変換し，舵面を動かす駆動装置（Power Control Unit : PCU）に操舵信号を送って制御する．駆動装置は，サーボバルブを作動させ，油圧アクチュエータで動翼を動かして飛行姿勢を制御する．中枢の情報処理装置と各機器の情報伝達にはデジタル・データ・バスを用いる．777では電子化が進み，ソフトウェアも大規模で複雑になったので，ボーイングは絶対的な安全性と高速処理を実現するARINC629データ・バスを開発した．

出所：青山（2001），pp. 39，40，久木田（1992），pp. 51，53，小林他（1996），p. 32より筆者作成．

し，ボーイングはシステムやソフトウェアが要求仕様を正しく反映し，要求される機能や性能を満たしているのかを確認する妥当性確認（validation）試験を担当した．両社の開発チームは，電子メールやテレビ会議で毎日情報を交換した．開発チームは，1990年10月にAIMSの開発を始め，1993年9月にボーイングのシステム統合研究所（Systems Integration Laboratory: SIL）で試験を始め，1994年1月に工場内の航空機で試験を始めた．1993年末から1994年初頭の1号機組立時期には，AIMS開発のためにハネウェルから約750人の技術者が参加したが，それでも人員が不足した（Sabbagh, 1996, pp. 266-267）．1994年6月の777の初飛行後，10月には1000サイクルのシステム検証計画が始まり，1995年4月の型式証明取得後の5月に終了した．AIMSのソフトウェアは，最終的に提案時見積りから倍増した62万行の規模になった（Pelton, 1997, pp. 644-646）[15]．

ハードウェアとしての情報処理装置には絶対的な信頼性が求められる．航空機用コンピュータでは，性能よりも動作の信頼性が重視され，振動や埃，温度や湿度，気圧の変化，電磁ノイズの発生といった過酷な動作環境でも故障しないことが求められた．技術的バックアップとしては，3組のコンピュータが独立に並行して処理を行い，その結果が常時比較されて正確な判断を行うようアーキテクチャが設計された．さらに，それぞれのコンピュータ内も3重化され，構造として合計9重のバックアップがとられた．主要飛行制御装置（PFCS）の仕様は，ボーイングとBAEシステムズ（当時はGEC: General Electric Company plc）が共同で作成し，BAEシステムズが製造を担当した．同様に，自動操縦装置（AFDS）はロックウェル・コリンズ（現在はRTXコーポレーション）がシステム・サプライヤとなった（Norris, 1996, pp. 47, 50）．

情報処理装置（PFCSとAFDS）や飛行管理システム（AIMS）のソフトウェア開発は，電子的な飛行制御システム開発の要であり，最も費用がかかる．システム（もしくはアヴィオニクス・システム）開発に占めるソフトウェアの開発費用は，1980年代前半には10％程度だったが，電子化された777の飛行制御システムでは75～90％に及んだ．電子化の初期は，複数の異なるコンピュータによって別々に制御がなされた．ところが，コンピュータの性能が高くなり，同じコンピュータを異なる目的に使い分けられるようになると，ソフトウェアがシステムの能力を決めるようになった．ソフトウェアは次第に大規模で複雑になり，747-400（1989年就航）で40万行のソフトウェアが開発され，777では400万行を超えた[16]．飛行制御システムの場合，メモリ量に制限がある一方で，素早い応答といった高性能と信頼性，安全性が求められる．そこで，軍事分野や航空宇宙関連のソフトウェア開発では，アメリカ国防総省を中心に開発したプログラミング言語Adaを利用し，777の400万行のソフトウェアのうち250万行をAdaでプログラムした（青山，2001，pp. 8，13，38）．

飛行制御ソフトウェアの開発では，情報処理装置に組み込まれる制御則の設定が重要であった．制御則とは，どのような場合に何をどのように制御するのかということをソフトウェアとしてプログラムした人間と機械のインターフェスであり，ソフトウェアによる飛行制御と操縦士の飛行のイメージや操縦感覚にズレが生じないように設定しなければならない[17]．制御則を設定するためには，航空機メーカーの経験と実績，ノウハウが不可欠であり，777のソフトウェアは地上のシミュレータ試験を経て，就航までに3500時間の飛行試験が行われた（Norris, 1996, pp. 50–51）．

図6－2に示したように，飛行制御システムは，飛行制御の中核部分からみれば周辺技術と位置づく制御装置（ACE）と駆動装置（PCU）が外注化され，ナブテスコがシステム・サプライヤとして一括受注したのであった．

中核技術の設計・開発は，安全性と経済性を考慮した航空機全体の設計と無関係には行えず，ソフトウェアも航空機メーカーの実績，経験，技術的蓄積や実機による試験によって開発され，不具合が修正されることから，システム・サプライヤなどが単独で開発することは難しく，そのような意味で開発の主導性をもつことがボーイングの技術競争力の源泉になっている．

（3）システム統合における主導性

システム開発では，個々のハードウェアとソフトウェアの開発後，1つのシステムに統合しなければならない．777では79のシステムが存在した（Pehrson, 1996）．航空機メーカーのボーイングは，システム・インテグレータとして複数のシステムを単一の航空機にシステム統合しなければならないのである．

システム統合とは，複数のサブシステムを1つのシステムにまとめ上げ，それぞれの機能が正しく働くように完成させることである．とくに電子配線やソフトウェア，ハードウェアが複雑に存在する場合は，それらをまとめ上げたときの不具合をなくさねばならない．その際には技術の確実性が求められ，システムの一部が故障しても，他に影響しないような設計と統合が必要である．

技術の確実性を裏付けるのが認証制度である．民間航空機は，航空当局によって強度，構造，性能が設計，製造，完成後の各段階で審査され，耐空性基準に合格すると認証が与えられ，航空輸送企業での運航が可能になる．

システム統合の際の不具合をなくし，認証を取得するためにも必要なのが試験である．試験は，部品，機器，システム，システム統合，航空機全体の各レベルで行われ，システム試験が外注化される傾向の一方で，システム統合試験は依然としてボーイングが担当する．

ボーイングでは，767までは1号機で初めてシステムを統合したが，777では鉄の鳥（Iron Bird）と呼ばれるシステム統合研究所を建設し，最盛期は170人以上の技術者・設計者を設計・建設チームに動員した（Sabbagh, 1996, p. 154）．研究所設置の直接の目的は，A330/340（1993～94年就航）に対して開発時期の遅れた777を計画通りに開発することであり，就航前に双発機の洋上飛行制限の特別措置（180分の Early ETOPS）を得ることであった（第2章）．

システム統合研究所では，1993年3月から1995年2月までに「飛行状態」の試験を1700時間，地上試験を4800時間，合計6500時間の航空機試験を行い，システム間のインターフェスや連結の問題を点検，発見する複合的な試験や，全システムをネットワークに接続した航空機レベルの試験を行なった．試験によってエラーや不完全な設計，機能的問題，インターフェスの不一致など最終的に約5000の問題が発見され，そのうち2/3が対処すべき問題であり，残りの1/3は研究所の試験実施上の問題や，試験手順，システムの複製の問題であった．この中には初号機による地上での実機試験まで発見できない問題も多く，実機試験のコスト（the cost an hour of test）は従来の3分の1に減らされた（Lansdaal and Lewis, 2000, pp. 14, 17–18）．

システム統合試験に続いて，実機による地上試験と飛行試験を行なった．1994年4月に1号機が完成してから合計9機の777を実機試験用に製造し，1994年6月から1996年初頭までに合計4900回，7000時間以上の飛行試験を行なった．飛行試験ではいくつかの問題が発生した．1995年2月には空調システムの逆止め弁（check valve）の欠陥を発見した．また，フラップを降ろして失速状態にした時に，急な横揺れが問題になり，飛行制御ソフトウェアを修正した（Norris, 1996, p. 77）[18]．型式証明の取得は1995年4月であった．

したがって，システム統合試験と実機試験及び，それらを経た認証取得はボーイングが主導する．ボーイングは，航空機全体とシステム・アーキテクチャの設計や飛行制御システムの要であるソフトウェア，システム統合を含めた機体の最終組立と認証取得を担当する中でシステム・インテグレータとして技術競争力を発揮してきたのであり，それらを担当できるだけの航空機開発の経験，実績，技術的蓄積をもつことが技術競争力の源泉なのである．

（4）階層的な国際分業構造における主導的役割

以上のように，1990年代以降のボーイングは，従来よりも少数のシステム・サプライヤに，サブ組立，仕様の決定権限，サプライヤ管理，システム試験を一括外注化する一方で，自らは複数のシステムを統合するシステム・インテグレータに特化する傾向を示した．外注化にもかかわらずボーイングは，中核領域の開発・生産を手放さないことで，技術競争力を形成してきた．777の開発では，航空機全体とシステム・アーキテクチャの設計や飛行制御システムの要であるソフトウェア，システム統合を含めた機体の最終組立と認証取得を担当した．システム・インテグレータとしての技術競争力の源泉は，航空機の開発・製造・運用・整備を通じた技術的な蓄積にもとづき，安全性と経済性を考慮する空力設計とシステム設計を行い，中核技術を含むすべての部材に設計思想を反映させ，最終的に複数のシステムを単一の航空機に統合して組み立てることにある．その意味では，共同開発のパートナーやシステム・サプライヤは，航空機全体からみれば一部分の開発・製造を担当し，その範囲での技術的蓄積を得られるに過ぎず，ボーイングに代わってシステム・インテグレータとなるのは容易ではない．

3．過度の外注化がもたらした技術競争力の低下

ボーイングは生産コストを抑制するために外注化を進めたが，過度の外注化はメガサプライヤの管理や，人員削減が重なってトラブル発生時の対応能力の低下という問題を引き起こした．

（1）ボーイングとメガサプライヤの対立関係

まず，外注化により，システム・サプライヤ化したティア1のメガサプライヤが，システム・インテグレータであるボーイングに対抗し得る企業規模になり，価格や納期で対立的な関係が生じ得るようになった．ボーイングにとってはメガサプライヤの管理という課題が認識された．

納期遅延や技術的トラブルへの対処が遅れ，規模の大きくなったサプライヤを管理しきれなくなることを懸念したボーイングは，いくつかの分野で外注化から内製化に方向を切り替えた．2010年にボーイング民間機部門（Boeing Commercial Airplanes: 以前のBCAG）のオルボー（J. Albaugh）社長は，「将来のボーイングは今よりも外注を減らすだろう．とりわけ，787で三菱重工業に対して行なった主翼の外注化は決して行わない」と述べ（Gates, 2010），労働組合との関係も考慮して777Xの複合材翼はシアトルで生産することになった．

内装品では，ボーイングは，2017～18年の航空機納入遅延の一因がシート供給にあると考え，自動車用シートで34％の市場シェアをもつアディエント（Adient）と2018年に合弁企業のアディエント・エアロスペース（Adient Aerospace）を設立した．サフランやコリンズのように内装品事業でもメガサプライヤが誕生しており，ボーイングやエアバスなど航空機メーカーに対する交渉力が強くなることを牽制するために内製化に逆戻りする動きがみられるのである（Johnsson, 2018, Hepher, 2018）．

2024年1月には飛行中の737MAXの非常口が落下する事故があり，スピリット（Spirit AeroSystems Holdings, Inc.）の納入部品に不具合が多数存在するという品質問題が浮き彫りになった．そのため，ボーイングは同年，もとはウィチタ（Wichita）工場の売却先であったスピリットの買収を発表した．

（2）人員の削減・流出によるトラブル対応能力の喪失

次に，外注化の結果，ボーイングは，自社及びサプライヤの開発・生産プロセスでしばしばトラブルを抱え，問題解決に時間を要するようになった．

777からさらに外注化を進めた787は，当初は2007年7月に初飛行し，2008年5月に型式証明を取得して引渡しを始める予定であったが，度重なる延期で2年以上も開発が遅れた．まず，2007年7月の初号機完成式典の時点で，機体重量の増加や日本とイタリアで製造された胴体内径のずれ，部品不足が問題になった．同年9月には，複合材製の胴体を組み上げるチタン合金製の特殊ファスナー（締結具）の不足や，飛行制御ソフトウェアの不具合で初飛行を延期した．2008年4月には主翼の主桁と胴体を接合する翼胴結合部（center wing box: 中央翼）の強度不足が判明し，同年9月にはIAM（International Association of Machinists: 国際機械工組合）のストライキでボーイング社内が混乱し，2009年6月には強度試験中の機体で複合材内部の欠陥が明らかになった．ようやく同年

12月に初飛行を果たしたが，2010年８月に引渡し時期のさらなる延期が発表され，運航開始は2011年にずれこんだ[19]．

製造企業であるボーイングが過度に外注化を進めた末に，開発・生産工程でかつてない混乱と遅延がもたらされたのである．就航後も，2013年に787のバッテリー火災事故が発生し，最終的にその原因は解明できず，対症療法的な措置で運航を続けている．

さらに，外注化と並行した人員の削減や流出により，自社内部やサプライヤで発生するトラブルを予期したり，迅速に対応するための人材を失い，トラブルが発生しても対応が後手に回るといった事態がみられるようになった．

民間航空機は受注の変動が激しいため，従業員のレイオフが繰り返される．**図６−３**に示すアメリカ航空機メーカーの従業員数と納入機数の推移からは，ボーイング全体，もしくは民間機部門の従業員数と納入機数の推移が連動していることがわかる．1990年代前半は，軍事部門では冷戦終結にともなう軍事調

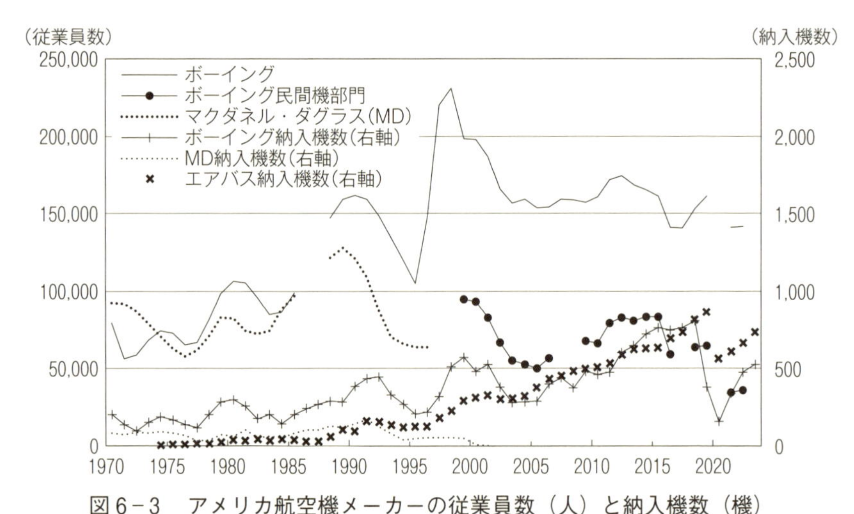

図６−３　アメリカ航空機メーカーの従業員数（人）と納入機数（機）

注：空白の年はデータがない．従業員数のデータは日本航空宇宙工業会の資料作成日によるので，必ずしも毎年の同じ月のデータではない．1997年からはマクダネル・ダグラスとボーイングの合併後のデータである．

出所：納入機数は日本航空機開発協会（2024a），pp. Ⅱ-7-Ⅱ-8，従業員数は日本航空宇宙工業会『世界の航空宇宙工業』の各年度版，1970-84年は1986年版 p. 143（1986，p. 143と表記），1985年は1987，p. 146，1988-90年は1994，p. 136，1991-97年は2000，pp. 165, 173，1998年は2003，p. 179，1999年は2002，p. 175，2000年は2004，p. 184，2001-05年は2007，p. 148，2006年は2008，p. 149，2007-08年は2012，p. 163，2009年は2009，p. 154，2010年は2011，p. 160，2011年は2012，p. 163，2012年は2013，p. 172，2013年は2014，p. 163，2014年は2016，p. 164，2015年は2017，p. 170，2016～17，19年は2021，p. 173，2018年は2020，p. 176，2020年は2022，p. 192より筆者作成．

達費の減少，民間機部門では1991年の湾岸戦争によって航空需要が減退した．ボーイングの従業員数は，1990年には16万1700人だったが，1993年には全従業員の2割に相当する2万8000人の人員削減が計画され，1995年には10万5000人まで減少した．逆に1990年代後半に航空需要が回復すると，1996～97年に3万2000人の大増員となった．しかし，レイオフした有能な熟練労働者は簡単に職場に戻らず，生産は混乱に陥った．繁忙の中にあった1997年には，またもや1万2000人のレイオフ計画が発表された（日本航空宇宙工業会，1995，pp. 137，140–141，同，2000，p. 167）．

さらに追い打ちをかけたのが1997年のアジア経済危機や2001年のアメリカ同時多発テロであった．総従業員数は，1996年にボーイングが14万7000人，マクダネル・ダグラスが6万3837人であったが，合併後の1998年には23万1000人と合計した以上の従業員数になった．その後，2005年には15万3636人と8万人近くが減少した．旧マクダネル・ダグラスでは，民間機部門などが縮小されたが，カリフォルニア州ロサンゼルス（3万4911人）やミズーリ州セントルイス（1万6198人）といった軍用機部門は維持されたため，ボーイングの民間機部門でもかなりの人員削減が実施されたことになる（日本航空宇宙工業会，2006，p. 158）．ボーイング民間機部門は1997年の11万8000人が，1999年に9万4700人となり，2005年には5万309人まで減少した．1997年からの8年間で6万7000人，1999年からの6年間で4万4000人の減少であった．

外注化と人員削減が同時に進んだ例が，737の胴体などを生産するアメリカ中部のカンザス州に位置して7200人を雇用したウィチタ工場であり，ストーンサイファー CEO の方針によって2005年に投資会社に売却され，そのもとで設立されたスピリットに引き継がれた（日本航空宇宙工業会，2006，p. 159，同，2009，p. 155）．ウィチタには2000年に1万7100人，2005年には1万2000人の従業員がいたが，売却にともなって従業員も移籍し，残った3750人は軍需に従事した（日本航空宇宙工業会，2006，p. 159）．

受注が増えて増員しようとしても，レイオフされた労働者の再雇用が増えなかったのは，シアトルの経済事情から説明できる．ワシントン州シアトルは，かつての航空宇宙産業都市という面だけでなく，とくに1990年代以降はマイクロソフトやアマゾンが本社をおくハイテク産業都市という性格をあわせもつようになった．専門的知識をもつ人材にとっては待遇の良い職業の選択肢が増え，たとえば1995年のマイクロソフトの年間平均賃金は5万8860ドルとシアトル平均の1.89倍であり，航空宇宙産業の1.46倍を上回り，ストックオプションを行使すれば実質の所得はさらに上がった．1995年には同社従業員が行使したストックオプションは７億8930万ドルに上り，従業員１万7000人であれば１人４万6429ドルに相当した．同社の実質年収が100万ドル以上の社員は1000人を超えた（山縣，2010，pp. 145-146，『朝日新聞』1997年４月15日付）．給与体系や雇用継続期間の違いもあるが，このような周辺企業の動向は，レイオフされた労働者がボーイングに戻りにくくなる理由になった．

2010年代後半にも同様の構図がみられ，民間機部門の従業員数は2015年の８万3508人から2020年には３万4624人に減少し，人員の削減によって生産プロセスにおける問題を把握，対応する能力が失われた．

4．短期的な株主利益の重視という経営方針への転換

生産コストを抑制するための一括外注化は，新自由主義政策のもとでの航空自由化への対応であると同時に，短期的な株主利益を重視する企業の経営方針への転換の反映でもあった．これは開発コストや労働コストの抑制をもたらす要因でもあった．

（１）企業合併と本社移転後の短期的な株主利益重視

航空機市場の競争が激化する起点となった航空自由化は，ケインズ政策から新自由主義政策への転換を象徴するアメリカの経済政策であり，その後に一連の規制緩和政策が広範な分野で多様に展開された（内橋，1995，p. 16）．その意味では，製造企業における過度なコスト抑制は，新自由主義政策の帰結である．それに加えて1990年代以降は，冷戦終結にともなう軍事部門の縮小や，エアバスとの航空機価格の割引競争が航空機産業の市場競争を激化させ，ボーイングはトータルコストの抑制という市場の要求に応えざるを得なくなった（第２章）．

トータルコストの抑制という市場の要求は，短期的な株主利益を重視してあらゆるコストを抑制するというボーイングの経営方針によって内実化した．

ボーイング民間機部門（the Boeing Commercial Airplane Group: BCAG）は1997年度に18.4億ドルの営業赤字となり，軍需や宇宙部門を含めたボーイング全体でも税引後1.8億ドルという創業以来初の赤字決算を経験した．この要因は，エ

アバスとの価格競争の一方で取り組んだ生産の効率化とコスト抑制がうまくいかず，737NG の量産立ち上げ期の生産現場の混乱や，マクダネル・ダグラスとの合併にともなう特別損失が加わったことにあった．

経営危機を経験したボーイングは，1998年以降は市場シェアよりも利益と株主へのリターンを重視する基本方針を示し，全社純利益７％，各事業部門の営業利益10％以上を目指し，人員削減，生産性向上投資，資材費抑制，コスト低減を図った．減量経営という方針の下で，「BCAG 本体は基本設計・全体組立など，システム・インテグレーション中心の仕事に集中し，その他の作業はできる限り外部に出すことを前提とした簡素な事業遂行体制に移行しつつ」あった（777開発の歩み，2003，pp. 242-243，247-248）．

この基本方針は，1997年の合併でマクダネル・ダグラスの株主にボーイングの株式を与える株式交換の手法が取られ，大株主だったジョン・マクダネル会長とマクダネル・ダグラス CEO を務めたストーンサイファー（Harry Stonecipher）が，新生ボーイングでも１位と２位の個人大株主として影響力をもったことの反映であった（江渕，2024，p. 108）．合併後もボーイング CEO を継続したコンディットが国防調達の贈賄スキャンダルで解任されると，2003年にストーンサイファーが CEO に就任したことでこの方針は加速した．ボーイングでは，株価や財務的な成功に固執し，技術的な成果や革新を重視する姿勢が損なわれるようになり，2001年には生産拠点が集中するシアトルから，先物取引など金融の街であるシカゴに本社を移転した（House Committee, 2020, pp. 36-37）．旧マクダネル・ダグラスの経営陣が新生ボーイングの「母屋」に入り込んだため，「ボーイングのカネでボーイングを買収した」とも評される（『朝日新聞』2022年１月25日付）．

ストーンサイファーが不倫問題で退任すると，マクナーニ（James McNerney）が2005～15年まで CEO を務め，後を継いだミュイレンバーグ（Dennis Muilenburg）が2019年に解雇され，後継のカルフーン（David Calhoun）も2024年の品質管理問題で CEO をオルトバーグ（Kelly Ortberg）に交代した．ストーンサイファーとマクナーニ，カルフーンは，グローバルで１位か２位の事業だけを強化して残りを切り捨てる「選択と集中」を進めたウェルチ（Jack Welch）元 GE 会長の影響を受けていた．とくにマクナーニは，GE 在籍時にウェルチ後継を争い，ボーイングでも従来の自前主義を排して外部調達を積極活用した（Talton, 2022,『日経産業新聞』2008年９月９日付）．

マクダネル・ダグラスとの合併は，GE 流の経営スタイルだけでなく，民間機メーカーとは異なる軍事メーカーの経営スタイルも持ち込んだ．民間用ジェット機市場をボーイングと二分したダグラスが1967年に戦闘機メーカーのマクダネルと合併すると，マクダネル・ダグラスの経営陣は，軍事ビジネスに慣れた旧マクダネルが中心になった．ダグラスの時代に開発を決めていたDC-10を除けば，リスクの高い新型機開発を決断できず，合併後に開発したのは MD-11や MD-80/90といった DC-10や DC-9の実質的な派生型機であった．ボーイングも，マクダネル・ダグラスとの合併後は，新開発機といえるのは27年間で787だけであり，747-8や777X，737MAX はいずれも原型機をもつ派生型機や発展型機である．この判断が，737MAX の墜落事故の１つの要因でもあった．

なお，2002年にシカゴに移された本社は，2022年にワシントン DC 郊外のアーリントンに移転することが決まった．これは，国防総省と連邦政府に近づいて軍事生産の契約事業者としての性格を強めることを意味し，安全性と品質管理を緊急の課題とする民間機部門にとっては消極的なメッセージとみなせる[20)]．

（2）自社株買いによる株価上昇と株主と経営者の利益実現

ボーイングの経営方針の転換は，1990年代以降のアメリカ資本主義の特徴の反映であり，株主資本主義の典型的事例とみることができる．

1990年代に景気が回復したアメリカでは，家計や国外からの資金流入に加えて，企業による自社株の買い戻しにより，株価の急激な上昇を招いた（豊福，2021, p. 16）．アメリカでは，自社株買いの規制はレーガン政権下の1982年に撤廃されていた．企業による自社株買いの理由は，第１に，株価上昇に配当利回りが追いつかなくなり，株主に対する利潤の還元として，配当よりも株価上昇によるキャピタル・ゲインを重視したことであり，さらなる株価上昇のために自社株を買い戻したのである．新株発行ではなく発行済み株式を買い戻すことで株式供給は制限され，株主還元はより少数の株主に集中した．第２に，ボーイングでは従来から経営幹部のインセンティブを高めるための報酬として割り当てられていたストックオプション（自社株購入権）が，1990年代後半から従業員全般に対象が広げられ，手元に金庫株として自社株を確保するために自社株が買い戻された（松田，2000, pp. 69–78）．

2008年の金融危機（リーマンショック）で株価は下落したが，それが回復して2013年頃からは金融危機前の水準を上回って株価が上昇した．ここで企業の業績以上に株価を吊り上げたのが企業による自社株買いであり，企業は手元の現金を配当や自社株買いにあてると同時に，歴史的な低金利のもとで発行した社債で調達した資金を自社株買いに充当した．増大した企業収益が新たな投資や雇用，賃上げに回らず，株高を通じた株主と経営者への利益の還元にあてられることで，低い経済成長率と株高が併存したのである（豊福，2021，p. 26）．

新祖（2023）で取り上げられたボーイングを含むアメリカの大企業170社の場合，財務キャッシュ・フローのうち株主還元による現金支出額は2001～19年度で合計７兆7200億ドルに上り，この期間の当期純利益の累計額の94％と利益のほぼすべてが株主還元に回されたことになる．2000年代からは発行済株式数と保有株主数が減少に転じ，株主還元はより少数の株主に集中した（新祖，2023，p. 164-165）．

S&P 500やフォーブスのデータにもとづくHall（2003）の算出では，アメリカにおけるCEOの報酬（中央値）にみる給与・賞与と株式報酬の構成は，1990年までは200万ドル以下で86％以上が給与・賞与だったが，1990年代半ばから株式報酬が大きくなり，2001年には約700万ドルのうち66％が株式報酬になった．こうして，株価上昇が株主と経営者の増収に直結する構図がつくられ，業績が悪かったとしても，社債を発行してでも自社株買いを行う企業が増えた（木下，2015，p. 109，p. 4，Hall, 2003, p. 4）．

（3）ボーイングの株価上昇と自社株買い

ボーイングは，全米の企業の中でも早い段階で，株価に連動した従業員向けのボーナスを導入した．1995年に，ボーイングでは３万2500人を組織するIAM（国際機械工組合）がストライキを行い，ストックオプションを通じて「経営陣ばかりが株価上昇の恩恵を受けている」と批判し，好景気の一方で恩恵が及ぼされないアメリカ産業界の労働者の不満を象徴した（『日本経済新聞』1995年11月24日付）．そこでボーイングは，1996年７月に，会社側と従業員が共同出資して10億ドルで1300万株規模の自社株を対象にする投資信託「シェアバリュー」の設立を決めた．経営層は短期間の株価の変動に左右されるストックオプションを導入していたが，長期間の勤務を前提とする従業員には比較的長期の業績を反映する投資信託がよいと考え，満期を２年おきに設定し，株価の上昇に連動して「株式ボーナス」を無償支給することになった（『日本経済新聞』1996年7月15日付，『日経金融新聞』1997年12月14日付）．

ボーイングは，株価上昇のために他社と同様に自社株買いを行い，発行済みの自社の株式を株主から買い戻し，消却や譲渡せずに自社で保有する株式である金庫株を増やした．2001年には，GE やコカ・コーラ，マクドナルドと並んで金庫株が多い上位15社の1社に入った．株主資本115億ドルに対して金庫株58億ドルと発行株式の1/3を自社で保有し，純利益23億ドルに対して自己資本利益率（ROE）は金庫株を含めないと13.4%，含めると20.1%であった（『日経金融新聞』2001年1月16日付）．

ボーイングは，1998年から2008年の間に利益の8割にあたる200億ドル超を自社株買い，利益の3割にあたる80億ドルを配当とし，利益を超える金額を株主還元した（江渕，2024，p. 77）．金融危機後は自社株買いを控えたが，2013年に再開し，737MAX の墜落事故が起こる2018～19年までに利益の総額を大きく上回る600億ドル（約6.5兆円）を株主に還元した．そのうち7割の430億ドル超は自社株買いによるものであり，余剰資金の約80%に相当し（Robison, 2022, p. 144, 邦訳，p. 230），残りの3割は配当であった．2018年末には2割増配と追加の自社株買い200億ドル（約2.3兆円）を決めていた．そのため，ボーイングの株価は2013年の約75ドルから2019年3月には440ドルに上がり，CEO のミュイレンバーグは，事故が起きた2018年に3005万ドル（約33億円）を株価に連動して獲得した．さらにボーイング退任時には通常の報酬とは別に約6000万ドル超を受け取る権利を得ていた（『朝日新聞』2022年1月23日付，江渕，2024，pp. 78，86，205）．

トータルコストの抑制に応じ，短期的な株主利益とコストの抑制を優先するボーイングの経営方針の転換は，外注化による生産コストの抑制だけでなく，生産効率化にともなう労働コストの抑制（第7章），派生型機開発に固執した開発コストの抑制（第1章），認証プロセスの省略や簡略化による開発コストの抑制（第8章）をもたらす要因でもあった．

注

1）　システム・インテグレータという場合，金融業・流通業や情報通信産業におけるコンピュータメーカーや軍事産業におけるプライム・コントラクタを指す場合もあるが，本書では航空機産業で最終組立を担当する航空機メーカーを示す意味で用いる．経済誌の“Economist”では，ボーイングがシステム・インテグレータもしくはバーチャル企業としての性格を強めてきたことが指摘された（Economist, 2005, p. 68）．航空宇宙産業の専門誌“Aviation Week & Space Technology”では，1次サプライヤのシステム・サプライヤ化が指摘された（Mecham, 2004, p. 38）．

2）707から747までの外部照明は，アメリカのグライムス（Grimes）が独占的に受注したが，767ではその一角が崩された．小糸製作所では，自衛隊向けの官需の経験しかないためコストが問題になったが，読書灯では1機の767につき90セットにのぼることや，本業である自動車用照明の経験が応用された（YX/767開発の歩み，1985, pp. 482–483，487）．

3）方向舵関係のアクチュエータは，ナブテスコからパーカー・ハニフィンに発注された．パーカーは，ナブテスコのチームとのシステム受注競争に敗れたライバルであったが，自衛隊用航空機におけるライセンス関係もあり，ナブテスコから発注を受けられた（帝人製機，1995，p. 147）．

4）767では，住友精密工業は，メナスコから降着装置の部品を5品目，CPCから1品目を下請受注した（YX/767開発の歩み，1985，p. 470，473，475）．

5）この段階でも仕様書の所有権はボーイングにあり，仕様書の問題はボーイングの責任になった（ナブテスコにおけるヒアリング調査〔2010年9月7日実施〕）．

6）7社の段階では，アメリカ企業以外ではナブテスコと欧州の2社の計3社が入札した（ナブテスコにおけるヒアリング調査，2000年10月13日実施）．

7）ボンバルディアは，1986年にカナデアを買収して航空機産業に進出してから，ショート・ブラザーズ（北アイルランド），リアジェット（米），デハビランド・カナダ（カナダ）を買収し，買収したメーカーが得意とした分野ごとに開発・生産を分担し，付加価値の低い部品は外注化した．

8）次世代型航空機部品供給ネットワーク（OWO：On the Wings of OSAKA）によれば，欧米では特殊工程が一括して外注されるのに対して，日本では単工程ごとに外注に出されることが多い．そこで航空機産業に参入を望む中小企業は，複数企業が協力して材料調達，機械加工，特殊工程を含む一括外注（部品としての納入という意味では「一貫生産」）の受注を目指した（OWO〔2010年10月8日実施〕及び東京航空計器〔2009年3月10日実施〕におけるヒアリング調査）．ここでいう一括外注は1次ないし2次以下のサプライヤからの加工外注であり，本書で扱うティア1における一括外注とは別物である．

9）メシエ・ダウティは，ダウティ・グループ（英）とメシエ（仏）の合弁事業として1995年に設立され，1998年のスネクマによる買収と2005年のサフラン設立，2011年のグループ会社の統合を経てメシエ・ブガッティ・ダウティ（Messier-Bugatti-Dowty）となり，2016年にサフラン・ランディング・システムとなった．一方，クリーブランド・ニューマティックを吸収したB・F・グッドリッチ（B. F. Goodrich Company）と，ベンディクス（Bendix Corporation）を吸収したメナスコが1999年に合併したのがグッドリッチ（Goodrich Corporation）であり，2012年にUTCに統合され，2020年からUTCとともにRTX（旧レイセオン・テクノロジーズ）の傘下に入った．両社を追った住友精密工業は，民間航空機の実績や地理的なハンディキャップ，プロダクトサポート体制，価格競争力を課題とした（住友精密工業，2001，p. 107）．なお，自衛隊機開発で欧米企業からライセンス提供を受けてきた日本企業は，契約上，ライセンスを受けた技術の民間転用型の輸出に制限が加えられることもある（久木田，1990，p. 59）．

10）Travel Weeklyのウェブサイトにおける Robert Silk の記事 "The slow evolution of economy seats（March 6, 2023）（https://www.travelweekly.com/Travel-News/Airline-News/The-slow-evolution-of-economy-seats，2024年3月6日閲覧）．

11）ジャムコのウェブサイト（原出所は日本航空宇宙工業会）（https://www.jamco.co.jp/ja/technology/strength01.html，2024年3月4日閲覧）．カウンターポイントのウェブサイト（https://counterpoint.aero/product/aircraft-interiors-2023/，2024年3月6日閲覧）．

12）Safran及び下記ウェブサイトを参照した（https://www.safran-group.com，https://www.company-histories.com/Zodiac-SA-Company-History.html，https://manufacturing-today.com/news/zodiac-seats-us/，2024年3月6日閲覧）．サフランは，内装品のみならず，航空機エンジンやヘリコプタ，軍用エレクトロニクスなど多分野にまたがる航空機器メーカーである．

13）下記ウェブサイトを参照した（https://www.encyclopedia.com/books/politics-and-business-magazines/be-aerospace-inc，https://www.companieshistory.com/be-aerospace/，2024年3月6日閲覧）．

14）航空機は，故障しても安全に飛行し続けなければならず，自動車などに比べて機器の冗長化で安全性を確保することが多く，技術の完成度を高めるために就航前に試験を繰り返すので開発コストがかかり，部品や航空機の価格も上がる．特殊な品質保証体制や技術の信頼性，試験設備能力はサプライヤにも求められ，新規参入企業にとっては参入障壁になる．航空機生産の現場では，航空機の安全性設計が価格に反映されると認識されている．「安全性は，操縦系統だけでなく，ありとあらゆるところに落とし込まれる．たとえば方向舵が機能しなくなる確率として10^{-12}回／飛行時間という設計としては落ちっこない要求があるが，そのために，航空機では，船や自動車ではありえない冗長化設計がでてくる．飛行機はなぜ値段が高いのか．万が一故障しても墜落しないような仕組み・機器を余分に搭載しているので高くなるのである．飛行機は，設計的には絶対に落ちないことになっている」（ナブテスコにおけるヒアリング調査〔2010年9月7日実施〕）．

15）システムへの要求定義（requirement definition）の段階では，ボーイングは必要なシステム要求の定義だけを行い，その実行（implementation）は担当しなかった．7つの機能をAIMSにまとめたことにより，重量を20％，必要動力を30％削減できた（Norris, 1996, p. 44）．

16)　青山（2001），p. 8，Gormley（1997），pp. 29, 36. Pehrson（1996）．アメリカの航空交通システム（１箇所）は600万行，戦闘機は150万行，対潜哨戒機は150万行のソフトウェアで制御される（Sabbagh, 1996, p. 266）．

17)　岩瀬（1994），pp. 27–28．たとえば，気流が向かい風の時と追い風の時で，操縦感覚が大きく異なってはいけない．777の上下方向の制御には，C*U（シースターユー）と呼ばれる制御則が用いられた．

18)　９機のうち２機は疲労強度試験と静強度試験に用いられた．疲労強度試験では，気圧変化による膨張と伸縮の繰り返しによる金属疲労が調べられ，1995年１月から1996年３月まで圧搾空気の注入と吸引が約12万回（６万2000フライトサイクル）繰り返された．主翼の静強度試験は1995年１月14日に行われ，主翼を油圧惹起で引っ張り，予測通りに227ｔの加重で正位置から7.3m曲がった所で２つの翼が同時に壊れた（山中他，1997，p. 46，フィッツジェラルド，1997，pp. 8–9）．

19)　ウイングボックスは，ボーイングが設計し，富士重工業が製造する（月刊エアライン，2010，pp. 72，92–93）．

20)　ボーイングのプレスリリース（2022年５月５日付）（https://investors.boeing.com/investors/news/press-release-details/2022/Boeing-Names-Northern-Virginia-Office-Its-Global-Headquarters-Establishes-Research--Technology-Hub/default.aspx，2024年９月25日閲覧）．

第7章
航空機メーカーによる生産の効率化とコストの抑制

ボーイングは，航空自由化後のトータルコストの抑制という市場の要求や冷戦終結後のエアバスとの市場競争のもとで，短期的な株主利益を重視する経営方針への転換とともに生産コストを抑制してきた．ボーイングは，内製範囲を縮小して一括外注化を進める一方で（第6章），自社内部では情報通信技術やNC工作機械を導入して航空機生産の効率化と開発・生産コストの抑制に取り組んできた（第4章）．

本章では，ボーイングの航空機生産において，航空需要の増大に応じた増産に対応しながら，加工組立技術の高精度化・自動化・連続化に取り組んで生産を効率化する一方で，外注化を含めた生産拠点の選定を手段として労働コストの抑制に取り組み，そのことが自らの生産基盤の脆弱化と安全や労働の問題をもたらしたことを明らかにする．

以下，第1節でボーイングの生産拠点と分業構造を確認し，第2節で加工組立技術を高精度化・自動化し，最終組立工程にリーン生産システムを導入して生産を連続化したこと，第3節ではボーイングが生産拠点の選定を交渉材料にして労働コストの抑制を試みる一方で，広胴機と狭胴機の主力機で安全・労働問題を抱えたことを明らかにする．とくに本章では，シアトル・タイムズ（Seattle Times）の航空宇宙専門記者ゲイツ（Dominic Gates）の論考を参考にする．

1．民間航空機の生産拠点と国際的な分業構造

表7－1にボーイングとエアバスの納入機数の推移を機種別に示す．1990年代半ばには納入機の半数以上が広胴機だったが，1990年代末から2000年代は狭胴機が7～8割を占めた．月別平均の納入機数は，広胴機の787やA350は最大10機前後，狭胴機の場合，737は2018年のピークで48.3機，A320は2019年に53.5機を記録した．需要の増減はあるものの，傾向的には航空需要の増大に応じて，ボーイングは増産に取り組んできた．

表7－2に示すように，ボーイングは，ワシントン州シアトルのレントン

表７－１　ボーイングとエアバスの機種別（左）・月別（右）の平均納入機数

年	ボーイング								MD	エアバス							月産機数	
	狭胴			広胴				合計	合計	狭胴	広胴					合計	狭胴	
	737	707 727 717	757	747	767	777	787		DC MD	320 220	300 310	330	340	350	380		737 717	320 220
500機	11年	9年	11年	13年	12年	11年	6年			8年		15年	未	9年	未			
1990以前	1,969	2,821	332	825	343			6,290	2,802	132	520					652		
1991	215	14	80	64	62			435	171	119	44					163	17.9	9.9
1992	218	5	99	61	63			446	126	111	46					157	18.2	9.3
1993	152		71	56	51			330	79	71	44	1	22			138	12.7	5.9
1994	121	1	69	40	41			272	40	64	25	9	25			123	10.1	5.3
1995	89		43	25	37	13		207	49	56	19	30	19			124	7.4	4.7
1996	76		42	26	43	32		219	52	72	16	10	28			126	6.3	6.0
1997	135		46	39	42	59		321	54	127	8	14	33			182	11.3	10.6
1998	282		54	53	47	74		510	54	168	14	23	24			229	23.5	14.0
1999	320	12	67	47	44	83		573	47	222	8	44	20			294	26.7	18.5
2000	282	32	45	25	44	55		483	9	241	8	43	19			311	23.5	20.1
2001	299	49	45	31	40	61		525	2	257	11	35	22			325	24.9	21.4
2002	223	20	29	27	35	47		381		236	9	42	16			303	18.6	19.7
2003	173	12	14	19	24	39		281		233	8	31	33			305	14.4	19.4
2004	202	12	11	15	9	36		285		233	12	47	28			320	16.8	19.4
2005	212	13	2	13	10	40		290		289	9	56	24			378	17.7	24.1
2006	302	5		14	12	65		398		339	9	62	24			434	25.2	28.3
2007	330			16	12	83		441		367	6	68	11		1	453	27.5	30.6
2008	290			14	10	61		375		386		72	13		12	483	24.2	32.2
2009	372			8	13	88		481		402		76	10		10	498	31.0	33.5
2010	376			0	12	74		462		401		87	4		18	510	31.3	33.4
2011	372			9	20	73	3	477		421		87			26	534	31.0	35.1
2012	415			31	26	83	46	601		455		101	2		30	588	34.6	37.9
2013	440			24	21	98	65	648		493		108			25	626	36.7	41.1
2014	485			19	6	99	114	723		490		108		1	30	629	40.4	40.8
2015	495			18	16	98	135	762		491		103		14	27	635	41.3	40.9
2016	490			9	13	99	137	748		552		66		49	28	695	40.8	46.0
2017	529			14	10	74	136	763		575		67		78	15	735	44.1	47.9
2018	580			6	27	48	145	806		659		49		93	12	813	48.3	54.9
2019	127			7	43	45	158	380		690		53		112	8	863	10.6	57.5
2020	43			5	30	26	53	157		484		19		59	4	566	3.6	40.3
2021	261			7	32	24	14	338		533		18		55	5	611	21.8	44.4
2022	385			5	36	21	31	478		569		32		62		663	32.1	47.4
2023	396			1	32	26	73	528		639		32		64		735	33	53
合計	11,656	2,996	1,049	1,573	1,306	1,724	1,110	21,414	3485	11,577	816	1,593	377	587	251	15,201		

注：ボーイングとエアバス以外の航空機は除き，1990年以前に生産終了したL-1011などは含まない．A320にはA318/319/320/321/220，DCとMDには狭胴機のDC8/DC9/ MD80/MD90と広胴機のDC10/MD11を含む．「500機」の欄には500機納入に到達した年数を記載している．

出所：日本航空機開発協会（2024a），pp. Ⅱ-7-Ⅱ-8.

表7－2　主なボーイング機の生産拠点と輸送手段

	737	777 / 777X	787
最終組立	ボーイング（レントン /WA）×3	ボーイング（エバレット /WA）×1	ボーイング（チャールストン /SC）×1 ※2021年までは（エバレット /WA）でも組立
主　翼	ボーイング（レントン /WA）	ボーイング（エバレット /WA） →777X《複合材》	三菱重工業（日）《複合材》
胴　体	スピリット（ウィチタ /KS） ※2008年までボーイングのウィチタ部門 ※2024年にボーイングが買収	スピリット（ウィチタ /KS） 三菱重工業（日） 川崎重工業（日） スバル（日）	スピリット（ウィチタ /KS）………………(41) 川崎重工業 / スバル（日）…………(43/45/11) アレニア（伊）…………………………(44/46) ボーイング（チャールストン /SC）…(47/48) ※2009年からヴォートの後部胴体（47/48）とグローバル・アエロノーティカの中央部胴体の結合・統合（43-46）をボーイングに移管
輸送手段	陸上輸送（鉄道）	海上輸送	航空輸送

出所：ヒアリング調査や工場見学などから筆者作成.

(Renton) に狭胴機 (737), エバレット (Everett) に広胴機 (747, 777, 767), サウスカロライナ州のチャールストン (Charleston) に広胴機 (787) の最終組立工場をもつ. このうち787と737が生産機数の多い主力機種である.

第1に, レントンでは, 1954年にボーイング初の民間機707の原型機367-80が初飛行してから狭胴機の707, 727, 737, 757を最終組立し, 2022年時点では737のみを生産する (Sloan, 2013a, p. 34)[1]. 737の主翼はレントンで組み立て, 機首部 (コクピット) を含む胴体はティア1のスピリットがカンザス州ウィチタで生産し, 約2000マイル (3200km) を約8日間かけてレントンまで鉄道輸送する (Sloan, 2013b, p. 33). スピリットの工場は, 以前はボーイングのウィチタ部門だったが, ストーンサイファーの外注化の方針のもとで2005年に売却された. スピリットは, ボーイングだけでなくエアバスやボンバルディアにも航空機体を供給するグローバルなメガサプライヤに成長したが[2], 品質管理の問題で2024年にボーイングに買収されることになった.

第2に, エバレットでは, 広胴4発機747を生産するため1967年に工場を建設してから, 747, 767, 777, 787といった広胴機を最終組立してきた[3]. 777と777Xは, 主翼をエバレット工場で組み立て, 機首部はスピリット, その他の胴体は三菱重工業, 川崎重工業, SUBARUが生産する. 日本企業が生産する777の胴体は, 787と比べて機体が大きく空輸は困難なので, 名古屋港からコンテナ運搬船でシアトルまで2週間，通関の通過を入れると3週間かけて海上輸送する（川崎重工業，2005a，p. 7，航空機体メーカーA社におけるヒアリング調査〔2017年9月20日実施〕）．

第3に，2012年からはサウスカロライナ州のチャールストンにも787の最終組立工場を設置した．787は主翼を含む機体のほとんどに複合材を使用し，ボーイング機では唯一，国外企業の三菱重工業が主翼を生産する．787の胴体と主翼は，専用の輸送機ドリームリフターで航空輸送する．三菱重工業の主翼とスピリットの機首部（section 41）は，エバレットとチャールストンのそれぞれの最終組立工場に空輸する．一方，川崎重工業の前部胴体（43）とアレニア（Alenia，伊）の中央部胴体（44 / 46），SUBARUの中央翼ボックス（11）と川崎重工業の主車輪格納部（45）はチャールストンに航空輸送し，ボーイングのチャールストン工場で生産する後部胴体（47 / 48）とともに中央部胴体（43～46）に結合・統合し，チャールストンとエバレットの最終組立工場で完成機に組み立てた．ただし，787の最終組立は，2021年からはエバレットの組立ラインを廃し，チャールストンに集約した．

2．航空需要に応じた増産と生産の効率化

ボーイングは，1980年代に開発した767では，石油危機と航空自由化の影響で軽量化による低燃費の実現を最優先し，複雑精密加工を可能にする生産技術を導入した．1990年代には，航空機価格の抑制と増産への対応が必要になり，組立技術の自動化に取り組んだ．2000年代以降は，再び燃料価格が高騰する中で複合材料を採用する一方で，生産コストを抑制するためにリーン生産システムや移動式組立ラインを導入した．

（1）加工組立技術と複合材料による軽量化と生産コスト抑制

①複雑精密加工技術による軽量化と低燃費の実現

石油危機後に燃料価格が高騰し，航空自由化によってトータルコスト抑制が求められる中で，ボーイングは，1980年代前半に開発した767で燃費改善のための軽量化を最優先した．機体重量を軽減するために，継ぎ目のない一体化構造部品の複雑加工によって部品点数と締結具の重量を削減したり，余肉を削り出す複雑加工によって重量の削減に取り組んだ．

727（1964年就航）は内側形状が比較的簡単なので胴体外板は3軸スキンミラーで加工できたが（第4章），767（1982年就航）は形状が複雑なので5軸スキンミラーが必要であった．5軸とは，X，Y，Zの各軸方向の動きに，そのうちの2軸周りの回転軸a，bの動きを加えたものであり，5軸機を用いれば，角度が連続的に変化するねじれた面も容易かつ効率的に加工できる．

767の胴体外板は，乗降扉の周辺部分やフレームの取付部など強度の必要な部分のみを肉厚で残し，必要ないところは格子状に切削して余肉をとって軽量化するという複雑な曲面加工を行なった．スキンミラーで加工できない複雑なものや薄板は，アルミニウム合金を化学的に腐食させて厚さを変えるケミカルミーリングを用いた．ケミカルミーリングにより，1時間で約1mmだけ溶かし，マスキングによって部分的に板厚を変えた（原田，1984，pp. 15–16，YX/767開発の歩み，1985，p. 364，日経メカニカル，1993，p. 14，航空技術編集部，1993，p. 11）．

767の開発では，「Light is Right（軽いことは良いこと）」というスローガンをつくり，1図面当たり85g軽くして，機体当たり1360kgの軽量化を目標とした．開発に参加した高石征男（三菱重工業名古屋航空機製作所［当時］）は，「私どもが作る場合は，あまり削らない方がコストの点でいいという考え方をするんですが，彼ら（ボーイング——筆者注）はそうではなく，所要の強度以上を持たないように徹底的にぜい肉を削る」と回想し，澤田勝之（日本航空機開発協会［当時］）は，「1ポンドの重量軽減のために，100ドルくらいまでコストが上がってもよいという指数があったような気がします．それがだんだん設計が終了に近づいてきて，もっとウエイトを落とさなければいけないという段階になりますと，1ポンド落とすのに150ドルぐらいまでコストが上がってもよい——というような指示書が出」た．767では，複合材料を1530kg使用して567kg軽減し，新アルミニウム合金により295kg軽減し，少なくとも999kgの重量を軽減した（YX/767開発の歩み，1985，pp. 351–352，450–451）．

締結部での重量軽減も重要な課題であった．航空機の素材として用いるアルミニウム合金は溶接が難しいので，1機当たり百万本以上のリベットやボルトで部品や外板を締結する（日経メカニカル，1993，p. 10）．そこで，従来よりも頭部の小さいブライレス・リベットを使用して1本当たり0.5gの軽減で合計120kg（24万本）軽減し，従来の丸頭リベットの周囲を削り取ったリデュースド・ヘッド・リベットを使用して1本当たり0.05gの軽減で合計17kg（34万本）の重量軽減を期待した[4]．

原型機である767-200の機体重量は約81トン，乗員・乗客・貨物・燃料などを加えた最大離陸重量は約136トンであるため，素材開発と加工方法の改良で，少なくとも0.7〜1.2%の重量が軽減されたことになる．構造質量が1%軽くなると，926kmを1年間に3000時間飛行した場合，燃費は1年間で1機1万4000USガロン（53kℓ，45トン）を節約できるという試算もあり，767における重量軽減の効果は少なくない（松井，1998，p. 372）．現実には，部品点数の削減や複雑形状加工により，767における重量の軽減効果はこれよりも大きい．

②組立工程の自動化と生産コストの抑制

1990年代に開発された777では組立工程が段階的に自動化された．

胴体の組立のプロセスでは，第1に，胴体を構成する外板（skin）やストリンガ（stringer，縦通材），シアタイ（shear tie，補強材接ぎ手），フレーム（frame，円周方向の補強材）といった構成部材のサブ組立を行う．

第2に，メジャー組立の最初の段階として外板に対してストリンガやシアタイの位置決めを行う．かつては，多数の部品を正しい位置にセットするために組立治具で固定して位置決めを行なったが，治具は高価で種類が多く，開発に時間がかかり保管場所も必要になり，また位置決め用の治具の取り換えに時間を要した．そこで，ストリンガなどの部材に取り付けられたクリップを用いて，プラモデルのように空間上でロボットが位置決めすることで治具なし組立ができるようになった．たとえば777で主翼のインスパーリブを生産した日本飛行機株式会社では，767の同様の部材生産では部品のセットから孔あけ，打鋲までをすべて人手で行なった．777では，2m以下の組立では治具なし組立を実現したが，長い部材では孔だけで部品の正確な位置関係を保つことが難しかった（三菱重工業，2021，pp. 5-6，777開発の歩み，2003，pp. 196-201）．

第3に，外板とストリンガやシアタイを孔開け，打鋲する．孔開け後は，そのままリベットで打鋲するのではなく，発生するバリや切屑を除去・清掃し，部品合わせ面に防錆シールを塗布して再組立をしてから打鋲する．

手作業で行う打鋲は，エアハンマと当て盤の担当者が互いに顔が見えない状態で息を合わせた（田村，2014，p. 212）．手動位置決め方式の自動打鋲機（Automatic Riveter）が日本企業で導入されたのは767の生産であり，手作業による印（marking）を目指して操縦者（operator）が手動操作で打鋲した．777では，5軸NC自動打鋲機（NCリベッター）が導入され，3次元CAD（CATIA）の設計データからNCプログラムが作成され，NC制御で位置決めして打鋲した（酒井他，1997，pp. 37–38）．

777の生産では，三菱重工業とSUBARUがアメリカのジェムコア（Gemcor，現在はAscent Aerospace），川崎重工業はドイツのブローチェ（Broetje-Automation GmbH）から自動打鋲機を購入した．三菱重工業が担当する後部胴体（セクション46と47）では，1機分で外板23点，ストリンガ284点，フレーム195点，シアタイ約2500点を含めた約1万1200点を，26種類のリベットとボルトを計19万5000本使って締結した．外板の打鋲のうち50％で自動打鋲機を用いたが，セクション46では90％以上であったのに対して，セクション47ではほとんど使えなかった．その理由は，打鋲機は外板に垂直な状態で動作するため，曲面では高い精度で制御できず，セクション47は46に比べて胴体尾部に向かって3次元的に曲面になっているからであった．自動打鋲機は，板厚が一定でなく徐々に変化するテーパー部でも利用できなかった（日経メカニカル，1993，pp. 10，16，19）．

第4に，打鋲後はリベットシールを手作業で取り付け，内面を防錆塗装して出荷する．三菱重工業の広島製作所江波工場の場合は，767や777の胴体パネルを江波から神戸港に運び，積み替えてからシアトルまで海上輸送する（三菱重工業におけるヒアリング調査〔2024年8月21日実施〕）．

機体構造の組立工程に用いられる自動打鋲機は，位置決め機能，部材の搬送（ハンドリング）機能，孔開機能，リベット供給・挿入機能，打鋲機能が段階的に自動化され，生産コストを抑制したのである．

③複合材料の採用による軽量化の実現

燃費改善のための軽量化という市場の要求は，5軸制御NC工作機械という機械加工技術の導入だけでなく，強度重量比の優れた軽量化素材の開発を促した．複合材料を用いるようになると，生産技術は根本的に変化した．

当初は，ジェット機の材料として，主に安価で加工しやすいアルミニウム合金を用いて，軽くて強度の必要な部分やエンジン低温部にはチタン合金，降着装置やフラップのレール，ボルト類など集中荷重のかかる部分には鋼材，エンジンのタービンなど耐熱性が必要な部分には耐熱合金を使用した．1970年代以降は新素材開発，とりわけ2つ以上の素材を組み合わせた複合材料がアルミニウム合金を代替した．航空機には，ガラス繊維強化プラスチック（GFRP: Glass Fiber Reinforced Plastic）や炭素繊維強化プラスチック（CFRP: Carbon Fiber

Reinforced Plastic）を用いて，後者は1990年代以降に使用量が増えた．

図7－1にボーイング機の機体構造材料構成の変遷を示す．747では複合材料が1％にすぎないが，767では複合材料が3％（1530kg）を占め，CFRPを2次構造部材の昇降舵（エレベータ），方向舵（ラダー），補助翼（エルロン）に用いた．777では，破損すると飛行不能になる1次構造部材の垂直尾翼（1400kg）と水平尾翼（2900kg），70本の床桁材（490kg）などにCFRPを採用し，複合材料が11％（9500kg）を占めた．内装にはGFRPやCFRPをさらに5000kg使用した．787では複合材料が50％を占め，機体構造で最も重要な主翼を含む1次構造部材にCFRPを多用し，1機当たり約3万5000kg（35トン）のCFRPの使用を見込んだ（『日経産業新聞』2009年1月1日付，YX/767開発の歩み，1985，p. 351，松井，1998，p. 371）．**図7－1**からは，CFRPが増えるとともに，接合部分で相性のよいチタン合金も増えていることもわかる．

CFRPで一体成形すれば，劇的に部品点数を削減できる．CFRPの利用で先行するエアバスでは，A310-300（1985年就航）の垂直安定板の表面板と補強桁をCFRPで一体成形し，金属製と比較すると部品点数が2072から96に減り，重量を652kgから495kgに24％軽減した（松井，1998，p. 372）．

CFRP利用の起源は軍事にあるが，民間航空機への適用がアメリカで本格化するのは石油危機以降であり，1975年にはNASAが燃料半減を目的とするACEE（Aircraft Energy Efficiency）計画を始めた．計画では，エンジンの改良・開発で5～20％，軽量複合材料の使用で10～20％，層流境界層の制御技術の開

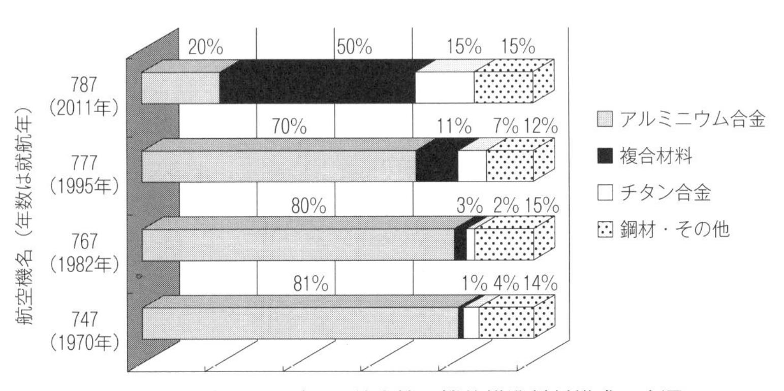

図7－1　ボーイング民間航空機の機体構造材料構成の変遷

出所：747，767，777のデータは今村・山口（1995），p. 214，Hyatt（1991），p. 273より，787のデータは横江（2007），p. 25より筆者作成．

発で10〜20%，空力荷重の制御技術による空力効率の改善で20〜40%の燃費改善を図り，総合して50%の効果を目指した．複合材料の使用は，ACEE 計画の中の CPAS（Composite Primary Aircraft Structure）計画で進め，マクダネル・ダグラスが DC-10，ボーイングが727と737，ロッキードが L-1011で NASA と契約を結び，民間航空機への適用を拡大した（松井，1998，p. 370）．

CFRP の生産プロセスには，炭素繊維を製造する段階と，炭素繊維を一本ずつ並べてエポキシ樹脂で固め，一方向で一層のテープ状のプリプレグと呼ばれる中間基材を製造する段階がある．ボーイングのような航空機メーカーは，調達したプリプレグを必要な形状に合わせて重ね合わせ，オートクレーブという釜で加熱・加圧することで，重量当たりの強度・弾性率が鉄の10倍で腐食に強い CFRP による部材を製造する．

冷戦期は，アメリカ国内の軍需も多く，ハーキュレスなどが軍需を中心に事業を拡大した．レーガン政権期には，軍用機用の炭素繊維の国内調達量を増やす決定をして参入企業が増えた．ところが，冷戦終結後のブッシュ政権は軍事調達費を大幅に削減し，1990年代前半には炭素繊維が深刻な供給過剰に陥ったことから，事業の撤退や吸収による企業の集中が進んだ．

他方，東レ株式会社は，1971年に世界で初めて商業用炭素繊維の生産を始めてから，釣り竿やゴルフクラブ，テニスラケットといったスポーツ用品向けに事業を拡大し，提携先のユニオン・カーバイドを通じて767と757向けにも炭素繊維を提供した．1990年代の統廃合を経て，PAN（ポリアクリルニトリル）系の炭素繊維市場では，2004年に東レ，東邦テナックス，三菱レイヨンで世界の生産能力シェアを78%まで高め，その中でも東レが36%を占めた．

炭素繊維市場で日本企業が圧倒的なシェアを占める一方で，分業が進んだ欧米では，炭素繊維を購入して中間基材のプリプレグを販売するメーカーが多く，プリプレグ市場はアメリカのヘキセルとサイテックが支配した．ところが，ボーイング機の１次構造部材用のプリプレグでは東レのみが認定を受け，777と787の独占供給者になっている．これを契機に，東レはプリプレグ市場でもシェアの拡大を目指した（青島・河西，2005a，同，2005b）．

航空機産業は総合的な加工組立産業であり，スポーツ用品など他分野で発達した日本の炭素繊維技術を取り入れることで，ボーイングは技術競争力を高めたのである．

（2）リーン生産システムの導入による生産の効率化

①日本製造業に対する調査団の派遣と交流

1970年代末頃から，日本の自動車，電機・電子産業は，世界市場でシェアを獲得し，アメリカの技術水準に追いつき，一部の分野では追い越すようになった．1980年代のアメリカ製造業は「国際競争力」が低下し，ヤング・レポートや MIT のプロジェクトでは具体的な問題提起がなされた（The Report of the President's Commission, 1985, Dertouzos, 1989）．アメリカ製造業は，日本自動車産業，とりわけトヨタ自動車のトヨタ生産システム，もしくはリーン生産システムに関心をもち，日本に調査団を送って視察や交流を重ねた．航空機産業でも，ボーイングは，まずは相対的に生産量が多い737の生産でリーン生産システムを導入した[5]．

ボーイングは，1989～90年に三菱重工業や川崎重工業の航空機工場に技術者を半年以上常駐させ，1990年末には民間航空機グループのギッシング副社長を社長直属の CQI（連続品質向上）責任者に任命した．副社長のもとで日本企業の品質管理・改善に関する研究・調査チームが派遣され，三菱重工業の長崎造船所，IHI の田無工場，トヨタの本社工場の他，パナソニックや富士ゼロックス，コマツの訪問や，トヨタ，NEC，新日本製鉄の工場や研究所を見学する幹部研修を実施した．1978年に始まる767の共同開発では，ボーイングは日本側に設計技術者の派遣しか求めなかったが，1990年に始まる777の基本設計では，シアトル常駐の280人の日本人技術者には多くの生産技術者が含まれた（『日経産業新聞』1991年1月5日，1991年6月13日，1993年5月18日付）．

ボーイングでは，伝統的に設計と製造の間に壁があり，最善で理想の設計の追求が製造現場におけるつくりにくさを生み出し，再設計でコストが上昇したり，購入した高額の工作機械が使用できないということもあった（『日経産業新聞』1991年1月5日付）．日本では，「現場が作りやすい設計にすることはコストダウンの最も有力な手段」（三菱重工名古屋航空宇宙システム製作所）という考え方が当たり前だが，アメリカでは設計技術者と生産技術者の立場の違いがしばしば指摘される[6]．

②リードタイムの短縮と在庫の圧縮

航空機需要は，1990年代前半は湾岸戦争や経済的な停滞によって落ち込んだが，1990年代後半は増大した．ボーイング CEO のコンディット（Philip

Condit）は，「亜音速の航空機では性能で競う段階は終わった．顧客である航空会社が求める低い運航コストなどの価値を提供」することを重視し，「航空機と自動車は違うという言い訳には耳を貸さない」としてトヨタ生産方式の導入を目指した（『日経産業新聞』1997年7月1日付）．

しかし，ボーイングは18カ月で納入機数を毎月18.5機から40機まで急激に引き上げようとしたため，部品メーカーの供給力や作業員の訓練が不足して生産が需要に追い付かず，1997年10月には納期が6カ月程度遅れていた（『日本経済新聞』1997年10月1日付）．部品点数は1機300〜600万点で仕掛かり在庫が約160億ドル（2兆円）に上ったことから在庫圧縮も課題であった（『日経産業新聞』1997年12月18日付）．さらに，1997年に運航を始める737NGを旧型の737クラシックと並べて1960年代の生産技術で製造することには問題があり，ボーイングはレントン工場を閉鎖し，マクダネル・ダグラスのカリフォルニア州ロングビーチ（Long Beach）の717の工場に737のラインを移転することすら検討した（Sloan, 2013b, p. 32）．

ボーイングは，トヨタグループのOBが設立した新技術研究所と契約し，現場の反発を受けながら在庫のムダを理解した（『日経産業新聞』1997年12月18日付）[7]．また，ボーイングは，航空機の仕様決定から納入までの期間を18カ月から9カ月に短縮するために，航空機設計・製造資源管理の仕組み（DCAC/MRM）を導入した（第1章）．

（3）航空機の増産と移動式組立ラインの導入

ボーイングは，リーン生産システムを航空機部品や主翼工場（図7-2）に導入し，最終的にはレントンとエバレットの最終組立工場に移動式の最終組立ラインを導入した．

①狭胴機における移動式組立ラインの導入

コルヴィ（Carolyn Corvi）は，2000〜05年にレントンの737/757プログラムの製造責任者を経て，2005〜08年に民間航空機の全プログラムの製造責任者になり，ボーイング社内ではリーン＋（Lean+）と呼称されたリーン生産システムや移動式組立ラインの導入を主導した（Gates, 2016, Sloan, 2013b, p. 32）．

2001年頃から，十数人程度のチームが最後まで同じ機体を担当して，工場内に敷いたレールの上で機体をゆっくり動かしながら機材や主翼，座席を取り付けるようになった（『日経産業新聞』2004年８月４日付）．2003年頃には，毎分２インチ（約5cm）で直線に移動するラインが形成された．これ以前は，出勤後に機体の向きを変えたり，部品が足りなくなって倉庫まで取りに行ったり，トラブル時に別の建物にいる同僚の到着を待つこともあった．

移動式組立ラインでは，専任者が機械工の道具や消耗品を補充する専用カート（"point-of-use" carts）を用意し，その日に必要な部品をそろえた（Holmes, 1998）[8]．ジャスト・イン・タイムの部品配送の結果，部品保管庫の過剰なスペースが不要になった．2001年の地震で建物が損傷すると，それを契機として最終組立ラインの隣の部品保管庫に使われていた場所に，生産をサポートする技術者が常駐する体制をつくった（Wilhelm, 2012）．2004年には14棟のビルから2500人をライン近くに集めた（『日経産業新聞』2007年２月５日付）．こうして737の組立期間は，1999年の22日から2005年の11日に短縮された（Wilhelm, 2012, Sloan, 2013b, pp. 33–34）．

表７－１に示した通り，737は2010年代に生産機数が増え，2018年には月別平均の納入機数が48機に達し，単純に考えれば３本の生産ラインそれぞれで毎月16機を生産したことになる．2014年には，生産ライン２本で毎月40機だったので，生産ライン当たり毎月20機を生産する計算であった．エアバスの場合，A320の月別平均の納入機数が53機を記録した2019年でも，最終組立ラインはドイツのハンブルク（Hamburg）に４本，フランスのトゥールーズ（Toulouse）に２本，アメリカのアラバマ州モービル（Mobile）に１本，中国の天津（Tianjin）に１本だったので，単純に平均すると生産ライン当たり毎月6.7機の生産だった（日本航空宇宙工業会，2023，pp. 223–224）[9]．レントンの737の最終組立ラインは，航空機産業ではかなりの量産ラインとみなせる．

2014年の時点で，レントンの２本の最終組立ラインは，１つが常に連続的に移動するムービングライン（moving assembly line）で，もう１つは断続的に移動するパルスライン（pulse line）だった．航空機を次の工程に移動させることと，作業時に固定構造物の代わりに固定するという目的を達成するためには，必ずしも常にラインを動かし続ける必要がないのである．

2018年時点のレントン工場の737最終組立ライン（図７－２）には，９つのポジション（flow-day position）があった．原則として各ポジションで１日の作業を行い，16時間の作業後に夜間に次のポジションに移動させ，10番目のポジション（catch-up day）に達するまでに10日程度で完成させることが標準であっ

（a）1990年代の737の最終組立ライン（移動式組立ラインの導入以前）

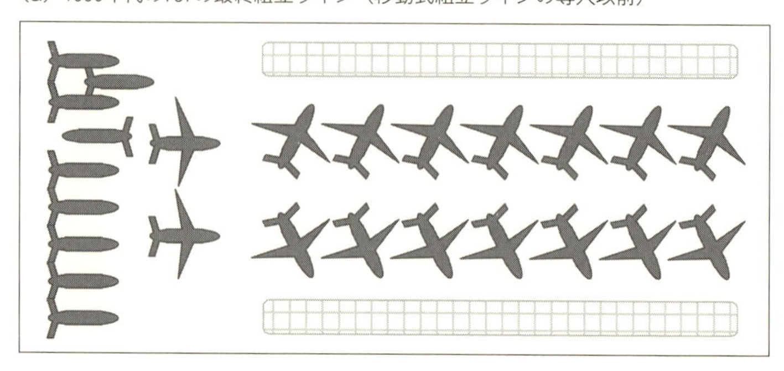

（b）2018年時点の737の最終組立ライン（移動式組立ラインの導入以降）

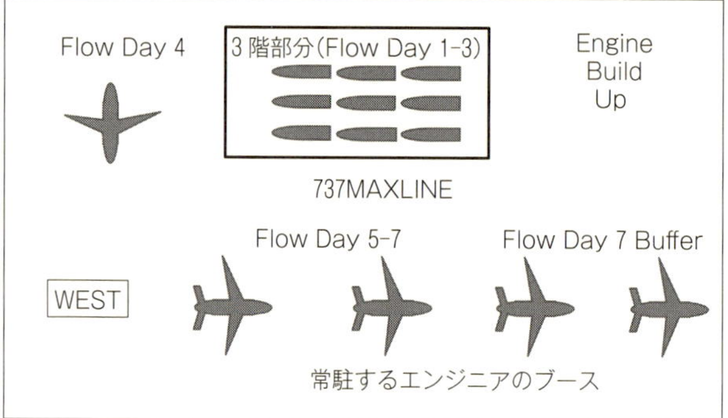

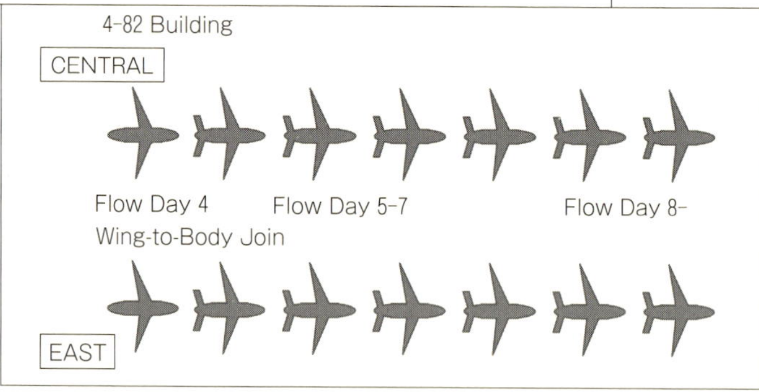

図7－2　レントン工場におけるボーイング737の最終組立ライン

出所：Sloan（2013b），pp. 32-39，Puget Sound Business Journal のウェブサイト（https://www.bizjournals.com/seattle/news/2018/09/18/boeing-737-production-63-per-month-renton-factory.html，2023年1月24日閲覧）及びレントン工場の見学（2014年3月19日及び2018年2月12日実施）より．

た．必要であれば６日で完成させることもできた．

大きくは，構造部材の結合，内装及び配線，エンジン搭載，試験の順に組み立てられる．まずポジション１～３で胴体内部の42マイル（約67.6km）に及ぶ配線や配管，断熱を行い，次に主翼や水平尾翼，降着装置，垂直尾翼といった構造部材を結合し，胴体内部の床や調理器具（ギャレー）が設置される．続いて降着装置の作動試験や加圧試験（ハイブロー）の試験が行われ，座席（シート）が取り付けられ，エンジンが搭載される．最後に設けられたバッファポジションでは，未完成機の作業が続けられる[10)]．

2014年時点では4-82工場と4-81工場に１本ずつ，合わせて２本の生産ラインがあったが，2017年５月には737MAX が就航しており，4-82工場にもう１本が追加されて生産ラインは３本に増えていた[11)]．

②広胴機における移動式組立ラインの導入

移動式組立ラインは，777や787といった広胴機でも導入された．

ボーイングは，2006年にエバレットの777の最終組立ラインにクローラー（crawler）と呼ぶ55トンの車輪付き台車をまず２台，最終的に６台導入して移動式組立ラインを形成した．それ以前のクレーンを使う方式では，移動させる機体の重量に制限があり，胴体部分に油圧や電気のシステムを設置する間は固定構造物（fixed structure）に固定されていた．クローラーは，クレーンと固定構造物の両方を代替し，航空機の構造に歪みを与えることなく，より重い部品を移動させられた．また，シートなどの内装品を早い段階で設置できるようになった．クローラーを設計・製造したノバテック（Nova-Tech Engineering）は，アラバマ州のデルタⅣロケットの工場でロケットタンクを運搬する車両や，レントンの移動式組立ラインで737を牽引する装置も供給した（Gates, 2006, 月刊エアライン，2010，p. 98）[12)]．777の移動式組立ラインは2006年から2010年１月に導入され，内装の取付，胴体結合，最終組立がＵ字型に同期し，その結果，2003年から2009年にかけてリードタイムは24％短縮，組立工数は34％削減された（安田，2013，p21）．

2011年から納入を開始した787は，外注化を進めたことでモジュールを結合するという性格が強くなり，**図７−３**に示すように，最終組立ラインは４つのポジションをもつパルスラインとなった．まず，４つのポジションに先立ったポジション０では，結合の前段階の作業がなされる．水平尾翼の結合，胴体後

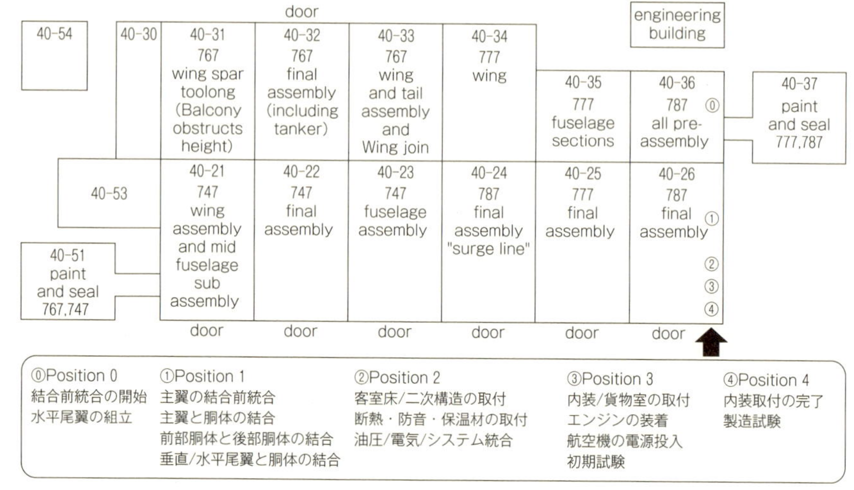

図７−３　エバレット工場（2014年）とボーイング787の最終組立ライン

出所：月刊エアライン（2011），p. 93，Gates（2014）及びエバレット工場見学（2014年３月17日実施）より．

部へのテールコーンの取付，垂直安定板へのラダーの取付，主翼先端へのウイングチップの取付などである．ポジション１では，航空機の基本的な構造と機体フレームが組み上がるため，主翼と胴体，胴体の前部と後部，尾翼と胴体が結合される．台車に支えられて移動する787は，ポジション２で降着装置が取り付けられて自力走行できるようになり，二次構造部が完成し，システムの取付として，床面や内装材，電気や油圧などの配線や配管の取付や接続がなされる．ポジション３では，エンジンが装着され，ギャレーやラバトリーも搭載され，電源が投入されて試験が始まる．ポジション４では内装の取付が完了する（月刊エアライン，2011，pp. 92–93，月刊エアライン，2010，pp. 49–50）．

最終組立工場を出てから機体受領までには，塗装や最終検査が行われる．787の場合，2014年の時点で，最終組立ラインでは１ポジションで１週間（3～7日），合計２週間から１カ月かかり，塗装や試験を経て航空輸送企業による受領までに２カ月かかった[13]．

ボーイングの塗装ハンガー（paint hanger）は，シアトルではエバレットに３つ，レントンに１つ，レントン工場近くのボーイング・フィールドに２つある．広胴機を扱うエバレットでは，通常は３～５日，スターウォーズやディズニーをテーマにしたような細かい塗装の場合は８～10日かけて塗装され[14]，１

機あたり777で約270kg，737で115kgの塗料を使用する（Sloan, 2013b, p. 33）[15]．

塗装後は，メーカーであるボーイングによる機能試験と飛行試験，続いてカスタマーである航空輸送企業による機能確認（customer walk）と飛行試験（customer flight）を経て，FAAが耐空証明を発行する．ただし，耐空証明の発行は，FAAの代理人としてボーイングの技術者が代替できる（第8章）．

3．生産拠点の選定と労働コストの抑制

ボーイングは，生産コストを抑制するために生産を効率化する一方で，しばしばストライキを実施して生産現場のコントロールを難しくする労働組合を問題視した．経営陣は，生産現場の改編と同時に，労働協約（bargaining agreement）の改定時に外注化や生産拠点の選定を交渉材料として賃金や福利厚生（benefit cost）の切り下げを試み，それが労働問題だけでなく安全性の問題をもたらすことになった．

（1）労働協約を通じた労働条件の向上

①1990年代までの労働環境

ボーイング経営陣は，数年ごとに労働組合と労働協約を結んで賃金や福利厚生の労働条件を定めてきた．1990年代以降は，待遇改善や雇用維持を求める労働組合に対して，経営陣は生産拠点の選定や外注化を交渉材料に用いて，労働組合の弱体化と雇用条件の切り下げを図った．

シアトルでは，ボーイングの機械工や組立工はIAM（International Association of Machinists: 国際機械工組合）の751地区（District 751）に所属する．IAM751地区は，1941年の結成後，ボーイング経営陣との交渉を通じて1990年代までに医療や年金といった福利厚生の仕組みを確立した（IAM 751, 2014, pp. 3-4）[16]．

労働協約の改定交渉中にあった1989年には，ボーイングの従業員16万6400人のうちIAMに加入する5万8000人が，エアバスとのコスト競争を意識する経営陣の提案を投票で拒否し，1977年以来となる48日間のストライキを決行した．1995年の69日間のストライキでは，IAMが「製造部門の海外下請け発注は雇用機会の喪失につながる」と主張したのに対し，経営陣は「メガコンペティションに生き残るには生産の多国籍化が避けられない」と考えた（『日本経済新聞』1989年10月4日付，1995年11月24日付，1995年12月12日付）．

SPEEA（Society of Professional Engineering Employees in Aerospace: 航空宇宙専門技術者協会）に所属する設計や認証に関わる技術者は，シアトルに本社を置くマイクロソフトなどハイテク企業の技術者との所得格差への不満から，組合史上２回目となるストライキを2000年に38日間実施した（Mseitif, 2014, p. 36,『日本経済新聞』2000年３月18日付，2000年６月２日付）.

②787におけるサブ組立や部品生産の外注化

ボーイングは，777に続いて音速に近い遷音速で飛行するソニック・クルーザーを開発していたが，2001年の同時多発テロと景気後退による航空需要の低迷と，コスト抑制という航空輸送企業の求めに応じて2002年に方針を転換し，2004年に全日本空輸がローンチカスタマーとなって787の開発を始めた．787では，それまでにも増して開発と製造を外注化し，労働組合との交渉でも外注化や生産拠点の選定が問題になった．

2003年，787の最終組立工場は，ノースカロライナ州キンストン，サウスカロライナ州チャールストン，アラバマ州モービルを退けてエバレットに決定された．決定の際には，人件費，税金，政府の規制も考慮されたが，エバレットの従業員の士気やワシントン州議会が可決した30億ドルの税制優遇措置が重要な意味をもった（Gates, 2003a）.

しかし，最終組立工場をエバレットに設置することが決まる一方で，開発と生産は大胆に外注化された．787プログラムの責任者のベア（Mike Bair）は，787では，リーン生産システムを取り入れる一方で，部品や組立の外注を増やし，777や767とは異なってグローバル・パートナーが大きなセクションを完成させてエバレット工場に納めるよう構想した（Gates, 2003a）．機体構造の65％と組立作業の大部分を外注し，777の時のように，設計と製造やエンジニアリングのチームが緊密に作業するためにエンジニアリング拠点と組立ラインを近接させることは必要としなかった．そのため，SPEEA 事務局長のボファディング（Charles Bofferding）は，サブ組立の設計に関わる技術者が職を失う可能性を指摘していた（Gates, 2003b）.

部品加工でも外注化が進み，ボーイング最大の部品製造施設であるワシントン州のオーバーン工場（Auburn）は，787ではほとんど仕事を得られなかった．ボーイングは，オーバーンで行う小型で単純な航空機部品の製造を国外に移すことを決め，国営航空会社がエアバスの顧客である南アフリカ，トルコ，ルーマニアの工場に3軸や4軸のフライス盤を移設した．ここには航空機の購入と引き換えに，輸入国に現地生産などの付帯条件を付けるオフセット生産を行うことで顧客を奪う政治的な目的もあった（Gates, 2003b, 2004a）．

③2005年と2008年の労働協約における妥協と外注化方針

2005年の労働協約の改定では，福利厚生費の従業員負担を増やす経営陣の提案に対して，IAM が28日間のストライキを実施し，787の完成と出荷を優先する経営陣は提案を撤回して妥協した．その一方で，2003年のボーイング社内文書では，「組合を弱体化させ，組合員を削減する」労働対策が練られていた（Gates, 2004b,『日本経済新聞』2006年1月19日付）．

2008年の労働協約の改定でも IAM は57日間のストライキを実施し，787の開発が1年以上遅れていたことから，最終的には経営陣が妥協した．ボーイングは，2005年のストライキでは最低でも3億ドルの利益を失い，2008年にも最初の1カ月だけで13億ドル以上の純損失を出した．組合が経営陣の提案を受け入れずにストライキに至った理由は，外注化の縮小を求める組合の要求が受け入れられなかったからであった（『日経産業新聞』2008年9月9日付）．その後に妥結した労働協約では，賃金と福利厚生が改善され，外部委託にも一定の歯止め措置がとられたが，787の外注方針は覆らなかった（Gates, 2008, Hoop, 2008）．ただし，減少する現役従業員が膨大な退職者を支える福利厚生の仕組みはボーイング経営陣から問題視されていた．政府の国民皆保険制度が整っていないアメリカでは，退職者の医療や年金費用も企業が抱えており，たとえば自動車メーカーの GM では，2008年の時点で過去15年間に「従業員の年金と退職者の医療費に1030億ドル（約10兆円）」を負担した（『日本経済新聞』2008年12月28日付）[17]．

（2）福利厚生の妥協を条件とした生産の継続

①労働組合をもたないサウスカロライナ州チャールストン工場の設立

サウスカロライナ州のチャールストン工場は，787の開発トラブルによってボーイングが意図せずに入手した第3の最終組立の拠点であり，労働組合との関係に深く影響した．ボーイングの外注化や生産拠点の移転は，労働者からみれば雇用の流出を意味し，経営陣は労働争議による損失を回避し，労働条件を切り下げるための手段として利用した．

マクダネル・ダグラスとの合併以降，経営陣は短期的な株主利益を重視し，外注化の方針のもとで，2005年にウィチタ部門をスピリットに売却した．チャールストンでは，ヴォート（Vought Aircraft Industries）に787の後部胴体の生産を外注した．この後部胴体と，川崎重工業から空輸される前部胴体は，アレニアとヴォートの合弁会社グローバル・アエロノーティカ（Global Aeronautica）がチャールストンで中央部胴体（43～46）として結合・統合するよう計画した．ところが，787のヴォート担当部位は，技術的，財政的な問題を有し，所有元のカーライル・グループは，さらなる資金投入を拒否してヴォートの売却を模索した．そのためボーイングは，2009年にヴォートのチャールストン事業を10億ドルで買収し，ヴォート（2008年）とアレニア（2009年）がもつグローバル・アエロノーティカの株式を取得して完全子会社のボーイング・チャールストン（Boeing Charleston，現在の Boeing South Carolina）とした（Gates, 2009）[18]．

ボーイングは，外部調達先とした2社の工場を買い取ってチャールストンに自社の生産拠点をもつことになり，2012年には7億5000万ドルをかけて787の最終組立工場を増設した．これに対して，市議会は2013年に法人税の徴収額を99％減額し，航空機を増産しても年間税額が100万ドル以下になるよう設定した．最終組立の物流支援は，2011年にニューブリード・ロジスティクス（New Breed Logistics）と，塗装施設は2015年にスカンスカ（SKANSKA）と契約し，生産拠点としての機能を整えた（PR Newswire US, 2011, The Associated Press, 2013, Paintindia, 2015）[19]．IAM751地区が入手した文書によれば，ボーイング経営陣は，チャールストンに787の最終組立工場を開設するリスクが高くエバレットにとどまる場合と比べて少なくとも15～20億ドルが余分にかかると理解していた．

コストがかかり，生産性が低くてリスクの高い生産拠点を選定した理由は，労働組合の力が弱い生産拠点を選定することによって，シアトルの労働組合の力を弱め，労働コストを抑制することであった（Mseitif, 2014, p. 67）．アメリカでは，雇用された労働者に労働組合への加入が義務づけられるユニオン・ショップ制がとられるが，従業員が労働組合への加入を自ら決める権利である労働権法（right-to-work laws）が州法で認められると，労働組合への加入義務はなくなる．2020年時点で労働権法は27州で認められており，それが早くから普及した南部では労働組合の力が弱く，チャールストン工場が立地するサウスカロライナ州はその典型である（West, 2008,『日本経済新聞』2013年10月17日付）．

ヴォートの労働組合も，ボーイングによる買収後，従業員の求めによって2009年にIAMから脱退した．ボーイング幹部の「主力工場で頻発するストライキを避けるためサウスカロライナ州を選んだ」という発言もあり，IAM751地区はNLRB（National Labor Relations Board：全米労働関係委員会）に提訴し，生産拠点の移転が法律に違反する報復行為と判断された[20]．

②2011年の労働協約と2014年の新協約における労働組合の譲歩

2011年の労働協約では，787の第2の生産拠点をめぐって労働組合と対立した経営陣は，NLRBに対するIAM751地区の訴状を取り下げることを条件に，2016年までの賃金や年金の改善と，新型の737MAXをレントンで継続して最終組立することを約束した（IAM 751, 2014, p. 4）．つまり，787の生産拠点を南部に建設する代わりに，労働条件を改善して737MAXの最終組立をシアトルで行うという提案であり，労働組合が労働協約を承認しない場合は，それらの約束を撤回する可能性があったのである（Mseitif, 2014, p. 63）．

2011年の労働協約は2016年までの契約であったが，2014年に，2024年を期限とする新たな労働協約（2016～24年）が前倒しで結ばれた．それまでは，賃金が増えない場合でも福利厚生の充実などで労使が妥協したが，2014年の改定では，賃金だけでなく年金や医療でも労働者側に譲歩が迫られた[21]．

交渉では777の発展型である777Xの生産拠点が問題になった．ボーイングは，ワシントン州議会が税控除などの優遇策（incentive package）を立法化し，労働組合が譲歩をして2016～24年の契約条項を認めるならば，ワシントン州で777Xの最終組立と主翼製造を行うことを言明した．それを受けて州議会は，ボーイングが州内で777Xを製造することを条件に87億ドルの税控除（tax break）を認めた．ところが2013年11月13日の労働組合の投票では，経営陣の提案が1対2で拒否された．アメリカでは，経営陣の提案する労働協約案は，労働組合の執行部だけでなく，全組合員の投票によって受け入れが決まるのである．

そのため経営陣は，777Xの生産拠点について他州からの入札を求め，アラバマ，カリフォルニア，カンザス，サウスカロライナ，ユタの少なくとも6州と協議した（Gates and Brunner, 2014, Rosenthal, 2013）[22]．しかし，土地と施設，インフラ（高速道路や鉄道，海港等），労働者訓練プログラム，低い税金と法規制，熟練労働者の存在という条件を最も満たすのはワシントン州であった[23]．

経営陣の再提案に対して，改善がないという理由でIAM 751地区の指導部は再度の投票すら拒否をした．ところが，IAM の全米指導部は751地区の指導部の考えに反対し，クリスマス休暇中の2014年１月３日の投票を命じた（Gates and Brunner, 2014）．州経済への影響を懸念する政治家のキャンペーンに加え，IAM のバッフェンバーガー会長（International President Thomas Buffenbarger）は経営陣の提案の承認を勧める手紙を組合員に送った．３万2000人の組合員のうち２万3900人が投票し，提案は600票差（49％対51％）で承認された（The World's Finest Workers, 2013, p. 2, Gates and Brunner, 2014, IAM 751, 2014, p. 4）．

2014年の労働協約でも，777X の生産拠点をシアトルにおく代わりに，労働条件の切り下げが提案された．2011年以前の交渉と異なるのは，ボーイングが現実に代替の生産拠点を手にしていたことであり，雇用流出の現実的な懸念のもとで労働条件が切り下げられたのであった[24]．また，2008年の金融危機で企業の医療費・年金負担が問題視され，製造業の国内回帰にともなってアメリカ全体で労働コストの切り下げ圧力が強くなっていたことも背景にある．2010年の労働者の時間当たり賃金は，シアトルの28ドルに対して，チャールストンは14ドルであった（Robison, 2022, p. 106, 邦訳，p. 177）．

なお，2014年に結ばれた労働協約は2024年が期限であったため，2024年９月に労働協約の交渉がなされた．４年間で40％の賃上げという労働組合の要求に対して，25％の賃上げで合意を迫る経営陣の提案は，組合投票で95％の反対で否決され，16年ぶりのストライキが行われた．2018～23年に航空宇宙・防衛産業の給与が12％増えたのに対してボーイングでは6％減少したことや，年間賞与を廃止して賃上げの原資にまわすといった内容が批判を浴びたのである．その後も経営陣の提案は２回否決され，３回目の提案で，①４年間で38％の賃上げ，②一時金１万2000ドルの支給，③確定拠出型年金の会社負担増加を柱とする労働協約案が投票で承認され，54日間のストライキは終結した（『日本経済新聞』2024年９月９日付，同９月14日付，同９月15日付，同11月６日付）．

（３）生産拠点の集約と安全・労働問題

①787の最終組立を集約したチャールストン工場の品質管理問題

労働組合をもたず，労働コストの抑制を念頭に設置されたチャールストン工場には，2021年に787の最終組立が集約された．後述する品質問題で787の月平均納入機数が2020年に4.4機，2021年に1.2機と落ち込み，エバレットと２カ所の最終組立工場を維持できなくなり，2020年10月にチャールストンへの集約が決まった（Beene and Johnsson, 2020, Bonnassies, 2020）．787ファミリーで最大の787-10は，チャールストンで結合・統合される中央部胴体（43～46）がドリームリフターに乗せて運ぶには長すぎるという理由で，隣接するチャールストンの工場で2018年から最終組立がなされた（Johnsson, 2014）．787の最終組立は，技術的な理由から，787-8と787-9のみを最終組立するエバレットではなく，チャールストンに集約されたのである．

2022年時点でボーイングが目指したのは，レントンで狭胴機の737MAXを月産約50機，エバレットで広胴機の777/777Xなどを月産約４機，チャールストンで広胴機の787を月産10機，年間合計800機を生産して2018年以前の水準に近づけることであった（Gates and Brunner, 2022）．

ところが，ボーイングの主力機であるレントンの狭胴機737と，チャールストンの広胴機787は，その両方が2010年代末に品質と安全の問題を抱えた．二度の墜落事故を起こした737MAXの問題は，認証制度の面から第８章で検討する．787は，2013年にバッテリー火災事故が発生し，2010年代末には品質管理が問題になった．

チャールストンでは，当初からエバレットと比べて生産時の品質のばらつきが問題視された．電気系統の近くに工具や金属片が放置されたり，品質管理者が生産上の問題に対処しようとしても上司から拒否されることもあった．2014年には，カタール航空が，購入機のすべてをエバレットで最終組立された787にするよう要求した（The Seattle Times, 2020）[25]．

KLMオランダ航空は，2019年春にチャールストンから出荷された787-10について，はがれた座席，ピンの欠落や誤装着，締め付けが不十分なボルトやナット，燃料パイプの締め具が固定されていないなど，工場の品質管理が「許容可能な水準をかなり下回る」と指摘した（Slotnick, 2019）．一方，737MAXの墜落事故を調べていた司法省が787の生産にも調査を広げ，2019年４月にはニューヨーク・タイムズが2016年までさかのぼる包括的調査を行い，チャールストン工場の粗悪な生産，不十分な監督，「安全よりもスピードを優先する」文化の存在を報告した（Kitroeff and Gelles, 2019, Gates, 2020a）．

②2019年以降の787の品質管理問題

後部胴体の外板（skin）と二次構造（substructure）をボルトで結合する際に

は，どうしても隙間が生じるため，それを埋めるためにシム（shim）を用いるが，ソフトウェアの欠陥によってシムを正確に製造できていないという問題が2019年８月に発覚した（Gates, 2021b, Gates, 2020d）．ウォールストリート・ジャーナルが2020年８月に確認したFAAの内部メモによると，チャールストンでは製造方法が要件を満たすことを確認する試験を行わずにシムを生産していた（Tangel and Pasztor, 2020）．

2020年８月に発見されたもう１つの問題は，同じ後部胴体の接合部で，自動ロボット装置（automated robotic equipment）が原因で平滑性（skin smoothness）を欠くことであった（Gates, 2020d）．サイズ違いのシムと平らでない内側スキン（inner skin surface）という２つの欠陥が重なると，胴体の接合部に許容できないほどの隙間が生じる恐れがあった．さらに同年９月にはソルトレイクシティの自社工場で製造する787の水平尾翼で，規定以上の強い力で部品が締め付けられていたことが問題になり，すでに納入された約900機の787の追加検査が検討された（Gates, 2020c）[26]．

2019年にボーイングは，隙間を埋めるシムを製作する「スマートツール（smart tool）」を活用して自動化することを理由に，標準的な品質管理の手順（standard quality control procedure）を改革して約900人の品質の検査員（quality inspector）を削減することを決定した（Gates, 2020c）．しかし，再三にわたる品質管理の問題により，自動車産業出身の品質担当副社長は2021年12月にはボーイングを去り，IAMによれば品質の検査員が再び呼び戻された（Gates, 2021a）．2020年８月には，チャールストン工場における787の安全検査で，FAAから権限を委譲された代理人の技術者や検査員に対して経営陣が不当な圧力（undue pressure）をかけたとして，FAAは125万ドル以上の罰金を提案した（Gates, 2020b）[27]．2022年のボーイングの社内調査では，技術者の14％弱が経営陣による業務への干渉を感じており，４分の１はそのような干渉を報告した場合に報復されると考えていた（Gates, 2022d）．

787の生産では，外注先でも問題が生じた．2021年初頭には，複合材製の主翼を製造する三菱重工業の製造工程で，複合材の汚染により，構造に強度を与えるエポキシ接着を弱める可能性があるとしてボーイングがFAAに報告を行なった．2021年９月には，前方圧力隔壁の周りに許容できないほどの隙間が発見され（Gates, 2021c），同年10月には床梁のフレームを固定するチタン製金具を供給するイタリア企業のMPS（Manufacturing Processes Specification）が仕様を満たしていないという問題が発覚した（Gates, 2021d）.

一連の問題によってボーイングは，2020年10月から2021年３月まで787を納入できず，2021年４月に再開した納入は，５月にFAAから欠陥検査の計画に疑問が呈されたことで再び停止し，2022年８月にようやく納入を再開できた（Gates, 2021b, Gates, 2022a）[28]．787では2003～11年に開発費が150億ドル以上に膨らんでいたが，納期遅れに対する航空輸送企業への補償金として35億ドル，787の生産レートの低さと手直しによる製造コストとして20億ドル，合計55億ドルが2022年２月時点で開発費に追加された（Gates, 2022b, Gates, 2022a）.

ボーイングは，2009年に，認証業務におけるFAAの代理人を自ら任命する権限をもつODA（Organization Designation Authority: 指定権限委譲組織）の認定を取得したが（第８章），FAAは787についてはその権限を認めないことを2022年２月に決定した．737MAXは，2020年12月の運航再開の承認以来，納品前の最終検査がFAA自身によって行われたが，787についても納入再開後に同様の方針がとられるとされ，さらなる納入の遅れが見込まれた（Gates, 2022c）.

４．生産基盤の脆弱化と技術競争力の低下

本章では，ボーイングの航空機生産において，航空需要の増大に応じた増産に対応しながら，加工組立技術の高精度化・自動化・連続化に取り組んで生産を効率化する一方で，外注化を含めた生産拠点の選定を手段として労働コストの抑制に取り組み，そのことが自らの生産基盤の脆弱化と安全や労働の問題をもたらしたことを明らかにした.

第１に，1990年代以降のボーイングは，エアバスとの市場競争のもとで，航空機需要の増大に対応しながら生産の効率化に取り組んだ.

機械加工やサブ組立の工程では，1970年代から1980年代半ばや2000年代以降に強く求められた燃費改善という市場の要求に対して，５軸制御NCフライス盤を導入して余肉を削り出す複雑加工や，部品点数と締結具の重量削減，素材メーカーと協力した複合素材の採用によって重量を軽減した．最終組立工程では，1990年代以降のコスト圧力の下で，ボーイングは，日本製造業に学んでリーン生産システムや移動式組立ラインを導入した．1990年代はリードタイムの短縮や在庫の圧縮に取り組み，現場での改善活動を導入し，2000年代には移動式組立ラインをまずは狭胴機，続いて広胴機で導入し，737の組立時間を

1999年の22日から2005年には11日に短縮した．加工組立技術の高精度化・自動化・連続化に取り組み，生産の効率化と生産設備の増強を果たすことで生産の技術競争力を形成してきたのである．

第2に，ボーイングは，生産コストを抑制するために生産を効率化する一方で，しばしばストライキを実施して生産現場のコントロールを難しくする労働組合を問題視した．経営陣は，生産現場の改編と同時に，労働協約の改定時に外注化や生産拠点の選定を交渉手段として賃金や福利厚生の切り下げを試みた．

ボーイングは，2009年に，ワシントン州以外の生産拠点であり，かつ労働組合が存在しないチャールストン工場を手に入れ，2012年には787の最終組立工場を建設した．ボーイングの外注化や生産拠点の展開は，労働組合からみれば雇用の流出を意味したが，経営陣からみれば労働争議による損失を回避し，労働組合を弱体化し，労働条件を切り下げる手段となった．とりわけ，現実にボーイングが代替の生産拠点を手にしたことにより，労働組合は，雇用流出の現実的な懸念のもとで労働条件の切り下げを受け入れざるを得なくなった．

しかしながら，第3に，ボーイングは，労働組合に対抗する形での生産拠点の選定によって生産コストや労働コストを抑制し，短期的な利益を追求したことで，信頼性のある確実な航空機生産を行うためには多くの問題を抱え，自らの生産基盤の脆弱化と安全や労働の問題を招いた．チャールストン工場は，熟練した労働者や技術の蓄積が不十分であることに加えて，労働組合が存在しない中で利益を優先する経営陣のコスト圧力を直接的に受けた．2010年代末には，737MAX の墜落事故に加えて，787の品質問題がボーイングの経営に大きな打撃を加えた．2024年1月には飛行中の737MAX の非常口が落下する事故が発生した．

注

1）　ボーイングのウェブサイト（https://www.boeing.com/company/about-bca/renton-production-facility.page，2022年11月18日閲覧）．第2次世界大戦中に，この土地が州政府，さらには連邦政府に譲渡され，ボーイングの戦略爆撃機 B-29が生産されたことに起源をもつ．

2）　スピリットのウェブサイト（https://www.spiritaero.com/company/overview/history/，2022年11月18日閲覧）．

3）　ボーイングのウェブサイト（https://www.boeing.com/company/about-bca/everettproduction-facility.page，2022年11月18日閲覧）．

4）YX/767開発の歩み（1985），pp. 372–373．767は１機でチタンボルト６万本近くを使用した．重量軽減のアイデアが採用されると記念品が贈呈された．

5）当初，レントン工場では707，727が生産され，737はボーイング・フィールドに隣接する工場（L/N 272）で生産された．しかし，1970年の経済的停滞から受注が低迷すると，ボーイングは狭胴機の生産をレントン工場に集約した（Sloan, 2013a, p. 37）．

6）小松製作所の坂根正弘元社長によれば，アメリカでは「新機種の設計などを手掛ける開発技術者と工場の設備企画や改善を進める生産技術者の間にはステータスの違いがあって，前者が後者より上位という感覚がある」（『日本経済新聞』2014年11月21日付）．

7）新技術研究所は，トヨタ自動車のカンバン方式の生みの親とされる大野耐一の教えを受けた岩田良樹会長を中心に，トヨタグループの社員が集まって1987年に設立された．ボーイング民間機部門の製造・品質担当副社長のベッカー（Dan Becker）によれば，リーン生産システムは９ステッププランで導入した（山崎，2023，p. 75）．

8）このカートは1998年には導入されていた（山崎，2023，p. 76）．

9）Aviation Wire の記事「エアバス，ハンブルクに A320生産ライン増設 月産60機へ（2018年６月15日付）」（https://www.aviationwire.jp/archives/149470，2022年12月７日閲覧）．

10）2018年２月15日の PNAA（Pacific Northwest Aerospace Alliance：北西太平洋航空宇宙産業連合会〕のシンポジウム（シアトル），DNA の記事「ボーイング737が９日で出来上がる（2016年９月30日付）」（https://dailynewsagency.com/2016/09/30/how-boeing-builds-a-737-ax4/，2022年12月７日閲覧）．山崎（2023），p. 78.

11）2014年３月19日のレントン工場の見学時点で，737MAX 用に生産ラインを増設することが予定されていた．

12）1968年設立のノバテックは，1992年設立の AIT（Advanced Integration Technology）によって2017年に買収された．ノバテックは，737や777，787の最終組立のラインビルダーであり，エアバスのハンブルク工場における A320の４番目の最終組立ラインのラインビルダーでもある．アメリカの Electroimpact やスペインの MTorres が競合企業である（2018年２月15日の PNAA のシンポジウム〔シアトル〕）．777の組立は，段階的に20日から12日にまで短縮することが目標とされた．

13）787の生産は，当初は１ポジションで１日，組立に必要な作業日数は３日（ポジション３と４は同じ作業内容）が目指されたが（月刊エアライン，2010，pp. 49–50），2014年３月時点のレントンでは，１ポジションで３日，最終組立に合計２週間とされ，全日本空輸（シアトル）におけるヒアリング調査（2014年３月17日実施）では合計１カ月程度と説明された．Fly Team の記事「航空機のオーダーからデリバリーまでの流れ（スクート編）（最終更新日：2015/07/29）」（https://flyteam.jp/focus/report/1/2，2022年12月13日閲覧）によれば，2014年時点で787の最終組立の平均日数は25日から

1カ月程度であった．航空機の受領は，エバレットのペイン・フィールド（Snohomish County Airport），レントン近郊のボーイング・フィールド（King County International Airport），チャールストンのそれぞれで行われる．Sloan によれば，ロールアウト後は3～6週間を要する（Sloan, 2013b, p. 38）．

14）　月刊エアライン（2011），p. 94では，4～7日と説明されている．

15）　787と777X 以外のボーイング機は，基本的に胴体外板がアルミ合金製であり，生産プロセスでは鏡のように磨き上げられた機体外表面側を保護するために黄緑色の仮保護塗装がなされる（川崎重工業，2005b，p. 2）．塗装工程では，①保護塗装を除去し，②胴体全体を溶剤で洗浄して酸性洗剤で酸化除去し，③有色化学皮膜処理をしてから厚さ約0.1～0.25mm（0.4～1.0ミル）の下塗り，④厚さ約0.5～1.3mm（2～5ミル）の上塗りを行い，⑤型紙を用いて装飾模様を描く．塗装は，作業台やクレーンを利用し，作業者が噴霧器（sprayer）を用いて手作業で行う．重量超過は許されず，「一人前になるには15～20年かかる」（川崎重工業，2005a，p. 9）．CFRP は紫外線に弱く，生産過程で787は白色に塗装されている．

16）　751地区は1935年に設立が許可され，1941年に結成された．1915年までに8時間労働日，1950年に有給休暇，1951年に健康保険や生命保険，1955年に年金制度，1968年に歯科保健，1977年に退職者の医療や眼科の保険適用を獲得した．1971年には年末の休暇をクリスマスイブから新年まで延長し，1986年には完全なユニオンショップを勝ち取った．1974年からは経営陣との契約交渉目的を設定するために組合員の投票結果を使用した．751地区は，これら制度の獲得や拡充のために数年おきに経営陣と交渉を重ね，必要であればストライキを実施した．主なストライキは，1948年（140日），1965年（19日），1977年（45日），1989年（48日），1995年（69日），2005年（28日），2008年（57日）に実施された．

17）　全米自動車労組（UAW）によれば，2007年時点で「ビッグスリーの現役組合員平均で一人が退職者（配偶者含む）三人分の医療費や年金の費用をまかなう計算」であった．

18）　ボーイングのウェブサイト（https://www.boeing.com/company/about-bca/south-carolina-production-facility.page, 2022年11月19日閲覧）より．10億ドルの内訳は，ヴォートに対する前払金4億2200万ドルの免除と，現金5億8000万ドルであった．ヴォートは保有するグローバル・アエロノーティカの株式50％を5500万ドルで2008年6月にボーイングに売却した（McDermott, 2004）．

アレニアはイタリアのフィンメカニカ（Finmeccanica）の傘下にあり，グローバル・アエロノーティカは2004年に設立された．2004年，商務省の要請でサウスカロライナ州議会が，航空貨物施設に投資する企業に最大5000万ドルを提供するインセンティブ法案を可決したことで，ヴォートはチャールストンからシアトルのボーイング工場へ週20便以上運航すれば，資金援助の対象となった（McDermott, 2004）．

ヴォートの「スーパーインテグレータ」であった AIT は，ヴォートの工場で787の後部胴体部分を製造し，機体組立に不可欠な装置も製造していた．AIT のカナダ工場は，機体組立時に円形を維持する炭素鋼の中空円筒「シェイプリング（shape ring）」を製造したが，このリングを丸いまま維持できないという問題を抱えた（Greising, 2007）.

19）ME&K Building Group と Turner Construction の共同事業（BE&K/Turner）が，設計パートナーの BRPH とともに最終組立工場の設計・施工契約を獲得した（Airport Business, 2010）.

20）Getman（2014）, pp. 1651, 1654–1655,『日経産業新聞』2011年７月５日付．ボーイングの政府・地域社会関係担当副社長のキガ（Fred Kiga）は，労働不安（labor unrest）がボーイングの将来の製造拠点の決定に影響すると2011年に発言し，広報担当者はワシントン州当局に対して労働組合がストライキを起こさないのであれば技能と経験をもつ労働者が存在するエバレットを好むと説明した.

21）The World's Finest Workers, 2013, Gates and Brunner, 2014. IAM によれば，2016年以降は賃金の上昇率が小さくなり，確定給付型年金の廃止と確定拠出型年金への移行によって退職者の受取額は株式市場の変動に左右され，医療保険料の支払いと自己負担額が増える提案であった．なお，この交渉の時点で従業員（被用者）の７～８割はすでに確定拠出型年金プランに移行していた（Ostrower, 2014）.

22）ワシントン州は，2003年に787開発の際にも20年間で32億ドル相当の税制優遇措置をとり，787の最終組立ラインはエバレットに設置された．ただし，その後，787の最終組立工場がサウスカロライナ州にも設置されたことから，2013年の法案では777X の製造が州外に流出したら，ボーイングに対する税制優遇を取りやめる条項を含めた（Garber, 2013）.

23）ボーイングが求める420万平方フィートの土地と施設には最大100億ドルが必要と見積もられたが，ワシントン州にはすでに土地があり，追加的な建設で数十億ドルを節約できた．インフラについても，州議会で123億ドルの交通法案（transportation bill）が審議予定で，そこにはボーイングのレントン，エバレット，オーバーン，フレデリクソン（Frederickson）といった州内の工場間物流が含まれた．労働者訓練プログラムについても，コミュニティ・カレッジや実習制度（apprenticeship），ワシントン航空宇宙訓練・研究センター（Washington Aerospace Training and Research Center）などで訓練する人材が競合州の５倍と見積もられた（The World's Finest Workers, 2013）.

24）雇用と賃金をトレードオフの関係において労働組合に選択を迫る手法は他分野でもみられ，建設機械メーカーのキャタピラーは工場ごとに労働協約を更改する際に「工場廃止か，昇給凍結か」を迫り，シカゴ郊外の部品工場は３カ月のストライキを経て昇給凍結を受け入れ，カナダなど複数の工場は閉鎖か一時休止に追い込まれた．製造業の国内回帰は労働コストの低下をともない，GE のケンタッキー州ルイビル工場は，新たに約1000人を採用して温水器の生産を中国から移管したが，その条件は４割の賃下げと時給13ドルであった（『日本経済新聞』2013年12月13日付）．自動車産業では全米自動車労組（UAW）に加盟しないトヨタ自動車が，南部のミシシッピ州での最低時給を，UAW の基準より4ドル低い15ドルに設定し，賃金の切り下げ圧力となった（『日本経済新聞』2014年5月3日付）.

25）カタール航空は，787を2014年に18機，2020年に37機保有した大手の顧客である（日本航空調査室，2021，p. 112，日本航空調査室，2016，p. 108）.

26）水平尾翼は，当初はイタリアのアレニアのフォッジャ工場（Foggia）に外注したが，品質の問題で何度も遅れが生じたため，2012年に787−9が導入されるときに自社工場を開設した.

27）787オペレーション担当副社長，シニア品質管理者，配送担当取締役など少なくとも4人の上級マネージャは，検査員や管理者に対して，「検査の準備が整っていない航空機の適合検査」や早く検査を行うよう迫ったり，他の従業員と交代させると脅したりした．彼らは，航空機の外で待機し，検査にかかった時間や検査員が要請に応じて迅速に対応したかを監視した．「不当な圧力」を報告したマネージャには，昇進の面接を拒否する報復を行なった.

28）ロイターの記事「米ボーイング，787納入再開へ（2022年8月9日付）」（https://jp.reuters.com/article/boeing-787-idJPKBN2PE1Q7, 2022年12月6日閲覧）より.

第Ⅲ部

技術競争力を支える認証制度
——航空機を「とばす」——

ここまで，欧米の航空機メーカーが，商品としての航空機の使用価値と価値を，生産過程（第Ⅱ部）で生産し，流通過程（第Ⅰ部）で実現する際に技術競争力を発揮していることを論じた．それに対して第Ⅲ部では，認証制度が，製品が生産過程から流通過程に移行する際の条件になっていることから，航空機の設計・開発・生産・販売のプロセスと技術競争力を規定していることを明らかにする．航空機のような製品は，技術的に実現するだけでは商品として市場に投じて商業運航することはできず，国家機関によって安全性が認められなければならないという意味で，航空機を「とばす」段階を経なければならないのである．

第8章
国家の認証制度と航空機メーカーへの権限委譲

日本航空機産業は，機体やエンジン，システムの各分野で，欧米企業のサプライヤとして段階的に成長し，欧米企業の技術競争力を支える一方で，航空機やエンジンを生産する完成品メーカーとしては市場参入の障壁に直面している．たとえば三菱航空機のリージョナルジェット MRJ は，2008年に開発を始めて2013年に就航する予定だったが，10年以上の延期の末に2023年に開発を中断した．ボーイングの場合，トラブルのあった787-8でも開発期間（ローンチから認証取得まで）は7年4カ月であった（日本航空機開発協会，2024a，p. Ⅶ-15）．

欧米企業のサプライヤとして技術を蓄積してきた日本企業は，なぜ自動車や家電産業のように完成品メーカーとして市場参入できないのであろうか．完成品メーカーとしては，開発・生産段階で航空機やエンジンを技術的に「つくる」だけではなく，航空局の認証を取得して航空機を商業的に「とばす」必要があり，ここに市場参入の障壁がある．

一方，市場で独占的なボーイングでも2018年と2019年に737MAX の墜落事故を引き起こし，航空機の認証を航空機メーカー自身が与えている国家の認証制度が問題視されている（Schiavo, 1997, p. 177, 邦訳，p. 7）[1)]．

そこで本章では，製品の生産と販売の条件となる国家の認証制度に着目し，それがボーイングのような自国の航空機メーカーの技術競争力を強化する制度として機能する一方で，それがもたらす問題を明らかにする．

以下，第1節では航空機の認証プロセスを確認し，第2節では権限委譲を通じてボーイングが優位性を獲得する一方で，安全性が問題になっていることを明らかにする．なお，本章では，ボーイングの内装品の耐火性証明の担当者に対するヒアリング調査（2017年9月8日，2018年1月5日，3月2日はシアトルにおいて，2020年9月21日と2021年8月26日はウェブによる）にもとづいている（以下，「シアトル調査」と記述する）．

１．認証の一般的プロセスとボーイングの優位性

まず，アメリカにおける認証の一般的プロセスと耐火性試験の事例から，認証で資金と時間，人員が必要になる根拠を確認する．その上で，ボーイングが経験にもとづく技術開発力と政治的な交渉力を有することを指摘する．

（１）航空規則にもとづく設計と製造の認証

民間航空機には，絶対的な安全性と技術の確実性が強く求められる．自動車や鉄道，船舶といった交通機関に比べても，航空機はエンジンの停止や機体の損傷，システムの不具合が即座に深刻な重大事故につながる．そのため，民間航空機が航空輸送企業で運航されるには，航空当局によって強度，構造，性能が設計，製造，完成後の各段階で審査され，耐空性基準に合格して認証を取得しなければならない（月刊エアライン，2010，p. 84）．耐空性基準には，過去のトラブルから学んだ教訓や研究成果が反映され，安全性や信頼性，フェイルセーフなどの耐空性を確保するための基本的な考え方が集約されている．

民間航空機は，原産国だけでなく，各国の航空局で認証を取得しなければ国際的に運航できない．認証基準が各国で大きく異なると，航空機の設計は難しくなり，航空輸送企業は複数国の認証取得に費用を要し，各国の航空局は個別の審査に費用と労力を必要とする．そのため，航空需要の１/４ずつを占めるアメリカのFAA（アメリカ連邦航空局）と欧州のEASA（欧州航空安全機関）がそれぞれ基準を定め，共通化を進めている．他の多くの国もいずれかの基準に準拠し，二国間協定（bilateral agreement）にもとづいて耐空証明が別の国でも有効になる（航空機国際共同開発，2010，pp. 3，9–10）[2]．

民間航空機の商業運航のためには，アメリカでは，航空機の種類や使用目的によって航空規則（regulation）が定められ，型式証明（Type Certificate: TC），製造証明（Production Certificate: PC），耐空証明（Airworthiness Certificate: AC）という三段階のプロセスで強度や構造，性能が審査され，航空局から認証が与えられる（青木，2010，p. 84）[3]．

航空機メーカーは，第１に，設計図面（type design）が航空法の全要件を満たすと認可されることで型式証明（TC）を取得する．設計図面には材料や製造工程も定められ，部品図面や加工方法を示した加工図面，複数の部品を組み立

てた組立図面も含まれる[4]．

アメリカでは，連邦規則集（Code of Federal Regulation）の第14巻第25章（14CFR Part25）に座席数20席以上の民間航空機の耐空性基準が，2021年８月時点で１条から1801条（Sec. 25. 1～Sec. 25. 1801）まで402項目の航空規則として定められた．各項目で何種類もの試験がなされるので総試験数は膨大になる[5]．型式証明を取得するとFAAのRGL（Regulations and Guidance Library）にTCデータシート（Type Certificate Data Sheet）が掲載され，全機のシリアルナンバーを把握できる[6]．

航空機メーカーは，第２に，製品（product）が設計図面に従ってつくられ，各製造工程が設計図面を具現化するために適切な設定となっていると認可されることで製造証明（PC）を取得する．製造証明は，製造方法や検査手法，治工具管理，品質保証と品質管理体制が対象になる（航空機国際共同開発，2010，p. 8）．いつ，誰が，何をどうつくったのか，誰が検査したのか，ロットナンバーやパーツナンバーなどすべての作業記録がワークシートに記録，保管されることで事故やトラブル時の追跡が可能になる（traceability）．

サプライヤは，ボーイングによって使用設備や製造ライン，製造方法を指定されないが，加工寸法や保持する温度，時間，用いた設備，誰がいつ検査したのかという情報を適切に記録する．生産性向上のための設備変更は，ボーイングに報告される．サプライヤがボーイングに部材を納入する際には，出荷検査と受入検査を行い，素材の適合証明（Certificate of Conformance: C of C）が求められる．ボーイングは，定期的にQA（Quality Assurance）の検査員がサプライヤを監査（audit）する．

航空機メーカーは，第３に，承認された設計通りに個別の航空機を製造していると認可されることで耐空証明（AC）を取得し，航空輸送企業による商業運航を可能にする．耐空証明はすべての航空機に必要になるが，同じ設計や製造方法の航空機を量産する場合に，開発段階で設計や製造過程の検査を行なっているため，耐空証明で重複する検査を省略できるのである（航空機国際共同開発，2010，pp. 2–3）．

（２）ボーイングにおける新規開発機の認証プロセス

①認証取得計画と試験計画

新規開発機の認証を取得するためには，まず，申請者（applicant）のボーイングが，型式証明の取得方法や適合させる航空規則，いつ誰が検査，試験，書類確認，認可を行うかを示した認証取得計画（certification plan）を作成し，FAA の認可を受ける．同時にプロジェクトナンバーがあてがわれ，試験計画（test plan）や報告書（report）の作成が許される[7]．

次に，ボーイングまたはサプライヤが試験計画を作成し，FAA の認可（approve）を受ける．認証取得計画では証明する部材（parts）や適合させる航空規則を定め，試験計画では実施する試験の手順，場所，試験対象物，立ち合い者，試験前後の検査，スケジュール，試験結果の記載事項等を明確にする．

航空機メーカーは，材料試験，要素試験，部分構造試験，実大構造試験，全機試験という5階層の試験や解析を行う[8]．同じ部位でも，試験の目的によって試験の階層が異なり，内装品のシートの場合，動荷重試験は部分構造試験だが，耐火性試験は要素試験であり，ハニカムやプリプレグ，プラスチック素材の単品は材料試験になる[9]．飛行試験や地上で行う静強度試験，疲労強度試験を含む全機試験には多額の費用がかかるが，787では，提出された約3900の書類や資料のうち2280は飛行試験以前のものであり，飛行試験に至るまでにも多くの試験が必要になった（青木，2010，p. 85）．以下では，要素試験の例として，内装品のシートの耐火性試験を取り上げる．

②要素試験としての内装品の耐火性試験

試験片の構成と数量が記載された試験計画が認可されると，試験に先立つ検査によって，試験とその取り付けが認可（accept）される．ここでは，技術者（engineer）が航空規則に合致していると判断した設計図面と，試験片（test article）が合致していることを，技術者が発行した書類に従って試験前に検査官（inspector）が検査する．これは適合性検査とも呼ばれ，検査官は，試験片の履歴や来歴，試験の設定を調べ，指定された材料やプロセスが用いられ，設計に適合していることを確認する[10]．

試験片認証に関連する検査は，通常は二段階で実施される．まずはボーイング自身の QA のマネージャや検査員による検査であり，続いて認定機関（authority）である FAA の検査である．大型機の場合は，型式証明の申請者と製造業者が別企業であることが多く，ボーイングは日本企業を含むサプライヤを訓練，監査してから委任状を発行し，一定の検査を移管している．

次に，技術者が立会人（witness）となって試験を実施して，その結果を

FAAが認可（approve）する．第25章853条（Part25.853）の「内装品（compartment interiors）」の耐火性試験には，室温や高温下での垂直方向や水平方向への火炎伝播性や発煙性，燃焼カロリー，クッション素材構成での火炎損傷などの種類があり，機能部品ごとに必要な試験を行う[11]．試験実施後，ボーイングが写真やデータを添付して報告書を作成し，FAAに認可されると試験が終わる．しかし，不合格の場合は，部材の補強や改修後に，再試験のためにFAAに書類を提出して立ち会いを再予約する．量産を見込んで部材を生産していた場合は，製造ラインを再設計し，既に製造した部材を改修しなければならない．

シートが機内に取り付けられるためには，耐火性試験だけでなく，シートの設計図面に関するすべての試験を経て認可を受けなければならない．それからシートの製造が認可され，シートの取り付け方法が認可されると，シートの認証が終了する．

メーカーはコスト抑制のために設計の標準化を望むが，航空輸送企業は他社との製品差別化のためにカスタマイズを望む．シートには２人掛けや３人掛けがあり，接着の仕方や色，角度の違いにより部品番号や試験回数が変わる．試験に合格しても，２～３年で部材や接着剤の生産が終了すると，耐火性を含む内装品に必要な全試験をやり直さねばならないかもしれない（シアトル調査）．

小糸工業株式会社が航空機用のシート事業からの撤退を余儀なくされた事件は，試験に時間とコスト，労力が膨大にかかる例でもある．過発注のもとで試験計画や報告書の作成が日常的に遅れ，試験結果の偽装により2009年にEASAから当該シートの認証を取り消され，1000機，15万シート以上に影響を及ぼしたのである[12]．

なお，後述するように，認証のプロセスで「FAAによる認可」と記載した箇所の多くは，実際には権限を委譲された代理人によって代替される．

（3）経験にもとづく技術開発力と政治的な交渉力

認証の一般的プロセスを前提として，ボーイングは経験にもとづく技術開発力と政治的な交渉力を発揮してきた．

①経験の蓄積にもとづく技術開発力

第１に，ボーイングは航空機開発を通じて，FAAの航空規則に関する経験や知識，ノウハウを蓄積しており，それを仕様や材料，認証取得計画の管理・

共有システムに反映させている．

ボーイングは，主要9機種を開発し，1979～2023年で累計2万1414機を量産してきた．合併したマクダネル・ダグラスを含むと6機種と3485機が追加される．これはエアバスの累計1万5201機と比べても圧倒的に多い（表7-1）．

航空規則には必ずしも認証取得や証明の方法が細かく記載されておらず，認可する技術者の判断も一様ではない．ボーイングでは多種多様なパターンの経験を蓄積し，その内容を開発システムに生かしてきた．

設計図面の作成に先立ち，実現する機能や性能を要求仕様として定める．ボーイングは，仕様管理システム（Specification Control Drawing: SCD）を独自にもち，機能部品の独自設計や外注業者への設計依頼の際に活用する．たとえば，客室内の頭上収納棚（overhead storage bin）の開閉回数は6万回という仕様や，客室内をハイヒールで歩く際の接触面の面積や荷重の仕様が定められている．モスクワやシベリアという極寒地で，駐機中に客室内トイレの水の凍結による配管損傷を避けるために，蛇口を開閉せずに逆止弁で排水するという仕様は，再運航時の蛇口の閉め忘れを防止するために設けられた．

使用する材料は，基本的にボーイングが定める材料仕様認定品目リスト（Boeing material specification qualified parts list）から使う．たとえば東レ株式会社が開発した炭素繊維のトレカ（プリプレグ）は，BMS 8-276という名称で愛媛工場と石川工場，タコマ工場（アメリカ）が登録されている[13]．一度認定されても，工場の改修やM&Aによる社名変更の場合は再度の認定を要する．

認証取得計画では，ボーイングは120人程の専門家（cert plan specialist）を抱える．過去の派生型機を含む開発機について，すべての認証取得計画と設計図面を設計更新管理システム（Design Change Control System: DCCS）で管理し，社内で共有する．2000年代以降は紙媒体による管理が電子化され，2週間に1回はシステムが更新されている（シアトル調査）．

②類似する試験の省略

第2に，ボーイングは，ファミリー機や発展型機といった派生型機における航空規則の未適用や試験の省略，既存機における素材や調達先の変更時の類似性の判断と試験の省略によって，開発におけるコストと期間を抑制してきた．

認証取得計画には，申請者であるボーイングが，過去に類似の試験を行なった場合に試験を省略したり，要求事項が同じ場合に過去の試験データを使用することを記載し，それにもとづいて適合性評価方法（Method of Compliance: MoC）が，図面のレビューだけなのか試験を実施するのか決まる．

767の開発に参加した技術者によれば，「飛行試験でも，たとえば767のT/C用にレポートを出しますね．その中に，『データ処理は如何にしたか』という項目があるのですが，747で確立したシステムを使いましたという．その一言でFAAの承認が得られるわけです．そのシステムを開発するのに，非常に膨大なお金を使っている．建物や設備自体，あるいはソフトなど含めて，また対応の早さ等，我々，日本では基礎からやっていかなければいけないと思っております」（YX/767開発の歩み，1985，p. 454）．その他にも，777の防弾試験は，操縦室のドアの厚さなどの条件が737と同じという理由で省略された．

緊急避難（emergency evacuation）の要件では，不時着後90秒以内に全乗客が脱出しなければならない．100人乗りの航空機であれば300人の乗客を試験用に集めて，３回の試験結果が平均される．乗客は女性が40％以上，50歳以上が35％以上，50歳以上の女性が15％以上，２歳以下の乳幼児を模した人形３体を携行し，練習や説明は禁止などと定められている．実際には，FAAの検査官がパニックに陥った演技をするなど試験の妨害すらなされる（Part25. 803）．

737MAXの緊急避難試験は，寸法が変わらないという理由で1960年代に実施された試験がそのまま利用された．ただし以前と同じ航空機でも，項目が増えたら追加項目だけ審査が必要になり，類似性の度合いによって試験の必要性が判断される．737の事例ではないが，通路幅が一番狭くなるアームレストの高さ部分で，改修によって通路幅が２インチ狭くなっても搭乗人数が少なくなれば試験は不要だが，５インチ狭くなると試験が必要になったこともある．

航空宇宙調査会社Tealグループによれば，737MAXの開発費は，既存機の737 NGを再エンジン化した派生型機ならば30億ドルになるのに対して，新型機になると100億ドルになると見積もられた（Wilhelm, 2011）．

条件が変化した場合の試験の必要性も，FAAとボーイングが議論する．ある素材が生産中止になった場合，本来は代替素材の評価試験が必要になる．しかし，ボーイングは，ロビー活動の一方で，条件に変化がなく試験は不要であることを主張するために，その根拠となる試験データの比較計算を行う部門を有する．たとえば内装の壁紙に使うインクが２年で生産中止になると，代替インクを分子のレベルまでチェックして既存品との類似性を探る．FAAが類似性を認めれば，新しいインクを使用しても，新たな試験は不要である．航空規則にはこうした記載はなく，経験の蓄積がなければ試験は省略できず，新規の代替インクで製造する壁紙を再試験しなければならない（シアトル調査）．

③航空規則の法的策定への関与

第３に，ボーイングは，航空機開発や認証取得の経験にもとづいて，FAA による航空規則の法的策定にも関与することで，航空規則を策定の経緯から理解して，さらなる経験や知識，ノウハウの蓄積に生かしてきた．

耐空性審査では，設計図面が耐空性基準を満たす必要があるが，例外もある．従来の基準ではカバーされない新技術等を用いた場合に，安全性を確保するために一時的に設定される特別要件（special condition）や，別の方法による同等の安全性，厳格に基準を適用しなくても安全性が確保される適用除外（exemption）である（航空機国際共同開発，2010，p. 7）．

機内エンターテインメント（IFE）の場合，シート背面へのモニタの設置はかつての航空規則では想定されておらず，FAA はボーイングと書簡を往復させて特別要件を策定した．これを航空規則として発行する場合は公聴会が開かれる．ボーイングは常にその動向を追跡し，公聴会開催の場合は社内で意見が集約される．2001年９月11日の同時多発テロ後は，操縦室のドアを弾丸が貫通することを防ぐ航空規則ができた（Part25. 795（a）（3））．

双発機には，第２章で述べたように，洋上運航を制限するルール（ETOPS）がある．ボーイングは，777では，運航実績がない段階での早期取得（Early ETOPS）が FAA に認められた．これは，ルール策定に関与し，ロビー活動などを通じて政治的な交渉力を発揮するボーイングだからできたことである．マックナーニが CEO になる2005年には，ボーイングは66人のロビイストと920万ドル，その５年後には143人のロビイストと1810万ドルの資金を投じて，全米で第６位の政治圧力を加える企業となった（Robison, 2022, p. 103, 邦訳，p. 172）．

2．権限委譲による認証プロセスの効率化と安全性

FAA の認可権限はまず個人に，続いて組織に委譲された．それによってボーイングが検査前の説明や試験を省略し，認証プロセスを短縮，効率化できただけでなく，FAA の関与が相対的に小さくなり，安全性の問題が生じている．

（1）連邦航空局から航空機メーカーへの権限委譲

アメリカでは，航空機の認証を得るための試験の認可は，原則的にはFAAが行う．しかし，認可に必要な審査や検査，管理を行うには人員が限られるため，FAAから権限を委譲（delegation）された個人や組織が，FAAに代わって検査や試験の実施，認可や証明書の発行を認められている．前述の内装品の耐火性試験で，FAAによる認可と記載した箇所の多くを代理人が代替できる．

①航空局が管理する代理人制度

型式証明において，技術者は，連邦規則に合致していれば設計図面を認可する．検査官は，型式証明では試験片が設計図面や試験計画に合致していること，製造証明では製品が設計図面に合致していることを検査する．このうちFAAの技術者の権限はDER（Designated Engineering Representative: 指定技術者代理人）に，FAAの検査官の権限はDMIR（Designated Manufacturing Inspection Representatives: 指定製造検査代理人）やDAR（Designated Airworthiness Representatives: 指定耐空証明代理人）に委譲されてきた[14]．

DERは1980～92年に299人から1287人に増えたが，FAAの技術者とテストパイロットは89人から117人に増えただけだった[15]．747-400（1989年就航）では，認証活動の95％がFAAからDERに権限委譲された（GAO, 1993, p. 4）．2017年時点でFAAの技術者は300人程度である[16]．DERは，企業に所属して第三者は活用できないcompany DERと第三者が活用できるconsultant DERに分けられ，2020年時点で後者だけで2255人だった．なお，規則を包括的に把握するDERはadministrative DERと呼ばれる（FAA, 2020）．新しい規則が制定されたり，事故が発生した場合を除き，認証活動の多くが代理人に委託されているのである．

権限委譲の背景には，技術の複雑化と高度化がある．FAAの技術者がメーカーの最新の技術を十分に理解することは難しく，試験項目の作成も権限委譲されている．Schiavo（1997）によれば，FAAの技術者にとって認可に関わる訓練課程も少なく，最新の技術を取り入れた総合的な訓練プログラムも提供されなかった．とくにソフトウェアは複雑さを増し，777のソフトウェアは合計400万行以上，コンピュータは150台に及び，飛行制御用だけでも13万2000行で構成された．専門家によれば，2万行であっても完全な試験をするにはプログラムが複雑すぎる．さらにFAAがソフトウェアの試験を要求すると，すでにテストをして確認済みという理由でボーイングは要求を断った[17]．

高度で複雑化する技術に対して，FAA は，それに習熟するよりも航空機メーカーや個人に権限を委譲する選択をした．とくにアヴィオニクスや電気システム，コンピュータ・ソフトウェア，飛行負荷と管理，複合材料，衝突動力学，冶金学の分野で権限委譲が進展した（Schiavo, 1997, p. 184, 邦訳，p. 16）．

②メーカーが管理する代理人制度

GAO（1993）や Schiavo（1997）では個人に対する権限委譲が問題視されたが，それは制限されるどころか，現実にはさらなる権限委譲に向かった．

FAA は，2005～09年に効率性と有効性の改善を目的として，組織に対する抜本的な権限委譲を進めた．2005年11月に航空規則の第183章（14CFR Part183）が改定され，ODA（Organization Designation Authority: 指定権限委譲組織）の制度が導入されたのである（藤巻，2020，p. 2）．組織への権限委譲により，FAA が個別に代理人（DER）を任命する必要はなくなり，メーカー（ODA）が E-UM（Engineering Unit Member）と称する技術者代理人を任命するようになった．既存の company DER は，改めて E-UM に任命された．

ODA 制度の狙いは，リスクと重要性が低い認証業務を代理人に任せて，安全上重要な設計や「新しく斬新な」設計といったリスクの高い項目の審査・認証に FAA が専念することであった（House Committee, 2020, p. 59）．2018年には，ボーイングは自社の認証作業の96％を自らが行なった（Kitroeff, 2019）．

ボーイングは2009年に ODA 認定を取得し，2020年時点では ODA の認可証明本部（headquarter）が26人の管理者（project administrator）で構成され，ボーイング ODA が管理する E-UM は，耐火性や強度試験，燃料タンク，振動，試験パイロットなどの分野を合わせて合計900～950人にのぼった．耐火性部門では，社内の E-UM が13人，社外の E-UM（Outside Boeing E-UM）が10人程であり，そのうち２人が E-UM アドバイザーとして他の E-UM から報告を受けて，FAA の職員に報告を行なった．一方で，787の認証に携わった FAA の職員は20～25人だけだった（Gates, 2019）．製造証明でも型式証明と同様にボーイングは ODA の認定を受け，300人ほどの検査員（Boeing ODA Inspection Unit Member: I-UM）を管理する[18]．

ボーイングは，社内の技術者を代理人（Company DER や Boeing ODA E-UM）にすることで，FAA の技術者や第三者の consultant DER と比べて，試験や検査前の製品や試験内容の説明を省略し，認証プロセスを短縮，効率化できる．FAA にとっては，個人を管理しなくてよいので管理の手間を省ける．

2021年の時点で FAA から TC の ODA に認定されたのは，航空機（Boeing）とエンジン（P&W や GE）の他，ヘリコプタ，軽飛行機，レシプロ機の各メーカーと LCC（HWI）の13社であった（FAA, 2021）．

（2）権限委譲と代理人の独立性

2010年代は，ボーイング機の重大事故によって認証制度が問題視された．

787は，2011年11月の運航開始直後からトラブル続きで，2013年１月に日本航空と全日本空輸でリチウムイオン電池のバッテリー火災事故が発生して世界中の同型機が運航停止となった．NTSB（National Transportation Safety Board: 国家運輸安全委員会）の事故報告書では，①安全上の仮定の欠陥，②事故回避する設計要件の不備，③認証時の FAA による欠陥の未発見が問題視された[19]．

運輸省観察総監室は2012年に ODA 制度の弱点を指摘し，同年の FAA 近代化・改革法（FAA Modernization and Reform Act）で問題解決を求めた．FAA は2015年までにボーイングに対する13件の強制調査（enforcement investigation）を行い，ボーイングは問題の是正とシステムの変更，1200万ドルの罰金で和解合意した（House Committee, 2020, pp. 52–53, 61–62）．

ところが，2015年に FAA は，この流れに反する執行方針を示した．FAA は安全基準の違反にカウンセリングや訓練で対処するようになり，強制措置は2012年から2019年にかけて90％減少した（House Committee, 2020, p. 83）．2017年には，認証業務に関係する３つの労働組合が，FAA による航空機メーカーの監視体制の「変革（transformation）」に反対を表明した．「変革」の内容は，認証取得段階における適合性の調査をメーカーに委ね，FAA の関与は認証取得後の監査や継続的な運航安全活動に限定するというものであった．これは FAA の役割を，事前監視から認証後の監査・修正に大転換することを意味し，労働組合は営利企業の自主規制への依存を批判したのである[20]．2018年10月には2018年 FAA 再授権法が成立し，認証プロセスで，メーカーに審査を任せる項目を決める権限や，審査の途中でその項目を FAA がチェックする権限が FAA から取り上げられ，認証の主導権はさらにメーカー側に委ねられた（江渕，2024，p. 167）．

FAA による認証制度の管理が問題になる中で生じたのが，737MAX の墜落事故であった．2018年10月にインドネシアのライオン・エアで189人，2019年３月にエチオピア航空で157人の犠牲者を出し，それらをきっかけに認証制度が再び問題になった．直接の問題は失速防止のためのMCAS（Maneuvering Characteristics Augmentation System: 操縦性補正システム）にあった．

737MAXは，1968年就航の737オリジナル（737-100/200）が1144機，1984年就航の737クラシック（-300/400/500）が1988機，1997年就航の737NG（-600/700/800/900）が7096機，2017年就航の737MAX（-7/８/９/10）が1618機，合計１万1846機（2024年８月末現在の納入機数）というベストセラー機の12番目の派生型機である（日本航空機開発協会，2024b，p. 2，JATR, 2019, p. I）．

原型である737オリジナルは，乗り降りや荷物の積み下ろしがしやすいように胴体の位置が低くなるように設計され，それゆえ主翼の位置も低いことがエンジンの大きさを制限してきた[21]．737MAXに搭載されたLEAPは推力向上のためにエンジン直径が大きく，エンジンと地面とのクリアランス（高さ余裕）が足りず，エンジンの取付位置を前にしたことで機体の重心も前方に移り，空力的な理由によって飛行中に機首が上がりやすくなった．そこで，過剰な機首上げによる失速を防ぐために，水平尾翼を自動的に調整するMCASが導入された．機首の左右には迎え角（Angle to Attack: AoA）センサを取り付けて機首上げ角度を検出し，それが過大だったときに自動的に機首を下げるよう調整する仕組みだった（経済編集部，2020，p. 127，井上，2019，pp. 64–65）．開発コストを抑制するために，派生型機開発にこだわったことが，737MAX事故で問題になったMCASを必要にしたのであった．

737MAX墜落事故に関する米議会下院の最終報告書は，問題の回避を阻んだ５つの要因を指摘した[22]．

第１に，コストの抑制圧力である．生産ラインにおける遅延を回避してスケジュールを維持することがコストの抑制になり，競合するエアバスのA320neoに対する優位性になると考えられた．たとえば，2012年に737MAXのアヴィオニクス回帰試験の作業時間が2000時間削減された．

第２に，MCASの設計の欠陥である．迎え角（AoA）センサが故障したり，左右のセンサが大きく異なる値を出したときに，MCASが動作し，必要がないのに機首を下げる誤作動の可能性があり，エチオピア航空の事故では４回の誤作動を操縦士が止められずに墜落に至った．左右の迎え角センサの値が一致しない場合に警告を発する機能（AoA disagree alert）はオプション機能であり，墜落した両社は導入していなかった（井上，2019，p. 66，『日本経済新聞』2019年4月6日付）．また，737MAXは1967年の737オリジナル認証以降の多くの安全規則を満たす必要がなかったが，乗員警告システムのような最新の安全機能が搭載されず，MCASのような新システムと既存システムの相互作用が十分に分析されなかった（Gates, 2020）．ソフトウェア開発は外部の臨時社員に委託され，十分な資金と人員が投じられなかった[23]．

第3に，隠蔽の問題である．誤った迎え角データがMCASに与える影響や，迎え角の不一致の警告（AoA disagree alert）が機能不全であったこと，MCASで生じる問題の診断・対応に時間がかかりすぎるといった安全に関わる情報から，MCASの存在そのものまでが，FAAに伝達されなかったり，隠蔽された．737MAXの売込では，737を使用する航空輸送企業の場合は追加訓練が不要ということをセールスポイントとし，操縦士は56分の講習をiPadで受けるだけで，MCASの存在も認識していなかった（『朝日新聞』2022年1月23日付）．

パイロットが在来型の737から737MAXに移行する際にシミュレータ訓練が必要になると，シミュレータの導入に約1500万ドルの初期投資と時間当たり数百ドルのランニングコストがかかり，さらに訓練するパイロットの旅費や宿泊費，食費に多額の費用がかかった．2019年に246機を発注したサウスウエスト航空に対しては，シミュレータが必要になればペナルティとして1機あたり100万ドルを支払わねばならなかった．ボーイングは，FAAによってMCASが新機能と判断されてシミュレータ訓練が必要になることを避けるために，社外ではMCASと呼称せずに既存の飛行制御装置の微調整と説明することで，MCASを既存のシステムの一部とみなし，訓練やマニュアルの更新の必要をなくしたのである（Robison, 2022, pp. 136-137, 140, 邦訳，pp. 218-219，224）．

第4に，FAAの職員と代理人の日常的なコミュニケーションの不足である．ODA制度の目的はFAAの資源を効果的に管理することとされ，煩雑な手続きにより代理人（E-UM）からFAAの専門家への問い合わせや交流機会，問題や懸念事項の自由な意見交換が制限された．ODA制度によってFAAの管理上の負担が軽減される一方で，代理人は認証判断に影響する重要な情報をFAAに伝達できず，事故に至りうる問題が共有されなかったのである（House Committee, 2020, pp. 67-68，JATR, 2019, pp. 28-29）．

第5に，FAAの監視体制に対するボーイングの影響力である．E-UMは，

FAAの代理人であるが，FAAが監督責任を負うボーイングODAに管理され，ボーイングから給与や福利厚生を受ける．そのため，代理人は利益相反に直面したり，ボーイング社内の上司や役員から不当な影響を受ける危険がある．2016年の社内調査によれば，ボーイングの代理人の39％が経営陣による「不当な圧力（undue pressure）」を受けたと答えた．ボーイングの要請で，FAAの上層部がFAAの専門家の判断を覆したことさえある．なお，FAAからODAの指定をされた79社のうち，自身を監督するFAAの専用部署を有するのはボーイングだけである（Coughlin, 2019, p. 108）．

（3）ボーイングの介入による認証プロセスの効率化

FAAが任命する代理人（DER）から，ボーイングODAが任命する代理人（E-UM）への代替は何を意味するのであろうか．**図8−1**に示すように，DER（company DER）はボーイングに雇用されて給与を支払われるが，FAAに任命・監督・監査されてFAAに報告する．それに対してE-UMはボーイングODAに任命されて，同じ分野のE-UMアドバイザーに報告をして，E-UMアドバイザーがFAAの職員と連絡をとる（FAA, 2005, p. 59936）．E-UMを任命するのはボーイングであり，FAAは拒否権だけを有する（Kitroeff, 2019）．

DERは，FAAに直接監督・指導され，FAAの技術者に相談したり，アドバイスを受け，毎年の任命時に監査がなされる．しかし，ボーイングODAのもとの代理人（E-UM）はFAAの管理下にはない．ボーイングODAのマニュアルでは，仕事量や上司のプレッシャーについての懸念は社内の管理者に報告するように記載され，代理人（E-UM）のパフォーマンスの基準は「タイムリーかつ協力的に職務を遂行しているかどうか」とされた（Gates and Baker, 2019）．

FAAがDERを任命する試験では，筆記試験の後に，4人の試験官が1時間かけて行う口頭試問があり，少しでも間違えると即座に不合格となる．それに対して，ボーイングODAのもとでは，書類審査と15分程度の簡略な面接を経て代理人（E-UM）が任命される[24]．

開発コストやスケジュールに影響する場合は，ボーイング上層部やODAが代理人（E-UM）に介入することもあった．2009〜13年までボーイングのAR（E-UMの前身）であったレバンソン（M. Levenson）は，500件以上を認可し，737MAXではないが修理の認可を3回拒否した．最初の2回は上司に呼び出され，3回目は上司に求められた認可を拒否したところ，翌日に解雇された．

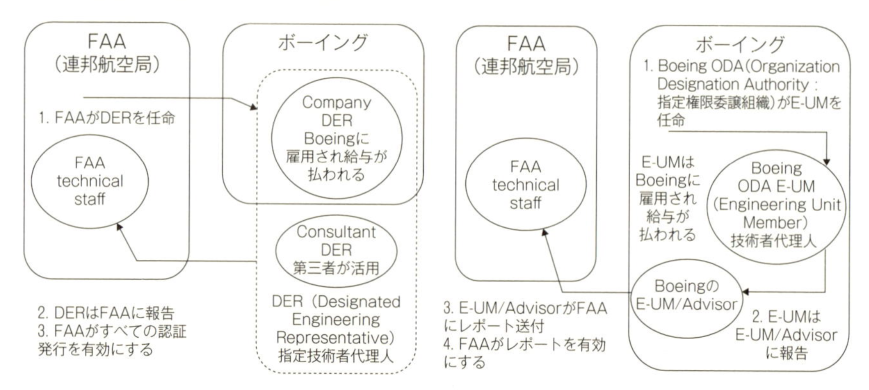

図 8－1　航空機の認証プロセスの変化（DER〔左〕と ODA E-UM〔右〕）
出所：Gates and Baker（2019）に筆者が加筆修正.

2016年には，737MAX の LEAP エンジン周辺の消火システムの試験で，ボーイング経営陣の求めに反して試験を厳格に実施しようとした代理人が計画から除外された．737MAX のいくつかの部材の修正を求める FAA の技術者に対しては，問題を認めないボーイングの主張を FAA の上層部が受け入れた．元 NTSB（国家運輸安全委員会）のゴグリア（J. Goglia）によれば，「安全規制に固執する技術者の排除は，それを目の当たりにした他の技術者に冷や水を浴びせることになり」，「システム全体を否定するもの」であった．

代理人（DER 及び E-UM）として737MAX を含むさまざまなプロジェクトに携わったベテラン技術者によれば，FAA が監督権をもちながら安全性の認証を権限委譲することは「本質的には何の問題もない」．FAA の技術者の多くはかつてボーイングで働いていたが，開発現場を離れると最新の技術に疎くなるからである．そのためゴグリアは，組織に権限委譲する現在の制度から個人への権限委譲，つまり旧来の DER に戻すべきだと論じる（Gates and Baker, 2019）.

3．認証制度を通じた技術競争力の強化と脆弱化

本章では，国家の認証制度がボーイングのような自国の航空機メーカーの技術競争力を強化する制度として機能していることを明らかにした．

航空機産業では，サプライヤのレベルでも参入障壁が存在するが，そこでは

欧米企業のサプライヤとして日本企業は段階的に成長してきた．しかし，航空機やエンジンを生産する完成品メーカーとしては，開発段階で航空機やエンジンを技術的に「つくる」だけではなく，航空局の認証を取得して航空機を商業的に「とばす」必要がある．認証の取得は，流通過程で製品を「うる」ための条件でもある．ボーイングは，FAA の認証プロセスの中で経験にもとづく技術開発力と政治的な交渉力を発揮してきたが，それが日本企業にとっては市場参入の障壁になっている．

第1に，ボーイングは航空機開発を通じて，FAA の航空規則に関する経験や知識，ノウハウを蓄積しており，それを仕様や材料，認証取得計画の管理・共有システムに反映させている．

第2に，ボーイングは，航空機開発や認証取得の経験にもとづいて，FAA による航空規則の法的策定にも関与することで，航空規則を策定の経緯から理解して，さらなる経験や知識，ノウハウの蓄積に生かしてきた．

第3に，ボーイングは，派生型機における航空規則の未適用や試験の省略，既存機における素材や調達先の変更時の類似性の判断と試験の省略によって，開発におけるコストと期間を抑制してきた．

第4に，FAA からの認証権限の委譲が航空機メーカー，とりわけボーイングに有利な状況をもたらした．ボーイングにとって社内の技術者が代理人（company DER や Boeing ODA E-UM）になることで，FAA の技術者や第三者の consultant DER と比べて，試験や検査前の製品や試験内容の説明を省略し，認証プロセスを短縮，効率化できる．さらに FAA の権限委譲が，FAA の任命する個人の代理人から，FAA が指定した組織に対してなされることで，FAA の関与を最小限に抑えてメーカーの管理下で任命される代理人が増えている．

ボーイングは，市場で独占的な航空機メーカーであり，ODA 制度のもとで FAA の監視体制に影響力を及ぼす．FAA ではなくボーイング ODA が代理人を任命・監督・監査するようになり，FAA と代理人（E-UM）の日常的な交流や情報の共有機会が失われた．ボーイング経営陣は，認証プロセスに介入することで，FAA の干渉を抑えて認証プロセスを迅速かつ効率化してコストや開発期間を抑制した．同時に認証における代理人の独立性を脅かし，FAA に対して必要な情報を伝達せず，隠蔽すら行うことで安全性の問題を引き起こし，2010年代末には主力の狭胴機である737MAX が二度の墜落事故を起こした．

航空規則は，FAA が策定するが，航空規則や権限委譲の制度の策定では，ボーイングのような航空機メーカーの要求も反映されている．実態をふまえれば，国家の認証制度はボーイングのような自国企業の技術競争力を強化する役割を果たしている．技術の独占は市場の独占をもたらす一要因であるが，国家を媒介して，技術の独占が社会制度の中で保障されているとみなすことができる．ボーイングは，積極的な国際分業や外注化によってリスクを分散しながら市場を獲得するが，それは技術競争力を基礎にしてこそ実現できるのであり，国家の認証制度によって根拠づけられているのである．

注

1）スキアヴォは1990～96年に運輸省観察総監（Inspector General）を務めた．

2）日本では耐空性審査要領で設計審査の技術的要件が定められる．第Ⅲ部（飛行機輸送 T）は14CFR Part25と同等であり，後者に連動して改定される（川勝，2013，p. 5）．内装品の耐火性（Part25. 853）は国土交通省（2020）の pp. 264-25～264-26，試験方法を定める Appendix F は pp. 173-24～173-26-11，308～350に対応する．

3）国際民間航空条約（シカゴ条約）の第８附属書「航空機の耐空性」の第１章（1. 4. 1）で TC，第２章（2. 2）で PC，第４章（4. 2. 3）で登録国における AC が定められている（国土交通省「航空機製造に関する安全認証制度」（2018年10月12日報告）の p. 5，https://www.cmi.iis.u-tokyo.ac.jp/event/20181012/20181012_05.pdf，2021年８月６日閲覧）．

4）たとえば機内後方ギャレーの図面は4000枚程である（シアトル調査）．新造機は TC だが，TC 取得企業が派生型機を開発する場合は修正型式証明（Amended Type Certificate: ATC），顧客企業に納入後に顧客企業が改修する場合は追加型式証明（Supplemental Type Certificate: STC）が取得される．航空輸送企業が座席配置を２クラスから３クラスに変更する場合に，パーティションなどの内装や重心（center of gravity）が変わるので STC が必要になる．

5）14CFR（https://ecfr.federalregister.gov/current/title-14，もしくは https://rgl.faa.gov/Regulatory_and_Guidance_Library/rgFAR.nsf/MainFrame?OpenFrameset，2021年８月22日閲覧）は運輸省（DoT）の管轄下にある．Part 25に耐空性の要求事項，Part 21に証明方法が示される．項目の数字順に規則性はないが，欠番は再使用されず，大きい数字ほど新しい．Final Rule が航空規則で，Document History や preamble（公聴会記録）に FAA の考えが示される．日本では飛行，強度，設計・構造，動力装置，装備の分野ごとに必要条件が規定され，全分野で400種類ほどの要件があり，１種類で文書は数百から千ページに及ぶこともある（東洋経済「三菱『MRJ』開発の難関，型式証明って何だ？」〔渡辺清治，2015年５月19日配信〕，https://toyokeizai.net/articles/-/70085，2020年８月19日閲覧）．

6）FAA のウェブサイト（https://rgl.faa.gov/Regulatory_and_Guidance_Library/rgMakeModel.nsf/Frameset?OpenPage，2020年 9 月 2 日閲覧）．777-200 の TCDS Number は T00001SE で，Serial Numbers が28691～35295の15機が Model 777-206である．TCDS 内には Certification Basis が示され，航空機の開発後に航空規則が変更された場合は改訂符号が記載され，満たしている航空規則がわかる．ボーイング社内では Serial Numbers に TAB（社内では effectivity と呼称）が紐づけられ，取り付けられる部品（仕様違い）をデータベースで管理する．機体番号ごと部品番号が変えられる部品もある．

7）認証取得計画には，航空輸送企業ごとの仕様の違いも反映され，IFE や構造，ギアなど要素ごとに各機体の仕様が番号（Cert Plan number）で管理される．

8）川崎重工業の報告資料（2014年 1 月23日）の p. 18（http://www.plum.mech.tohoku.ac.jp/jisedai/seminar2/kuraishi.pdf，2021年 8 月16日閲覧）．

9）要素試験では，それ以上分割されない状態が部品（parts）であるが，接着剤で結合したものは接着された構造で試験し，ネジで結合したものは別々に試験する．

10）FAA Fire Safty のウェブサイトの“Aircraft Materials Fire Test Handbook（https://www.fire.tc.faa.gov/Handbook，2020年 9 月 8 日閲覧）”の Appendix B The Approval Process, p. B-5．検査内容は，検査記録に記され，不具合はコメント欄に記載される．

11）Part25. 853では，b（reserved）と f（exemption）を除く，a（すべての内装品の火炎伝播性），c（シートクッション），d（大規模内装品パネルの発熱と発煙），e（d の適用除外部分の説明），g（灰皿設置要求），h（コンパートメントの炎の遮断性）の 6 項目が有効であり，a，c，d，h は Appendix F に記載された方法で耐火性試験がなされる．

12）Safety Issues with 150, 000 Koito Airline Seats Raise Serious Questions（by David Parker Brown）“AirlineReporter”（https://www.airlinereporter.com/2010/07/safety-issues-with-koito-seats-cause-industry-wide-issues/，2021年 8 月10日閲覧）．現在は小糸製作所の100％子会社のコイト電工株式会社である．

13）ボーイングが認可したプロセスや処理装置は下記で検索できる（http://active.boeing.com/doingbiz/d14426/GetAllProcessors.cfm，2020年 8 月20日閲覧）．

14）FAA のウェブサイト（https://www.faa.gov/other_visit/aviation_industry/designees_delegations/，2021年 8 月11日閲覧）．

15）Schiavo（1997），p. 184（邦訳，p. 16）では117人から89人への減少と記載されているが，原資料の GAO（1993），p. 4からの転載ミスと思われる．DER について定める『FAA Order 8110. 37（DER ハンドブック）』は，1979年の初版以降，改訂を繰り返し，2017年改訂の ORDER 8110. 37F が最新版である（FAA, 2017, 藤巻，2020，p. 2）．

16）シアトル調査．Company DER の免許取得から 5 年がたつと，Consultant DER の免許も取得できる．

17）Schiavo（1997），p. 182（邦訳，pp. 13-14）．777の飛行制御システムでは，バック

アップの3組のフライト・コンピュータに，同じチームのプログラマが書いた同じソフトウェア・プログラムが組み込まれ，故障の際に全機能の停止が警告された．エアバスでは，同じケースで異なるチームのプログラマが，異なるプログラム言語で作業する．

18）シアトル調査．ボーイングでは2017年頃までE-UMではなく，AR（Authorized Representatives: 指定代理人）と呼んでいた．

19）NTSB（2013），pp. vii–viii，x．最終的にトラブルの技術的原因は解明できず，バッテリーケースをステンレス製に変更し，仮に発煙しても煙を機外に排出する排気ダクトを設ける対処療法がとられた．

20）NATCA etc.（2017），pp. 0, 2, 6－7．労働組合は，アメリカ州・郡・市職員同盟（American Federation of State, County and Municipal Employees）と航空交通管制協会（National Air Traffic Controllers Association），AFL-CIOのProfessional Aviation Safety Specialistsであった．

21）航空評論家の細谷泰正「安全性懸念の『ボーイング737』もう限界？（2024年3月19日付）」（https://trafficnews.jp/post/131639/2，2024年9月6日閲覧）．

22）House Committee（2020），pp. 12–14, 17, 57．エチオピア政府とインドネシア政府の事故報告書も存在する．

23）Business Insiderによる「737MAXの欠陥ソフトウェアは低賃金，大学を出たばかりの臨時社員が開発（2019年7月3日付）」（https://www.businessinsider.jp/post-193842，2021年8月11日閲覧）．インドのHCLテクノロジーには臨時社員や契約社員がおり，時給9ドルの開発者も含まれた．

24）シアトル調査．DERの口頭試問の面接官4人は，2人が同じ分野，1人が違う分野の技術者，1人が倫理の専門家であった．E-UMの場合は，社内での長期的な教育を前提に簡略的な試験が行われ，倫理はオンライン教育だけである．

終　章

1．グローバル市場におけるボーイングの盛衰

（1）ボーイングによる技術競争力の獲得

本書は，航空機産業における製品の開発・生産・販売という一連のプロセスに着目し，ボーイングが技術競争力を獲得した理由を，新自由主義や冷戦終結を背景とする政治経済環境と企業経営の変化，国家の認証制度との関係に着目しながら明らかにした．

第1に，ユーザーである航空輸送企業の一般的・地域的・個別的な要求に対して，メーカーである航空機製造企業はその要求を満たすよう基本的な機能にもとづいて航空機市場を区分・細分化して市場設計し，標準化と多様化の両立に取り組みながら製品設計することで製品の技術競争力を形成した．

メーカーの視点からは，独占的な欧米企業が航空需要を類型化し，多層的な製品群から成る市場に区分している．ボーイングとエアバスは機体構造（エンジン搭載数や客室内通路数）で決まる座席数ごとに航空機を，GE，P&W，RR は航空機に対応した推力ごとにエンジンを供給する．航空路線に固有の要求には，原型機を長胴化・短胴化した派生型や改良・発展型というファミリー機が製品群に含まれて市場を細分化する．個別の航空機材のカスタマイズ要求には，標準仕様を基礎に特注仕様を減らしてオプション仕様を用意する階層設計によって，多様化・差別化と標準化・共通化を同時追求して生産コストを抑制する．

ボーイングの狭胴機の技術的基礎は707にあり，727，737，757で同じ胴体断面が採用され，すべてレントン工場で生産された．広胴機の747や767，777，787の胴体断面は異なるが，主にエバレット工場で生産され，787のみチャールストン工場で生産されている．エアバスの狭胴機の技術的基礎は A320にあり，A318，A319，A321で同じ胴体断面が採用されてハンブルクやトゥールーズで生産された．広胴機の A300，A310，A330，A340も同じ胴体断面であ

り，胴体断面が異なるA350とA380を含めてすべてトゥールーズ工場で生産された．

広胴機用のエンジンでは，P&WはJT9D，GEは1967年に始めた5系列の開発計画におけるCF6，RRは3軸構造のRB211といった大型のエンジン開発がその後に展開する製品群の技術的基礎になり，狭胴機用のエンジンでは，P&WはV2500とその後継で先進ギアシステム（Geared Turbo Fan）を採用するPW1000Gシリーズ，GEはサフランと合弁のCFM56やLEAPを技術的基礎として製品群を展開している．

ユーザーの視点からは，航空輸送企業の市場要求が，公害対策を前提として，航空自由化後は運航コスト（燃料費・整備費・人件費）と航空機価格を含むトータルコストの抑制という一般的要求，欧米域内を多頻度運航する狭胴機とアジア域内外を長距離洋上飛行する広胴機という地域的要求，企業や路線に固有の個別的要求から構成される．航空機メーカーは，航空自由化後は運航乗務員の2名編成運航やエンジン双発機を標準的スタイルとし，冷戦終結後の軍事市場の縮小とエアバスの台頭による市場競争の激化を受けて，ボーイングは市場の要求に応えて割引販売できるように開発・生産コストの抑制に取り組んだ．

市場を介した航空機の販売では，航空機販売を確実にし，販売後も開発を継続し，後継機に対する顧客のニーズを把握するための手段としてプロダクトサポートが機能することでメーカーの技術競争力を強化すると同時に，アフターマーケットとして収益源になった．とくにエンジンメーカーにとっては，航空機エンジンを販売して市場を獲得することが，部品を交換してアフターマーケットで利潤を獲得するための条件であり，メーカーは，非純正品や中古部品の流通に対抗して包括的整備契約によって交換部品市場を囲い込んでいる．

第2に，欧米企業は，階層的な国際分業構造のもとで，安全性と経済性を左右する基本設計や中核技術の開発（主翼や飛行制御システム，エンジンコア），最終組立とシステム統合という中核的なプロセスで主導的役割を担うことで製品の技術競争力を形成してきた．ボーイングは，コスト圧力のもとで内製範囲を縮小してシステムなどの一括外注化を進める一方で，自らは中核的なプロセスを担当し，日本企業などのサプライヤには周辺的な技術を担当させている．それによって自らの技術競争力の基盤を強化すると同時に，それら有力企業が競合企業として市場参入しないように囲い込んできた．

航空機メーカーにとって機体構造の中核技術は主翼であり，ボーイングの主翼開発は，自社保有の設備とともに，アメリカ国内のNASAや国防総省，大学が保有する風洞設備によって支えられた．主翼（後退翼）の複雑形状を機械加工するためのNCフライス盤は，軍事的要求のもとで開発され，民間航空機産業にも普及した．一方で，周辺技術はサプライヤの供給に頼り，日本の機体メーカーは分担部位を段階的に増やしてきた．設計情報のコンピュータ処理や3次元設計，データ通信といった情報通信技術は，国際分業の技術的基礎であると同時に開発・生産コストの抑制のために導入された．

航空機エンジンでも，機体構造と同様に，階層的な国際分業構造の中で，日本企業はサブ・コントラクタからモジュール・パートナーへと担当範囲を広げ，川崎重工業は中圧圧縮機，IHIは低圧タービンとブレード，三菱重工業は燃焼器生産などでサプライヤとして段階的に成長した．一方で欧米企業は，高圧圧縮機，燃焼器，高圧タービンというエンジンコアの開発・生産・販売で主導的役割を担っている．航空機産業における参入障壁は，サプライヤの段階での参入障壁と，完成品市場の段階での参入障壁という2つの意味で理解する必要がある．

システムメーカーとの関係では，ボーイングは，外注化によりシステム・サプライヤとシステム・インテグレータという関係を形成した．サブ組立や仕様の決定権限，サプライヤ管理，システム試験を一括外注化してコストを抑制する一方で，自らは中核領域を担当した．システム・インテグレータとしての技術競争力の源泉は，安全性と経済性を考慮する空力設計とシステム設計を行い，中核技術を含むすべての部材に設計思想を反映させ，最終的に複数のシステムを単一の航空機に統合して組み立てることにある．

第3に，ボーイングは，航空機需要の増減に対応しながら，生産過程でも，主翼の生産や最終組立のような中核的なプロセスを担当する一方で，階層的な国際分業構造のもとで周辺技術をサプライヤに外注化して，生産の技術競争力を形成してきた．

機械加工やサブ組立の工程では，燃費改善という市場の要求に応じて設計・開発された部材を生産するために，複雑精密加工を実現する5軸制御NCフライス盤や複合材料の一体成形技術を導入して重量を軽減した．エンジンメーカーのサプライヤとなった日本企業は，受注の量や担当範囲の拡大に対応して，単品生産から連続生産ラインへの転換，生産性の向上，生産拠点の拡充など生産能力の増大を追求してきた.

最終組立工程では，1990年代以降のコスト圧力の下で，ボーイングは，日本製造業に学んでリーン生産システムや移動式組立ラインを導入した．1990年代はリードタイムの短縮や在庫の圧縮に取り組み，現場での改善活動を導入し，2000年代には移動式組立ラインをまずは狭胴機，続いて広胴機で導入し，737の組立時間を1999年の22日から2005年には11日に短縮した.

ボーイングは，使用価値の面からは，生産する製品の種類と量の変動に対応しながら品質と生産を管理してきた．価値の面からは，市場競争の中で生産技術や生産システムの改良に取り組み，原価の低減，労働コストや外注コストの抑制を通じて労働生産性や資本の回転率を向上させ，特別利潤を獲得したり，競合企業に対抗して低価格製品を投入して市場を獲得してきたのである.

第４に，製品が生産過程から流通過程に移行する際の条件としての国家の認証制度が，ボーイングのような自国の航空機メーカーの技術競争力を強化した．技術競争力は，企業の経済活動の中で形成されるだけでなく，国家の介入によって強化されている.

航空機のような製品は，技術的に実現するだけでは商品として市場に投じて商業運航することはできず，国家機関が安全性を認められることで開発や生産が有効になり，顧客に販売できる.

ボーイングは，FAA（アメリカ連邦航空局）の認証取得における経験を蓄積するだけでなく，航空規則の策定への関与や類似する試験の省略，技術者個人やボーイングの組織がFAAから認証の権限を委譲されることで認証プロセスを短縮でき，コストも抑制できるなど認証取得に有利な立場を得られた.

航空規則は，FAAが策定するが，航空規則や権限委譲の制度の策定では，ボーイングのような航空機メーカーの要求も反映されている．実態をふまえれば，国家の認証制度はボーイングのような自国企業の技術競争力を強化する役割を果たしている．技術の独占は市場の独占をもたらす一要因であるが，国家を媒介して，技術の独占が社会制度の中で保障されているとみなすことができる．ボーイングは，積極的な国際分業や外注化によってリスクを分散しながら市場を獲得するが，それは技術競争力を基礎にしてこそ実現できるのであり，国家の認証制度によって根拠づけられているのである.

航空機産業は，開発・生産過程で技術として実現する「つくる」段階から，商品として商業運航できる「とばす」段階を経て，流通過程で商品として実現する「うる」段階に至ることでビジネスとして成立する．ボーイングは，航空機の市場設計，製品設計，製品開発と認証取得に至る製品の技術競争力と，生産プロセスで需要変動に応じながら製品を質的・量的に生産する生産の技術競争力を形成・獲得したのである．

（2）ボーイングによる技術競争力の喪失

本書では，ボーイングによる技術競争力の獲得だけでなく，2000年代以降にボーイングが自ら技術競争力の基盤を崩してエアバスに市場を奪われた理由も明らかにした．エアバスは，1980年代後半から成長し，2003年以降は2012～17年を除いて毎年の納入機数でボーイングを上回った．

ボーイングが技術競争力の形成・獲得に至ったそれぞれの要因は，過度なコスト抑制の追求により，技術競争力を喪失する要因に転じた．

第1に，コスト抑制のための過度な外注化は，人員の削減・流出とも相まって，トラブル対応能力やサプライヤを管理する能力の低下をもたらした．

787の開発では頻発するトラブルへの対応で運航の開始は2008年から2011年に遅延し，就航後も2013年にバッテリー火災事故が発生し，最終的にその原因は解明できず，対症療法的な措置で運航を続けている．

ボーイング民間機部門は，1997年から2005年までの8年間で11万8000人から5万309人まで6万7000人もの人員削減を行なった．その後，需要の低迷を脱して，増大する受注に対応するために増員しようとしても，シアトルの労働市場でマイクロソフトやアマゾンといった待遇の良い職業の選択肢が増えたことで，レイオフされた労働者の再雇用が増えなかった．民間機部門の従業員数は2015年から2020年の間に8万3508人から3万4624人に減少した．外注化によって開発・生産能力が外部化したことに加えて，生産プロセスにおける問題を把握，対応する人材と能力が失われたのである．

外部の有力企業に対する外注化は，必要に応じてコスト管理を委ねながら優れた技術を調達することで技術競争力の形成に役立ったが，過度の外注化により，サプライヤを管理しながら問題を把握・解決する自らの能力を失う事態を招いたのである．

第2に，開発コスト抑制のために既存航空機の派生型開発を優先したことが，737MAX墜落事故の要因となる設計の構造的問題を温存した．

原型である737オリジナルは，胴体と主翼の位置が低いため，エンジンと地面とのクリアランス（高さ余裕）に余裕がなく，機体を長胴化した派生型機に大推力の直径が大きいエンジンを搭載するためにはエンジンの取付位置を前にずらす必要があった．それにともなって機体の重心も前方に移って空力的に機首が上がりやすくなるので，失速を防ぐための MCAS（操縦性補正システム）が導入された．ところが，737MAX の認証プロセスで，MCAS の設計上の欠陥は修正されず，FAA によってその欠陥や問題が認識されることもなかった．12番目の派生型機である737MAX の開発費は，既存機の737NG を再エンジン化した派生型機ならば30億ドルだが，新型機になると100億ドルになると見積もられた．

原型機をもとに派生型機を開発して製品系列や製品ファミリーを提供することで，開発コストを抑えながら多様な市場の要求に応えられるのであり，そのように市場を設計し，細分化することが技術競争力の形成を示す．しかし，開発コストの抑制が優先され，古い機体の根本的な問題を解消しなかったことが問題を温存したのであった．

第3に，上記の要因に加えて，アメリカの認証制度のもとで自国企業であるボーイングが過度の権限委譲を受けたことで，737MAX の設計の構造的問題が認証を経ても温存，さらには隠蔽されたことが墜落事故の直接的な原因になった．

ボーイングは，737MAX を航空輸送企業に売り込む際の切り替えコスト（スイッチングコスト）の抑制を優先し，ボーイング経営陣が認証プロセスに介入して MCAS の技術的問題に適切に対処しないだけでなく，墜落事故の直接的な原因に対処しなかった．ボーイングは，組織として認証の権限委譲を受けたことで FAA の干渉を受けにくくなり，認証プロセスを迅速かつ効率化してコストや開発期間を抑制した．それだけでなくボーイング経営陣は，認証における代理人の独立性を脅かし，FAA に対して必要な情報を伝達せず，隠蔽すら行うことで安全性の問題を引き起こした．

航空規則を熟知したメーカーが認証権限を委譲されることは，認証にかかわるコストや期間を抑えるために有効であり，技術競争力の形成と強化を国家が媒介しているとみなせる．しかし，問題を抱えた航空機を期日と顧客への販売を優先して開発し，認証プロセスが適正に機能しなかったことは，墜落事故や品質管理問題という形で技術競争力の喪失をもたらしたのであった．

第4に，ボーイングは，生産コストを抑制するために生産を効率化する一方で，しばしばストライキを実施して生産現場のコントロールを難しくする労働組合を問題視し，労働組合の弱体化を図るとともに労働コストの抑制に取り組み，その結果，品質管理や労働・安全の問題を引き起こして技術競争力の脆弱化を招いた．

ボーイングは，労働組合に対抗する形で生産拠点を選定し，少なくとも短期的にはコストを抑制できたとしても，信頼性のある確実な航空機生産のためには多くの問題を抱えた．主力の広胴機である787の生産拠点となったチャールストン工場では，熟練した労働者や技術の蓄積が不十分であることに加えて，労働組合が存在しない中で利益を優先する経営陣のコスト圧力を直接的に受け，2010年代末に787の品質問題を発生させて，ボーイングの経営に打撃を与えた．

新技術の導入や生産プロセスの改善だけでなく，労働コストを抑えることも労働生産性を向上させるという意味で技術競争力を形成する要因になる．しかし，品質管理や労働・安全に問題が生じるまでの生産コストの抑制は技術競争力の喪失という結果を招いたのである．

上記の４つの問題は，過度なコスト抑制の追求の結果である．つまり，冷戦終結後の軍事市場の縮小やエアバスとの市場競争によって航空機産業の市場競争が激化したことで，新自由主義政策と航空自由化が招いたトータルコストの抑制という航空輸送企業からの要求に対して，航空機メーカーが積極的な対応を迫られた結果であった．そのような市場環境のもとで，ボーイングが短期的な株主利益を重視する経営方針に転じ，コストの抑制を最優先するようになったのである．

1997年にボーイング民間機部門が赤字に陥り，マクダネル・ダグラスとの合併と2001年の本社移転を経て，軍事ビジネスに慣れた旧マクダネル・ダグラスやGE流ビジネスを志向する幹部がCEOになると，短期的な株主利益が最優先された．株主への利潤還元やストックオプション（自社株購入権）を通じた株主と経営者の利益を実現するために，航空機生産という本業の業績よりも，得られた企業収益を自社株買いに回して株価上昇を図ることが最優先された．

短期的な株主利益を重視してあらゆるコストを抑制するボーイングの経営方針は，外注化による開発・生産コストの抑制，新規開発ではなく派生型機開発による開発コストの抑制，生産の効率化や労働条件の切り下げによる生産コストの抑制，そして認証プロセスへのボーイング経営陣の介入による認証コストの抑制や問題の隠蔽，認証の形骸化に表れ，製造業としての根本である労働と安全性に関わる問題を引き起こし，自らの生産基盤を脆弱化し，技術競争力の低下をもたらしたのである．

2．日本航空機産業の課題

航空機産業において，日本企業は，欧米企業の下請生産に始まって有力なサプライヤとしての地位を築き，機体構造だけでなくエンジンやシステムにおいても欧米のシステム・サプライヤと競合するだけの技術を蓄積してきた．サプライヤとしてより重要な役割を担うことは生産額の増大をともない，2000年代以降は，防需が4000～6000億円で推移する一方で，民需は2014年に1兆円を突破し，2020年には日本航空機産業の生産額1兆4698億円（修理含む）のうち66％を占めるまでに成長した（日本航空宇宙工業会，2023，p. 7）．

ボーイングなど欧米企業は，中核的な部位やプロセスで主導的役割を担い，有力企業を階層的な分業構造に組み込んで自らの技術競争力の基盤としながら，競合企業としての市場参入を阻むように囲い込んできた．この囲い込みは，一方で日本企業のサプライヤとしての成長の条件となり，他方で日本企業の完成品メーカーとしての自立的成長を阻んできた．

表序-1で示したように，製造業の規模で同程度のドイツやフランス，イギリスと比べて，日本航空機産業の生産規模が小さい理由は，完成品プログラムの少なさとアメリカ航空機産業への高い依存度にある．欧州諸国は，航空機ではエアバス，エンジンではRRが完成品メーカーとして市場を獲得している．日本企業は，エンジンでは欧米企業3社のそれぞれのプログラムに参加し，参加する部位や比率，契約条件の面で重要な役割を果たすが，航空機では基本的にボーイングの広胴機プログラムへの参加である．段階的に技術を蓄積して重要な役割を果たすようになってきたものの，エアバスとの関係をほとんど築かずに対米依存度が高く，ボーイング関連でもボリュームゾーンの狭胴機プログラムには参入できていない．

一方で，中国のCOMACは，リージョナルジェットC909（旧ARJ21）を開発し，2016年から成都航空の国内路線で商業運航を開始した．続いて100席級の狭胴機C919を開発し，2023年から中国東方航空の国内路線で商業運航を始めた．さらに200席級の広胴機C929を開発中である．C909とC919はいずれも，アメリカのFAAや欧州のEASAの認証を取得しておらず，自国の中国民用航空局（CAAC: Civil Aviation Administration of China）の認証で中国国内を商業運航している[1]．C919は737やA320という狭胴機のボリュームゾーン，C929は787やA350という広胴機に対抗する機種である．

航空機産業では，デファクトスタンダード（事実上の標準）として機能する欧米の航空局の認証取得を目指すのが一般的であるが，COMACは一定の航空需要をもつ中国国内の航空輸送市場での実績づくりを優先し，中国と政治的関係が深いアジアやアフリカの「グローバルサウス」と呼ばれる新興国・途上国に航空機を販売することで，欧米の航空機産業に対抗しようとしている．2024年末時点でC909は150機の納入機数と800機の受注機数，C919は14機前後の納入機数と1400機の受注機数である．中国国外でもインドネシアなどアジア諸国で納入が始まっている（『日本経済新聞』2023年6月21日付，2025年1月8日付）．

日本は中国ほど国内市場も大きくないので，欧米の認証制度をとらずに自国の認証だけで航空機産業を自立的に発展させることは難しい．日本企業にとっては，品質管理問題でゆれるボーイングの狭胴機プログラムやエアバスのプログラムにサプライヤとしてより重要な役割を担う方向で参入したり，欧州を参考にして東アジアや東南アジアで連携して完成品事業に参入するという可能性もある．かつては世界大戦で敵対した欧州諸国は，1952年にECSC（欧州石炭鉄鋼共同体），1958年にEEC（欧州経済共同体），1967年にEC（欧州共同体），1993年にEU（欧州連合）を設立しており，そうした政治的・経済的関係を土台にして1970年にエアバスを設立，発展させてきた．

しかし，欧州と比べると，アジアではアジア版エアバスとでもいうような多国間で行う合弁事業や共同開発の動きはみられない．欧州とは異なり，アジアでは，ASEAN（東南アジア諸国連合）のような先進的な取り組みはあるものの，東アジア諸国を含めた東アジア共同体のような政治的・経済的枠組みが存在していない．それを差し引いても，たとえば，日本企業と中国企業の合弁企業が多く設立されている自動車産業と航空機産業は対照的である．航空機産業は，多くの国で民生部門だけでなく軍事部門をあわせもつため，安全保障政策の影響を強く受ける．そのためアジアでも欧州のような航空機の共同事業を多国間でもつのは難しく，日本の産業政策でも安全保障政策が優先されることが民間機産業の発展の阻害要因となることがある．

枠組みをアジアまで広げるか日本国内にとどめるか，いずれにせよ，完成品プログラムを独自にもつための最大の障壁が認証取得である．製品の技術的実現である航空機を「つくる」段階から，認証取得によって市場投入と商業運航を可能にする「とばす」段階に移れなければ，受注を得た航空機を生産して販売する「うる」段階には到達できない．三菱航空機のMRJは「つくる」段階には達したが，あとわずかで「とばす」段階に到達できなかった．民間航空機は，「とばす」段階に達することで初めて開発したとみなせるのであり，航空機をつくる（技術的実現）ことと，とばす（商業運航）ことは異なるのである．

三菱重工業を含めて，日本企業は主にボーイングのサプライヤとして航空機生産を担う経験は豊富だが，システムの開発・統合を含めて完成機を開発し，さらに認証を取得した経験はほとんどない．ターボプロップ機のYS-11や三菱重工業のMU-2やMU-300（ビーチ・クラフトに事業譲渡）といったビジネス機は，日本航空機産業の歩みとして重要な経験であったが，いずれも1960～80年代初頭までの開発と数十年前の経験であるため，航空規則の複雑さや難易度が異なる．また，FAAの場合，座席数が20席以上か未満かで航空規則が異なるので，MRJとホンダジェットを単純に比較することもできない．

国家の認証制度は，民間航空機産業のビジネスにおける最も重要な要件の1つであり，認証取得のためには民間機ビジネスに特化した体制が必要になる．MRJでは，2008～20年で親会社の三菱重工業は3人の社長，三菱航空機は門外漢を含む6人の社長が務め，その間に開発責任者のチーフエンジニアは2回解任された．7人乗りのホンダジェットが一貫した体制をとったのは対照的である（山崎，2025）．三菱重工業は総合的な重工業であり，航空機だけをとっても軍用機と民間機では技術だけでなくビジネスそのものが異なる．ダグラスとマクダネル，マクダネル・ダグラスとボーイングの合併の例では，軍事ビジネスの経験にもとづく判断が民間機ビジネスにおける判断に消極的な影響を及ぼした．

戦後の自衛隊の防衛機生産は，米軍機の修理やライセンス生産に始まり，アメリカの影響を強く受けてきた．1990年代には，日米間の貿易不均衡解消を目的として，アメリカ政府が日本政府に要求を行なった．両国政府を介して，日本の航空輸送企業にはアメリカ企業の航空機購入の圧力がかけられ，747やMD-11といった大型機を大量に購入したという見方もある（栃尾，2016，pp. 5-6）．

日本では，航空機産業に対して，経済産業省は製造業としての産業振興，国土交通省が航空輸送行政や認証関係，文部科学省が研究開発や人材育成に関与する（津恵，2010，p. 142）．防衛省は防衛機の開発を担い，民間機は経済産業省が所管する関係にあるが，経産省の航空機武器宇宙産業課では，民間機の産業振興に主に取り組むものの，防衛機とのシナジー効果が求められるなど，ビジネスとして民間航空機産業を振興していくうえで，安全保障政策との調整が必要になった場合には後者が優先され得る（経済産業省，2023，p. 1）．「国産機」開発を目指すという「国策」のために，最初に認証を取得する機関を日本の国土交通省航空局（JCAB）にこだわることもネガティブな影響をもたらす．

中国がグローバルサウスを視野に入れて独自の産業形成を試みる一方で，日本製造業はアメリカや欧米諸国の経済活動と密接に関係しながらも自立的に産業形成することが課題である．MRJ は，トラブル続きではあったものの，認証取得まであとわずかまで迫ったにもかかわらず開発中止に至ったという意味で日本航空機産業にとって痛恨の出来事であった．それであっても民間航空機事業の資源を維持し，アジア諸国との連携も視野に入れて民間機の完成品ビジネスの機会をうかがい，民間機産業としての自立的なビジネスの展開と政策支援を追求することが日本航空機産業の将来にとって重要である．

注

1） COMAC のウェブサイト（http://english.comac.cc/products/ca/，2024年 2 月 9 日閲覧）．

あとがき

本書は，筆者が大阪市立大学（現大阪公立大学）で学位論文を取得後，本格的に民間航空機産業の研究を始めてから15年ほどにわたる研究の成果である．

1998年3月に大阪市立大学工学部を卒業し，4月から経営学研究科に進学してから2008年3月の学位論文取得までは，「技術の非軍事的発達の条件」をテーマとしてアメリカ軍事産業基盤と日本の技術の関係を，加藤邦興先生のもとで研究した．このとき，具体的な産業として航空宇宙産業や電子産業を扱い，学位論文取得後は航空宇宙産業を包括的に分析するために民間機部門を研究してきた．

2005年からは立命館大学で「科学と技術の歴史」の非常勤講師を務めるなど，2000年代半ばに研究・教育活動が転機を迎えた．非常勤講師の授業準備と同時並行で，民間航空機産業に関する公表論文を執筆し，2012年4月からは立命館大学経営学部に専任教員として赴任した．

立命館大学では，2014年3月に1週間，ボーイングの拠点であるシアトル調査の機会を得られ，これが3年後の在外研究の予備調査となった．2017年4月から2018年3月までのシアトルにおける在外研究は，初めての海外滞在であったため生活のセットアップから苦労をしたが，英語の勉強をしながら友達をつくり，徐々に研究と企業調査の準備を進めた．7月上旬に在シアトルの日本企業が集まるジャパン・フェアに参加すると，日系の航空機関連企業のほとんどが出展していた．訪問をお願いした企業にはすべて快く受け入れて頂き，8月から2月まで15社ほどの企業を訪問できた．8月6日にグリーンレイクの灯篭流しに参加した際には，偶然にもボーイングに勤務する方に出会った．その方から，ボーイングの技術者をご紹介頂き，シアトル在住時だけでも9月，1月，3月と3回のヒアリング調査を実施し，本書第8章の執筆につなげられた．

2022年4月から2023年3月には，エアバスの拠点であるドイツのハンブルクで在外研究を行う機会を得た．2020年3月頃から猛威を振るった新型コロナウイルス禍により，前年に在外研究を行なった同僚は外出がほとんどできなかったようだが，2022年4月頃にはドイツでも制限が緩和されており，私にとっては非常にタイミングが良かった．通常は４月に行われる世界最大の工業見本市であるハノーファーメッセが６月に開催され，６月中旬にはハンブルクで航空機のインテリアメッセ，下旬にはベルリンエアショー，７月下旬にはロンドンでのファーンボローエアショーと立て続けに展示会に参加することができ，欧州企業の関係者に話を聞いたり，名刺を交換することができた．しかし，話をしたときには訪問許可をもらっても，メール連絡した時にはその方がすでに退社していたり，返事が返ってこないなど欧米企業の訪問や工場見学は大変難しかった．８月からは，有料のエアバス工場見学，デュッセルドルフ，ベルリンの日系企業や関連団体を訪問しながら，展示会で知り合った人に連絡をしてようやく何社かの欧州企業の訪問や工場見学を実施できた．

２回の貴重な在外研究の機会を与えて頂いた立命館大学経営学部，また同行をしてもらった家族には大変感謝をしている．2017年には娘が８カ月で渡米したためシアトルを離れた調査はあまりできなかったが，2022年には２人の娘が５歳と３歳だったため，列車や飛行機を使った長期出張もしやすくなり，ドイツ国内では８都市，欧州域内では４カ国で調査研究を実施できた．

日本国内では，1997年11月に，大学４回生の同級生とともにアポイントメントも取らずに中小企業が集まる東大阪の町を歩き，偶然立ち寄った個人商店の店主が顔見知りの方に連絡して下さり，鋲螺企業の工場見学をできたのが始まりだった．大学院入学後は，欧米企業はもちろん，ティア１の日本企業を訪問するまでの知識や経験もなく，最終取引先に航空宇宙産業を含む関西圏の中小企業を訪問して基本的な知識を得るとともに調査の方法を学び，修士論文を執筆する2000年には大学の同窓会や学会の見学会を頼って重工メーカーの企業調査を行なった．その後，2001年に博士課程に進学し，再び本格的に企業調査を始めるのは学位論文を取得した2008年以降であった．

航空機関連企業に限定すると，日本国内で75件（うち34工場），アメリカで47件（うち９工場），欧州で40件（うち13工場），合計でのべ162件ほどの企業・工場・研究機関・業界団体・労働組合・研究者らにヒアリング調査を行なった．産業・企業研究における１次資料は現場にあるという認識でヒアリング調査をしてきたが，まさにヒアリングを通じて業界や製品に関わる基礎的な知識から，研究の核心につながる発想やアイデアを得られた．その意味では，本研究は，現場で活躍される方々に教えて頂いたことを，データや資料で裏付けし，論理立てて構造的に表現する作業であり，本書が少しでもそうした方々の役に立てれば幸いである．訪問でお世話になった企業とご担当頂いた皆様には心から感謝をしている．

とりわけ，元双日シアトル支店長の岩村順一氏には，2010年に東大阪市で開催されたシンポジウムで挨拶をしてから，論文執筆時に貴重な情報やコメントを頂き，在外研究や企業訪問時には信頼できる方をご紹介頂いた．日本航空機エンジン協会（JAEC）には，大学院生時代の2000年に訪問し，2013年からは定期的に事務所を訪問してお話を伺い，関連企業の紹介や同行を頂けたことは山崎（2013）や山崎（2018a）の執筆につながった．ボーイングで内装品の耐火性証明を行う技術者の方には，2017年の偶然の出会いから，在米時に３回，帰国後もウェブ会議システムを利用してヒアリング調査し，学生向けにもお話をして頂いた．ただし，多くの方々にお世話になってはいるが，本書の内容はすべて著者の責任で記述しているものである．

本研究をまとめるにあたっては，多くの研究者の先生方にもお世話になった．日本科学史学会及び技術史分科会，科学論技術論研究会，産業学会などでは貴重なコメントを頂いた．とくに，兵藤友博先生（立命館大学名誉教授）と田口直樹先生（大阪公立大学教授）には，個別の論文作成段階の原稿から本書構成まで，貴重なコメントとアドバイスを頂いた．

本書を執筆するにあたって，元になった論文の初出を下記に示す．

序　章：書き下ろし．〔第１節第３項〕のみ「アメリカ民間航空機産業における航空機技術の新たな展開：1970 年代以降のコスト抑制要求と機体メーカーの開発・製造」『立命館経営学』第48巻第４号（2009）の第２節第２項と「民間航空機の市場構造の変化と技術展開」『社会システム研究』第21巻（2010）の第３節第３項にもとづいて大幅に加筆修正．

第１章：〔第１節第１項〕は「ボーイングにおける航空機生産の効率化と労働コストの抑制」『立命館経営学』第61巻第６号（2023）の第２節第１項，〔第１節第２項・第３項〕と〔第３節第１項〕は「民間航空機の市場構造の変化と技術展開」『社会システム研究』（2010）の第２節第２項・第４節と第２節第１項，〔第２節〕は「民間航空機用ジェットエンジンメーカーによる市場競争の構造」『立命館経営学』第56巻第１号（2017）を大幅に加筆修正し，〔第３節第２項〕は書き下ろし．

第２章：〔第１節第１項〕は書き下ろし，〔第１節第２項・第３項〕は「民間航空機エンジンメーカーの収益構造とアフターマーケット：補用品事業と整備事業（MRO ビジネス）の関係」『立命館経営学』第52巻第２・３号（2013）

の第３節第３項と「アメリカ民間航空機産業における航空機技術の新たな展開」『立命館経営学』(2009) の第３節,〔第２節・第３節〕は「航空輸送会社のネットワークと機材選択」『立命館経営学』第57巻第４号 (2018) と「民間航空機の市場構造の変化と技術展開」『社会システム研究』(2010) の第３節第１項・第２項を大幅に加筆修正.

第３章：〔第１節〕は書き下ろし,〔第２節以下〕は「民間航空機エンジンメーカーの収益構造とアフターマーケット」『立命館経営学』(2013) を加筆修正.

第４章：〔第１節・第３節・第４節〕は「アメリカ民間航空機産業における航空機技術の新たな展開」『立命館経営学』(2009) の第４節,〔第２節〕は「民間航空機メーカーの技術競争力と分業構造の変化：ボーイングのシステム・インテグレータ化とシステムの一括外注化」『経営研究』第62巻第１号 (2011) の第２節第２項を加筆修正.

第５章：「民間航空機エンジンメーカーにおける国際分業の構造」『社会システム研究』第37号 (2018) を加筆修正.

第６章：〔第１節～第３節〕は「民間航空機メーカーの技術競争力と分業構造の変化」『経営研究』(2011) の第３節・第４節を加筆修正,〔第４節〕は書き下ろし.

第７章：「ボーイングにおける航空機生産の効率化と労働コストの抑制」『立命館経営学』(2023) を加筆修正 (第２節第１項を除く).〔第２節第２項〕は書き下ろし.

第８章：「ボーイングの技術競争力と連邦政府の認証制度」『産業学会研究年報』第37号 (2022) を加筆修正.

終　章：書き下ろし.

本書を出版するに際して，立命館大学の出版助成 (学術図書出版推進プログラム) を頂いた．また，コロナ禍や物価高騰など出版をめぐる環境が厳しくなる中，晃洋書房の西村喜夫氏には大変お世話になった．本書のカバーのイラストは立命館大学経営学部に在籍するゼミ生の大久保光珠さんに作成して頂いた．

最後に，２度の在外研究にも同行して毎日を楽しくしてくれたのどか (8歳) とちえ (5歳)，私の教育・研究活動の最大の理解者である妻由貴，大学進学で大阪に出てから大学院へ進学し，就職することもなく心配をかけ続け，37歳になってようやく職を得た私を温かく見守ってくれた父唯夫と母成子に深く感謝する．

2024年12月31日

山崎文徳

参考文献

Ackert, Shannon（2013）“Commercial Aspects of Aircraft Customization, ” *Aircraft Monitor*, Version 1.0, November, pp. 1–16（航空機リースの Jackson Square Aviation の Shannon Ackert 副社長による報告書，https://www.aircraftmonitor.com/reports.html，2024年12月30日閲覧）.

AIA, Aerospace Industries Association of America（2006）*Aerospace Facts and Figures*, Los Angeles: Aero Publishers 及び2005年版（2004–05），1991年版（1990–91）など.

————（2013）*Aerospace Industry Report 3rd Edition*, AIA.

Airport Business（2010）“Boeing Awards Charleston 787 Contract,” *Airport Business*, Vol. 24 Issue 3, February 2010, pp. 1–6.

ASTME, American Society of Tool and Manufacturing Engineers（1964）*Tooling for aircraft and missile manufacture*, New York: McGraw-Hill（半田邦夫，佐々木健次訳『航空機&ロケットの生産技術』大河出版，1996年）.

Bauer, Eugene E.（1991）*Boeing in Peace and War*, 2nd ed., Enumclaw, Wash.: Taba Pub..

————（2000）*Boeing: the first century*, Enumclaw, Wash.: Taba Pub..

Beene, Ryan and Julie Johnsson（2020）“Boeing Union Girds for Battle Over Where to Build the Dreamliner,” *Bloomberg.com*, September 5, 2020（https://www.bloomberg.com/news/articles/2020-09-05/boeing-union-girds-for-battle-over-where-to-build-the-dreamliner?leadSource=uverify%20wall，2022年12月２日閲覧）.

Bilstein, Roger E.（2001a）*The Enterprise of Flight: The American Aviation and Aerospace Industry*, Washington, D.C.: Smithsonian Institution Press.

————（2001b）*Flight in America: From the Wrights to the Astronauts, Third edition*, Maryland: The Johns Hopkins University Press.

Boeing（2022）*The Boeing Company 2021 Annual Report*, The Boeing Company 及び1996年から2021年まで各年度の Boeing の Annual Report.

Bonnassies, Olivier（2020）“Boeing confirms Charleston as single 787 location,” *Airfinance Journal*, October 26（https://www.airfinancejournal.com/articles/3580702/boeing-confirms-charleston-as-single-787-location，2022年12月２日閲覧）.

Bradley, Gale（1996）“Design software,” *Electronic News*, Vol. 42 Issue 2144, November 25, p. 28.

Business & Technology（2006）“MRO restructuring in full swing: mergers and partnerships are reshaping the sector as the industry adapts to a changing market, ” *Business & Technology*, No. 686, p. 22.

Connors, Jack（2010）*The engines of Pratt & Whitney: a technical history*, American

Institute of Aeronautics and Astronautics.

Coughlin, Dennis J.（2019）*Crashing the 737 MAX*, Independently published.

Dertouzos, Michael L., et al.（1989）*Made in America: regaining the productive edge*, Cambridge, Mass.: MIT Press（依田直也訳『Made in America：アメリカ再生のための米日欧産業比較』草思社，1990年）.

DoD-NASA-DoT（1972）*R&D Contribution to Aviation Progress*（*PAD CAP*）, ASD TR 72-3073, Volume Ⅱ, Appendix 4.

FAA（2017）*ORDER 8110.37F: Designated Engineering Representative*（*DER*）*Handbook*, FAA, August 31, 2017.

――――（2020）*FAA Consultant DER Directory*, FAA, January 13, 2020.

――――（2021）*FAA ODA Directory*, FAA, March 30, 2021.

――――（2005）*Federal Register Part V Department of Transportation, Federal Aviation Administration, 14 CFR Parts 21, 121, 135, 145, and 183 Establishment of Organization, Designation Authorization Program; Final Rule*, Vol. 70, No. 197, Thursday, October 13, 2005, pp. 59931–59949.

Economist（2005）"How Japan learned to fly", *Economist*, Vol. 375 Issue 8432, June 25, p. 68.

Ernst, Dieter（2000）"Global Production Networks and the Changing Geography of Innovation Systems: Implications for Developing Countries," *East-West Center Working Papers*, No.9.

GAO（1993）*Aircraft Certification: New FAA Approach Needed to Meet Challenges of Advanced Technology*（*RCED-93-155*）, U.S. Government Accountability Office.

Gates, Dominic（2003a）"Boeing 7E7 Team Wants to Build in Everett, Wash," *Seattle Times*, May 12.

――――（2003b）"Boeing 7E7 Work Is Win-Loss for Seattle Area," *Seattle Times*, November 21.

――――（2004a）"Boeing parts, work go overseas Factories in 3 countries receive machines from Auburn fabrication plant," *Seattle Times*, June 1.

――――（2004b）"A critical juncture for Boeing and union Summit with Machinists is called," *Seattle Times*, June 13.

――――（2006）"Boeing starts first phase of moving 777 assembly line Crawlers to do cranes' work," *Seattle Times*, March 3.

――――（2008）"Simmering Boeing strike scorching both sides," *Seattle Times*, September 29.

――――（2009）"Boeing's buy of 787 plant will cost $1B," *Seattle Times*, July 7.

――――（2010）"Boeing exec: 'This is where we want to be'," *Seattle Times*, March 2.

――――（2014）"Boeing chooses Everett to build wing for 777X," *Seattle Times*, February 17.

――――（2016）"From assembly line to C-suite, they're part of Boeing history," *Seattle Times*, July 10.

――――（2019）"With close industry ties, FAA safety chief pushed more delegation of oversight to Boeing," *Seattle Times*, April 14, 2019.

———— (2020a) "Boeing finds debris in wing fuel tanks of undelivered 737 MAXs, orders inspections," *Seattle Times*, February 19 (https://www.seattletimes.com/business/boeing-aerospace/boeing-finds-debris-in-wing-fuel-tanks-of-parked-737-maxs-orders-all-to-be-inspected/, 2021年12月5日閲覧).

———— (2020b) "FAA: Boeing harassed safety inspectors," *Seattle Times*, August 6.

———— (2020c) "Boeing discloses new 787 issue," *Seattle Times*, September 9.

———— (2020d) "Boeing finds more 787 quality defects, broadens inspections," *Seattle Times*, December 15 (https://www.seattletimes.com/business/boeing-aerospace/boeing-finds-more-787-quality-defects-broadens-inspections/, 2021年12月5日閲覧).

———— (2020) "Boeing whistleblower alleges systemic problems with 737 MAX," *Seattle Times*, June 18, 2020.

———— (2021a) "Congress demands Boeing records," *Seattle Times*, May 19.

———— (2021b) "Boeing pauses 787 deliveries again, awaits FAA approval," *Seattle Times*, May 29.

———— (2021c) "New flaw in 787s will prolong halt in deliveries," *Seattle Times*, July 13.

———— (2021d) "FAA memo reveals more 787 defects in another blow to Boeing," *Seattle Times*, November 20.

———— (2022a) "2021 was a net loss for Boeing, as cost of 787 delay soars," *Seattle Times*, January 27.

———— (2022b) "Sales of 737 MAX, new freighter jet boosted Boeing orders in January," *Seattle Times*, February 9.

———— (2022c) "FAA to take over Boeing 787 certification when delivery resumes," *Seattle Times*, February 16.

———— (2022d) "Boeing safety oversight improved, but some engineers remain wary," *Seattle Times*, August 26.

Gates, Dominic and Jim Brunner (2014) "Done Deal," *Seattle Times*, January 4.

———— (2022) "Boeing: After short-term pain, expect turnaround in 2025–26," *Seattle Times*, November 3.

Gates, Dominic and Mike Baker (2019) "Engineers say Boeing managers pushed to limit safety tests," *Seattle Times*, May 5, 2019.

Garber, Andrew (2013) "Legislature approves tax breaks to secure 777X," *Seattle Times*, November 10.

Getman, Julius G. (2014) "Boeing, the IAM, and the NLRB: Why U.S. Labor Law Is Failing," *Minnesota Law Review*, No. 98, 1651–1681.

Gormley, Mal (1997) *Aviation Computing Systems*, New York: McGraw-Hill.

Greising, David and Julie Johnsson and Tribune staff reporters (2007) "Behind Boeing's 787 delays," *Chicago Tribune*, December 8 (https://www.chicagotribune.com/news/ctxpm-2007-12-08-0712070870-story.html, 2022年12月13日閲覧).

Gunston, Bill (1997) *The development of Jet And Turbine Aero Engines 2nd edition*, Patrick Stephens Limited (高井岩男監修・訳『ジェット&ガスタービン・エンジン　その技術と変遷』酣燈社 (別冊航空情報), 1997年).

——— (2006) *World encyclopaedia of aero engines: from the Wright brothers to the present day, 5th ed.*, The United Kingdom, Sutton Publishing Limited (見森昭・川村忠男訳『世界の航空エンジン②ガスタービン編 (第3版)』グランプリ出版, 1996年).

Hall, B. J. (2003) "Six Challenges in Designing Equity-Based Pay," *NBER Working Paper*, No. 9887, National Bureau of Economic Research.

Hepher, Tim (2018) "Boeing to make aircraft seats with car supplier Adient to cut delays, " *Reuters*. Jan. 18 (https://www.businessinsider.com/r-boeing-to-make-aircraft-seats-with-car-supplier-adient-to-cut-delays-2018-1, 2024年3月7日閲覧).

Holmes, Stanley (1998) "Boeing Seeks a Culture Change to Improve Production," *Seattle Times*, August 16.

Hoop, Darin (2008) " Boeing strike ends in Union win," *The Socialist Worker.org*, November 4 (http://socialistworker.org/2008/11/04/boeing-strike-ends-in-win, 2022年11月27日閲覧).

House Committee on Transportation and Infrastructure (2020) *Final Committee Report: The Design, Development & Certification of The Boeing 737 MAX*, The House Committee on Transportation and Infrastructure.

Hyatt, Michael V. and Sven E. Axter (1991) "Aluminium Alloy Development for Subsonic and Supersonic Aircraft," in *Science and Engineering of Light Metals* (*RASLEM91*) edited by K. Hirano, H. Oikawa and K. Ikeda, The Japan Institute of Light Metals, Oct-1991, pp. 273–280.

Irving, Clive (1993) *Wide-body: the triumph of the 747*, New York: W. Morrow (手島尚訳『ボーイング747を創った男たち：ワイドボディの奇跡』講談社, 2000年).

IAM 751, International Association of Machinists & Workers, District Lodge 751 (2014) *Respecting the Past Protecting the Future: Your Union History*, IAM 751.

IATA's Maintenance Cost Task Force (2011) Airline Maintenance Cost Executive Commentary, *International Air Transport Association* (http://www.iata.org/whatwedo/workgroups/Documents/MCTF/AMC_ExecComment_FY09.pdf#search='IATA+maintenance+cost', 2013年10月5日閲覧)

ICAO, International Civil Aviation Organization (2002) *Traffic by flight stage*, International Civil Aviation Organization. 及び各年度版.

Jet Information Services (2013) *World jet inventory Year-End 2012*, Utica, NY: Jet Information Services, Inc..

Johnsson, Julie (2014) "Boeing to build largest 787 dreamliner in south carolina," *Bloomberg.com*, July 30 (https://www.bloomberg.com/news/articles/2014-07-30/

boeing-to-build-largest-787-dreamliner-in-south-carolina?leadSource=uverify%20wall, 2022年12月２日閲覧).

――――（2018）“Boeing to make aircraft seats, ”*Seattle Times*, Jan. 17.

Joint Authorities Technical Review（JATR）（2019）*Boeing 737 MAX Flight Control System: Observations, Findings, and Recommendations*, Submitted to the Associate Administrator for Aviation Safety, U.S. Federal Aviation Administration on October 11, 2019.

Kandebo, Stanley W.（1998）“Engine Services Critical To GE Strategy,” *Aviation Week & Space Technology*, Feb. 23, pp. 85–91.

Kitroeff, Natalie and David Gelles（2019）“Claims of Shoddy Production Draw Scrutiny to a Second Boeing Jet,” *New York Times*, April 20.

Kitroeff, Natalie and Jessica Silver-Greenberg（2019）“Boeing's Dreamliner Plant Is Said to Face Federal Inquiry,” *New York Times*, June 28（https://www.nytimes.com/2019/06/28/business/boeing-787-dreamliner-investigation.html, 2022年12月３日閲覧).

Kitroeff, Natalie etc.（2019）“The roots of Boeing's 737 Max crisis: a regulator relaxes its oversight, ” *New York Times*, Jul 27, 2019.

Kimura, Seishi（2007）*The Challenges of Late Industlialization: The Global Economy and the Japanese Commercial Aircraft lndustly*, Palgrave Macmillan.

Kotha, Suresh and Kannan Srikanth（2013）“Managing a Global Partnership Model: Lessons from Boeing 787 'Dreamliner' Program,”*Global Strategy Journal*, Vol. 3, Issue 1, pp. 41–66.

Lansdaal, Michael and Leroy Lewis（2000）“Boeing's 777 Systems Integration Lab,” *IEEE Instrumentation & Measurement Magazine*, Vol. 3, Issue 3, September, pp. 13–18.

Lynn, Matthew（1995）*Birds of prey: Boeing vs. Airbus: a battle for the skies*, London: William Heinemann（清谷信一監訳，平岡護，ユール洋子訳『ボーイングvsエアバス：旅客機メーカーの栄光と挫折』アリアドネ企画，2000年).

McDermott, John P.（2004）“Boeing supplier weighs Charleston, S. C., Mobile, Ala., for $600 million project, ” *Post and Courier*, The（Charleston, SC), August 10.

Mecham, Michaell（2004）“Joining the 7E7 Team,” *Aviation Week & Space Technology*, Vol. 160 Issue 6, 2/ 9 , pp. 38–39.

Mseitif, Jesse Lee（2014）*Boeing's Behavior in a Liberalized Marketplace: The 787 Dreamliner Project and Impact on Puget Sound Workers*, the degree of Master of Arts, University of Washington.

NATCA, PASS and AFSCME（2017）*Aircraft Certification “Transformation”Pre-Decisional Involvement Report: Union Recommendations and Dissenting Opinion*, NATCA, PASS and AFSCME.

Newhouse, John（1982）*The sporty game*, New York: Knopf（航空機産業研究グループ訳『スポーティーゲーム：国際ビジネス戦争の内幕』学生社，1988年).

――――（2007）*Boeing versus Airbus: the inside story of the greatest international competition in business*, New York: A.A. Knopf.

Norris, Guy（1996）*Boeing 777*, Osceola, WI: Motorbooks International.

――――（1998）"Boeing burgers, "*Flight International*（https://www.flightglobal.com/boeing-burgers/22589.article, 2024年3月4日閲覧）.

NTSB（2013）*Aviation Incident Report Auxiliary Power Unit Battery Fire Japan Airlines Boeing 787-8*, JA829J, Boston Massachusetts, January 7, 2013, National Transportation Safety Board.

Office of Management and Budget, OMB（2007）*Historical Tables Fiscal Year 2007: Budget of the United States Government*, Washington, D. C.: U. S. Government Printing Office（http://www.whitehouse.gov/omb/budget/fy2007/pdf/hist.pdf, 2007年11月10日閲覧）.

Oliver, K., L. Moeller and B. Lakenan（2004）"Smart Customization Profitable Growth Through Tailored Business Streams,"*Strategy and Business*, Issue 34.

Ostrower, Jon and Theo Francis（2014）"Boeing to Freeze Pension Benefits for 68, 000," *The Wall Street Journal*, March 6（https://www.wsj.com/articles/SB10001424052702303824204579423402475831122, 2022年11月30日閲覧）.

Paintindia（2015）"Skanska builds Boeing paint facility in Charleston, USA," *Paintindia*, Vol. 65 Issue 1, January 2015, p158.

Pattillo, Donald M.（1998）*Pushing the envelope: the American aircraft industry*, Ann Arbor: University of Michigan Press.

Pehrson, Ron J.（1996）"Software Development for the Boeing 777,"*The Boeing Company*（http://www.stsc.hill.af.mil/crosstalk/1996/01/Boein777.asp, 2010年7月14日閲覧）.

Pelton, Scott L.（1997）"Boeing Systems Engineering Experiences From the 777 AIMS Program," *IEEE Transactions on Aerospace and Electronic Systems*, April, Vol. 33, No. 2, pp. 642-648.

Peter, James St.（1999）*The History of Aircraft Gas Turbine Engine Development in the United States: a tradition of excellence*, Atlanta, GA: International Gas Turbine Inst..

President's Commission on Industrial Competitiveness（1985）*Global Competition: The New Reality*, U.S. Government Printing Office, Vol. I（工業技術院技術調査課訳「世界一の座譲り渡すな」『エコノミスト』1985年6月3日, pp. 119-147）.

PR Newswire US（2011）"New Breed Logistics to Provide Expanded Logistics Support for Boeing 787 Dreamliner in Charleston, SC," *PR Newswire US*, January 27.（https://www.prnewswire.com/news-releases/new-breed-logistics-to-provide-expanded-logistics-support-for-boeing-787-dreamliner-in-charleston-sc-114750364.html, 2022年12月7日閲覧）.

Reed, Stanley, Diane Brady and Bruce Einhorn（2005）"Rolls-Royce, At Your Service", *BusinessWeek*, Issue 3959, November 14, 99. 92-94.

Reguero, Miguel Ángel（1957）*An Economic Study of the Military Airframe Industry*,

Wright-Patterson Air Force Base.

Robison, Peter (2022) *Flying blind: the 737 MAX tragedy and the fall of Boeing*, Anchor Books, New York（茂木作太郎訳『迷走するボーイング：魂を奪われた技術屋集団』並木書房，2024年）.

Rodgers, Eugene (1996) *Flying high: the story of Boeing and the rise of the jetliner industry*, New York: Atlantic Monthly Press.

Rosenthal, Brian M. (2013) "States salivating for 777X feast," *Seattle Times*, November 20.

Sabbagh, Karl (1996) *21st Century Jet: The Making and Marketing of the Boeing 777*, New York: Scribner.

Schiavo, Mary (1997) *Flying Blind, Flying Safe*, New York: Avon Books（杉浦一機翻訳監修『危ない飛行機が今日も飛んでいる（下）』草思社，1999年）.

Sell, T. M. (2001) *Wings of Power: Boeing and the politics of growth in the northwest*, Wash: University of Washington Press.

Serling, Robert J. (1992) *Legend and Legacy: the story of Boeing and its people*, New York: St. Martin's Press.

Shevell, R. S. (1985) "Aerodynamic bugs: Can CFD spray them away ?," in *AIAA 3rd Applied Aerodynamics Conference*, October 14–16, AIAA-1985–4067, pp1–11.

SIPRI, Stockholm International Peace Research Institute (2007) *SIPRI yearbook: world armaments and disarmament*, Stockholm: Almqvist & Wiksell 及び1998年，1990年版.

Sloan, Chris (2013a) "Renton takes the 737 to the MAX," *Airways*, October, pp. 32–39（web版は "Inside Boeing's 737 Renton Factory As They Take It To "The MAX"_ Part One,"Airways, June 9（https://airwaysmag.com/inside-boeings-737-renton-factory-as-they-take-it-to-the-max-part-one/, 2022年10月29日閲覧）.

——— (2013b) "Renton takes the 737 to the MAX," *Airways*, November, pp. 28–39.

Slotnick, David (2019) "Airlines flying Boeing's 787-10 Dreamliner are complaining about quality they say is 'way below acceptable standards'," *Business Insider*, August 5（https://www.businessinsider.com/boeing-787-dreamliner-airline-complaints-quality-production-2019-8, 2022年12月3日閲覧）.

Sutter, Joe (2006) *747: creating the world's first jumbo jet and other adventures from a life in aviation*, New York: Smithsonian: Collins（堀千恵子訳『747: ジャンボをつくった男』日経BP社，2008年）.

Talton, Jon (2022) "In the other Washington," *Seattle Times*, May 15.

Taneja, Nawal K. (1988) *The international airline industry: trends, issues, and challenges, Lexington*, Mass: Lexington Books（吉田邦郎訳『国際航空輸送産業：その現状とサバイバル戦略』成山堂書店，1989年）.

Tang, Christopher S. and Joshua D. Zimmerman (2009) "Managing New Product Development and Supply Chain Risks: The Boeing 787 Case," *Supply Chain Forum*, Vol. 10, No. 2, pp. 74–86.

Tangel, Andrew and Andy Pasztor (2020) "Production Problems Spur Broad FAA Review of Boeing Dreamliner Lapses," *The Wall Street Journal*, September 9.

The Associated Press (2013) "North Charleston approves Boeing tax break," *The Associated Press*, AP Regional State Report - South Carolina, July 12. (https://eu.goupstate.com/story/business/2013/07/12/north-charleston-approves-boeing-tax-break/30035721007/, 2022年12月7日閲覧).

The Bureau of the Census (2009) *Statistical Abstract of the United States*, Washington, D.C.: U.S. Government Printing Office.

The President's Task Force on Aircraft Crew Complement, John L. McLucas, Chairman (1981) *Report of the President's Task Force on Aircraft Crew Complement, National Technical Information Service*, U.S. Department of Commerce.

The Seattle Times Editorial Board (2020) "Don't let Boeing's 787 line fly to S.C.," *Seattle Times*, September 8.

The World's Finest Workers (2013) "Special Contract Vote Edition," *District 751 Aero Mechanic*, Vol. 68, No. 11, Dec. 2013/ Jan. 2014.

Todd, Daniel and Jamie Simpson (2018) *The World Aircraft Industry*, London: Croom Helm; Dover, Mass.: Auburn House.

Tyson, Laura D'Andrea (1992) *Who's Bashing Whom?: Trade Conflict in High-technology Industries*, Washington, DC: Institute for International Economics (竹中平蔵監訳, 阿部司訳『誰が誰を叩いているのか：戦略的管理貿易は, アメリカの正しい選択？』ダイヤモンド社, 1993年).

UBM Aviation (2013) *The MRO Yearbook 2013: aircraft technology's annual publication for the MRO professional*, UBM Aviation Publications Limited (http://edition.pagesuite-professional.co.uk/launch.aspx?referral=other&refresh=8m0M15Bt3Hc1&PBID=022e91e7-473c-4d37-b2f7-9761ce1fa10b&skip=, 2013年10月5日閲覧)

West, Karen (2008) "Labor Movement gets boost from Boeing strike," *NBC News*, November 11 (http://www.nbcnews.com/id/27478691/ns/business-us_business/t/labor-movement-gets-boost-boeingstrike/#, 2022年11月27日閲覧).

Wilhelm, Steve (2011) "What's the ROI for Boeing 737 replacement, " *Puget Sound Business* Journal, July 5, 2011.

Wilhelm, Steve (2012) "In a man's world, 3 women run Boeing jet plants," *Puget Sound Business Journal*, January 25 (https://www.bizjournals.com/seattle/news/2012/06/22/in-a-mans-world-3-women-run-boeing.html, 2022年10月29日閲覧).

IHI (2013a)「見えない資産複雑な形状のブレードを精巧に量産する技術とその生産ラインを構築」『IHI 技報』53(4), pp. 8–15.

——— (2013b)「株式会社 IHI ジェットエンジンを支える IHI のオンリーワン技術：シャ

フト塗装の自働化」『IHI技報』53(4), pp. 20–23.
――――（2010）「国際共同開発に参加している最新型ジェットエンジン『GEnx』搭載のボーイング787の初飛行が成功（2010年6月17日）」『IHIプレスリリース』(https://www.ihi.co.jp/ihi/all_news/2010/aeroengine_space_defense/2010-6-17/index.html, 2018年5月5日閲覧).
――――（2012）「IHIとしては初となる米国での民間航空機エンジンの修理拠点を設立」（2012年10月10日付のIHIプレスリリースより, http://www.ihi.co.jp/ihi/all_news/2012/press/2012-10-10/index.html, 2013年10月12日閲覧).
――――（2017）『IHI統合報告書2017』IHI.
「IHI航空宇宙50年の歩み」編纂委員会編集（2007）『IHI航空宇宙50年の歩み』石川島播磨重工業.
青木謙知（2000a）『旅客機年鑑2000–2001』イカロス出版.
――――（2000b）「世界最大の航続性能を可能にしたETOPSという『魔法』」『エアライン』6月号, p. 102.
――――（2003）「JAL747-400のテクニカル・エクスペリアンス」『エアライン』292, pp. 23–38.
――――（2004）『ボーイングvsエアバス：2大旅客機メーカーの仁義なき戦い』イカロス出版.
――――（2010）「型式証明取得までのテストプログラム」『Boeing 787』イカロス出版, pp. 84–87.
青島矢一・河西壮夫（2005a）『東レ（1）東レ炭素繊維複合材料“トレカ”の技術開発』IIR Case Study CASE #05-03, 一橋大学イノベーション研究センター.
――――（2005b）『東レ（2）東レ炭素繊維複合材料“トレカ”の技術開発』IIR Case Study CASE #05-04, 一橋大学イノベーション研究センター.
青山幹雄編（2001）『航空とIT技術』共立出版.
明石工場史編纂委員会編（1990）『明石工場50年史』川崎重工業株式会社明石工場.
浅井圭介（1983）「最近の米国風洞事情」『日本航空宇宙学会誌』31（358), pp. 597–606.
浅沼萬里（1997）『日本の企業組織 革新的適応のメカニズム：長期取引関係の構造と機能』東洋経済新報社.
イカロス出版（2009）『JAL JET STORY』イカロス出版.
――――（2013）『航空整備士になる本』イカロス出版.
石川潤一（1993）『旅客機発達物語：民間旅客機のルーツから最新鋭機まで』グリーンアロー出版社.
石澤和彦（2013）『ジェットエンジン史の徹底研究：基本構造と技術変遷』グランプリ出版.
石原明（1976）「欧州主要空港における航空機騒音対策の概要」『航空公害 研究と対策』6, pp. 1–12.
井上孝司（2019）「事故は語る センサー異常で補正システムが誤作動か」『日経ものづくり』778, pp. 64–67.

井上利昭（2000）「JAEC における旅客機用エンジンの国際共同開発」『日本ガスタービン学会誌』28（5），pp. 357–361.
井上博（2008）「アメリカ経済と『アフター・ニュー・エコノミー』」（井上博・磯谷玲編『アメリカ経済の新展開：アフター・ニュー・エコノミー』同文舘出版，第1章所収）.
今村次男・山口泰弘（1994）「航空機構造用複合材料の進展」『日本航空宇宙学会誌』43（495），pp. 213–223.
岩瀬健祐（1994）「B757FBW 改修機による B777インフライト・シミュレーション飛行」『日本航空宇宙学会誌』42（491），pp. 727–731.
植田浩史（2000）「サプライヤ論に関する一考察：浅沼萬里氏の研究を中心に」『季刊経済研究』23（2），pp. 1–22.
———（2001）「自動車生産のモジュール化とサプライヤ」『經濟學論纂』41（5），pp. 41–60.
———（2004）『現代日本の中小企業』岩波書店.
内橋克人とグループ2001（1995）『規制緩和という悪夢』文藝春秋.
ANA 総合研究所編（2008）『航空産業入門：オープンスカイ政策からマイレージの仕組みまで』東洋経済新報社.
江渕崇（2024）『ボーイング 強欲の代償：連続墜落事故の闇を追う』新潮社.
「応用機械工学」編集部編（1981）『航空機と設計技術』大河出版.
大場邦夫（2003）「Aerospace & Defense 市場向けソリューション」『沖テクニカルレビュー37』70（3），pp. 36–39.
小川紘一（2015）『オープン＆クローズ戦略：日本企業再興の条件 増補改訂版』翔泳社.
小倉隆二（2011）「日本古来の“おもてなしの心”で，今までにない快適さを実現」『Aera』43，pp. 6–7.
越智徳昌・金井喜美雄（1996）「アクティブ飛行制御技術とアドバンスト制御」『計測と制御』35（6），pp. 457–466.
金丸允明（1996）「ボーイング777の国際共同開発：よりよい開発プロセスの確立を目指して」『日本機械学會誌』99（932），pp. 562–565.
川勝弘彦（2013）「型式証明制度の意義：航空機の安全性を確保するために」『航空と文化』107，pp. 2–9.
川崎重工業（2008）「最新鋭旅客機用エンジン『Trent1000』，量産へ」『Kawasaki News』152，Auturn，pp. 1–7.
———（2013a）『川崎重工業株式会社ガスタービンビジネスセンター西神工場』川崎重工業株式会社.
———（2013b）「また，新しいエンジンの国際開発に参画 民間航空機用エンジン事業」『Kawasaki News』172，pp. 14–15.
———（2017）『Kawasaki Report 2017』川崎重工業株式会社.
川崎重工業株式会社広報部（2005a）「大型ジェット旅客機『ボーイング777』ができるまで②〔ボーイング社エバレット工場編〕」『Kawasaki news』139，pp. 1–9.
———（2005b）「大型ジェット旅客機『ボーイング777』ができるまで①〔岐阜工場・名

古屋第1工場編〕」『Kawasaki news』138，pp. 1-7.
川崎正信（1985）「航空機騒音問題と環境対策を振り返って」『航空公害 研究と対策』24，pp. 1-14.
河原葵（2010）「アメリカのオープンスカイ戦略と日本」『経済』176，pp. 143-154.
河邑肇（1995）「NC工作機械の発達における日本的特質―アメリカとの対比において―」『経営研究』，46(3)，pp. 75-103.
――――（2000）「NC装置メーカーの技術革新と工作機械の価格競争力：CNC装置の発達における階層性・非代替性と連鎖性」『商學論纂』41(4)，pp. 269-308.
河村豊・小長谷大介・山崎文徳（2023）『未来を考えるための科学史・技術史入門』北樹出版.
閑林亨平（2020）『アヴィエーション・インダストリー』文眞堂.
機械振興協会経済研究所（2011）『航空機及び同部品産業の市場・技術動向と中小企業の参入可能性に関する調査研究』機械振興協会経済研究所（機械工業経済研究報告書H22-5-1A）.
北九州市（1990）『北九州市航空宇宙産業技術基盤調査（調査報告書）』北九州市.
木下悦二（2015）「アメリカ資本主義の構造変化について」『経済学論纂』55(5･6)，pp. 107-123.
木村秀政（1985）「航空機における省エネルギー」『日本航空宇宙学会誌』33(375)，pp. 138-146.
久木田実守（1990）『航空機部品』日本経済新聞社.
――――（1992）「次世代航空機の制御技術の動向」『航海』112，pp. 49-59.
久世紳二（2006）『形とスピードで見る旅客機の開発史：ライト以前から超大型機・超音速機まで』日本航空技術協会.
久保田弘敏（1994）「諸外国の風洞整備状況」『日本航空宇宙学会誌』42(480)，pp. 2-11.
経済産業省（2023）「産業構造審議会 製造産業分科会 航空機宇宙産業小委員会 中間整理」（https://www.meti.go.jp/shingikai/sankoshin/seizo_sangyo/kokuki_uchu/pdf/20230823_1.pdf，2024年4月1日閲覧）.
経済産業調査会編（2008）『飛翔：航空機産業公式ガイドブック』経済産業調査会.
経済編集部（2010）「航空業界の現場はいま：労働と安全の実態から 津惠正三さんに聞く」『経済』175，pp. 141-146.
経済編集部（2020）「ボーイング機の事故と経営危機」『経済』(295)，p. 127.
月刊エアライン（1997）『ザ・コクピット』イカロス出版.
月刊エアライン編集部編（2010）『Boeing 787ドリームライナーのすべて』イカロス出版.
――――（2011）『ANA BOEING 787ファンブック』イカロス出版.
航空機国際共同開発促進基金（2008）『航空エンジンの整備に関する現状と動向（解説概要15-4-4)』（http://www.iadf.or.jp/document/summary.html，2021年8月16日閲覧）.
――――（2010）『航空機の型式証明について：設計・開発・製造に関わる審査・承認とその制度（解説概要22-2)』（http://www.iadf.or.jp/document/summary.html と，2021年8月16日閲覧）.
航空技術編集部（1993）「日本におけるB777の製造」『航空技術』464，pp. 3-21.
国土技術政策総合研究所（2007）「東アジアの航空ネットワークの将来展開に対応した空港

整備手法に関する研究」『国土技術政策総合研究所プロジェクト研究報告』 8, pp. i-ii, 1-32.
国土交通省航空局安全部航空機安全課監修（2020）『耐空性審査要領（加除式）』（現行改正第9版発行）鳳文書林出版販売.
国土交通省航空局監修（2014）『数字でみる航空2014』航空振興財団及び1972年, 1977年, 1980年, 1981年, 1986年, 1991年, 1996年, 2000年, 2001年, 2005年, 2009年, 2010年版.
小林美治・平野博之（1996）「B777型機のフライト・コントロール・システムとその操縦性について」『日本航空宇宙学会誌』44(504), pp. 28-35.
近藤隆雄（2014）「製造業のサービス化：その類型化と論理」『MBS review』(10), pp. 3-12.
西頭恒明（2000）「ケーススタディ ボーイング『超・製造業』へ急旋回：サービス強化, 外注も進め主翼は三菱製に」『日経ビジネス』1058, pp. 44-49.
坂井昭夫（1984）『軍拡経済の構図：軍縮の経済的可能性はあるのか』有斐閣選書.
酒井誠・平墳 直哉・木村 和博他（1997）「航空機胴体組立に適した自動打鋲技術の開発」『川崎重工技報』134, pp. 37-41.
坂出健（2010）『イギリス航空機産業と「帝国の終焉」：軍事産業基盤と英米生産提携』有斐閣.
櫻井一郎（1994）「双発機による長距離進出運航の長時間化・早期取得の動向について」『日本ガスタ‐ビン学会誌』21(84), pp. 62-69.
佐藤篤・今村満勇・藤村哲司（2013）「PW1100G-JM エンジン開発」『IHI 技報』53(4), pp. 28-33.
佐藤達男（2022）『ディープストール：二度の墜落に揺れるボーイング』佐藤達男.
佐野正博（2013）「製品イノベーションの歴史的展開構造：ゲーム専用機を事例として」『立命館経営学』52(23), pp. 71-90.
沢田照夫（1975）「クリーン・エンジンを求めて」『航空公害』 4, pp. 22-26.
塩入淳平（1992）「エンジン材料の研究とその進歩」『日本航空宇宙学会誌』40(459), pp. 214-219.
塩見英治（2006）『米国航空政策の研究：規制政策と規制緩和の展開』文眞堂.
柴田正夫（1997）「ICAO/CAEP の動向（航空機排出ガス）」『航空環境研究』No. 1, pp. 56-67.
渋武容（2020）『日本の航空産業』中公新書.
新祖隆志郎（2023）「経済の金融化とアメリカ大企業の財務戦略」（河音琢郎他編『21世紀のアメリカ資本主義』大月書店, 第8章所収）.
須貝俊二（2015）「航空宇宙事業本部が目指すものづくり」『IHI 技報』55(2), pp. 6-11.
杉浦一機（1992）『日本の空は誰のものか：「航空規制緩和」をはばむ元凶』中央書院.
鈴木真二（2000）「航空機の形を科学する（7）コンピューターが変える航空機設計」『航空情報』677, pp. 44-49.
鈴木洋一（2000）「PW4000大型ターボファンエンジン開発への参加」『日本ガスタービン学会誌』28(5), pp. 372-375.
住友精密工業株式会社社史編纂委員会編纂（2001）『世紀へ翔ぶ：続住友精密工業社史：1981-2000』住友精密工業.

千田奈津子・石倉智樹・杉村佳寿・石井正樹（2006a）「エアラインの保有航空機材特性」『国土技術政策総合研究所資料』315, pp. 1–49.
────（2006b）「エアラインの保有機材特性」『国土技術政策総合研究所資料』315, pp. 101–153.
千田奈津子・杉村佳寿・石倉智樹・石井正樹・深澤清尊（2004）「80年代以降の欧州航空ネットワークの変遷に関する分析」『国土技術政策総合研究所資料』190, pp. i–iii, 1–36.
高森敏次・永原信子（2000）「石播瑞穂工場のジェットエンジン翼検査の労働実態調査」（現代労働負担研究会編『人間らしい労働生活をもとめて』所収, pp. 34–40）.
田口直樹（2011）『産業技術競争力と金型産業』ミネルヴァ書房.
田口仁康（1967）「資料：イギリスにおける航空機騒音の問題と対策」『レファレンス』8月, pp. 83–111.
田村純一（2014）「航空・宇宙「プロセス・施工編」」『溶接学会誌』83(3), pp. 209–213.
館野昭（2000）「GE90エンジン」『日本ガスタービン学会誌』28(5), pp. 362–366.
田中良彦・永井信一・牛田正紀・臼井剛（2003）「エアラインの運航を支える大型エンジン整備技術」『三菱重工技報』40(2), pp. 102–105.
田中幹大（2015）「21世紀日本製造業の大企業と中小企業」（豊福裕二編『資本主義の現在：資本蓄積の変容とその社会的影響』文理閣）.
谷川一巳・山崎明夫他（2009）「We Love Airbus 第3弾 超大型機への執念とこれから」『航空情報』790, pp. 67–101.
千葉靖（1975）「BOE-727/BOE-737型機の減音ナセル改修計画について」『航空公害』4, pp. 63–68.
津恵正三（2010）「航空業界の現場はいま：労働と安全の実態から」『経済』175, pp. 141–146.
鶴田国昭（2009）『資材管理が経営を変える：米巨大エアラインを再建した達人が語る資材管理の極意』日本資材管理協会.
帝人製機株式会社編（1995）『帝人製機五十年のあゆみ』帝人製機.
東京大学航空イノベーション研究会・鈴木真二・岡野まさ子編（2012）『現代航空論：技術から産業・政策まで』東京大学出版会.
徳田昭雄（1999）「ボーイングの経営戦略と戦略的提携：戦略的提携を通じたコア・コンピタンスの獲得」『立命館経営学』37(6), pp. 123–140.
戸崎肇（1995）『航空の規制緩和』勁草書房.
戸田慎太郎（1976）『現代資本主義論』大月書店.
栃尾多佳子（2016）「日本の航空機産業：現状と今後の課題」『調査と情報』895, pp. 1–10.
豊福裕二（2021）「国内経済情勢」（河﨑信樹他編『現代アメリカ政治経済入門』ミネルヴァ書房, 第1章所収）.
中村静治（1977）『技術論入門』有斐閣.
中村洋明（2012）『航空機産業のすべて』日本経済新聞出版社.
────（2021）『日本の航空機工業の課題と解決策に関する研究』（大阪府立大学, 学位論文）.

中本悟編（2007）『アメリカン・グローバリズム：水平な競争と拡大する格差』日本経済評論社.
「777開発の歩み」編纂委員会（2003）『777開発の歩み』民間航空機株式会社.
「787開発の歩み」編纂委員会（2013）『787開発の歩み』民間航空機株式会社.
西川純子（2008）『アメリカ航空宇宙産業：歴史と現在』日本経済評論社.
西山和宏（2009）『米国流通用語事典』中央経済社.
日経メカニカル編集部（1993）「生産コスト削減目指すB777」『日経メカニカル』8月9日付，pp. 8–26.
日航財団（2002）『航空統計要覧 2002年度』日本航空協会及び2005年版.
日本航空宇宙工業会（1985）『日本の航空宇宙工業戦後の歩み』日本航空宇宙工業会.
――――（1987）『日本の航空宇宙工業戦後史』日本航空宇宙工業会.
――――（2000）『平成12年版 日本の航空宇宙工業』日本航空宇宙工業会及び1997年版.
――――（2003）『日本の航空宇宙工業50年の歩み』日本航空宇宙工業会.
――――（2023）『令和5年版 世界の航空宇宙工業』日本航空宇宙工業会及び1995年，2006年，2007年，2009年，2012年，2015年，2016年，2017年，2022年版.
日本航空株式会社広報部デジタルアーカイブ・プロジェクト編纂（2002）『JAL グループ50年の航跡』日本航空.
日本航空機エンジン協会編（2011）『航空機エンジン国際共同開発 30年の歩み』財団法人日本航空機エンジン協会.
日本航空機開発協会（2022）『民間航空機に関する市場予測2022–2041』日本航空機開発協会.
――――（2024a）『令和5年度版 民間航空機関連データ集』（http://www.jadc.jp/files/topics/37_ext_01_0.pdf，2024年10月11日閲覧）及び2008年，2013年，2017年，2020年，2021年，2023年版.
――――（2024b）『民間旅客機の受注・納入状況（2024年8月末現在）』（http://www.jadc.jp/files/topics/90_ext_01_0.pdf，2024年10月11日閲覧）.
日本航空調査室（2021）『航空統計要覧 2021年度』日本航空協会及び1979年，1983年，1987年1993年，1997年，2002年，2005年，2009年，2012年，2013年，2016年，2017年，2022年，2023年版．編者は日本航空調査室で統一している．1999～2005年の編者は日航財団である．
ニュースダイジェスト社国際部（1987）「米国のNC工作機械発達史（特集：日本のNC工作機械30年の歩み Part4）」『月刊・生産財マーケティング』3月，pp. A-138-A-145.
NEDO 40周年記念事業準備室（2021）『NEDO 40年史』新エネルギー・産業技術総合開発機構.
長谷川清・島内克幸（2000）「三菱重工業（株）におけるエンジン開発」『日本ガスタービン学会誌』28(5)，pp. 387–390.
林倬史（1989）『多国籍企業と知的所有権：特許と技術支配の経済学』森山書店.
原田武人（1984）「航空機部品のNC機械加工」『航空技術』352，pp. 14–20.
原田哲夫（1998）「エアバス社の現状と将来展望」『航空情報』8月，pp. 36–47.
平塚真二（2008）「民間航空機用エンジン産業について」『日本ガスタービン学会誌』36

（4），pp. 252–257.
平野健（2008）「現代アメリカのマクロ経済構造」（井上博・磯谷玲編著『アメリカ経済の新展開：アフター・ニュー・エコノミー』同文館出版，第2章所収）.
フィッツジェラルドJ. T.・平原誠（1997）「ボーイング777の開発」『日本航空宇宙学会誌』45(516)，pp. 1–13.
深澤清尊・杉村佳寿・石倉智樹・滝野義和（2003）「東アジア内の旅客ODのクロスセクション分析及び時系列分析」『国土技術政策総合研究所資料』131，pp. i–iv，1–17.
———（2004）「東アジア航空ネットワークにおける機材・運航特性分析」『国土技術政策総合研究所資料』175，pp. i–iv，1–35.
藤田勝啓（1991）「日本航空 機種選定の歴史」『企業研究Books 日本航空（月刊エアライン臨時増刊）』イカロス出版，pp. 80–84.
藤本隆宏（1997）『生産システムの進化論：トヨタ自動車にみる組織能力と創発プロセス』有斐閣.
藤本隆宏・武石彰・青島矢一編（2001）『ビジネス・アーキテクチャ：製品・組織・プロセスの戦略的設計』有斐閣.
藤巻吉博（2020）「航空機の安全性の証明における米国の委任制度に係る経緯とボーイング737 MAXの事故を踏まえた状況について」（運輸総合研究所のレポート，www.jttri.or.jp/document/2020/fujimaki.pdf，2020年8月24日閲覧）.
藤村哲司・西川秀次・守屋信彦・今村満勇（2008）「GEnxエンジンの開発」『IHI技報』48（3），pp. 153–158.
堀部恭平・川平浩司・酒井淳・榊純一（2003）「GE90-115Bエンジンの開発」『石川島播磨技報』43（5），pp. 161–168.
前間孝則（2000）『最後の国産旅客機YS-11の悲劇』講談社（＋α新書）.
———（2009）「絶好調！エンブラエル強さの秘密（特集 エンブラエル170を選んだ「理由」）」『航空情報』59（2），pp. 31–37.
増田正人（2023）「WTO体制から米中新冷戦へ」（河音琢郎他編『21世紀のアメリカ資本主義：グローバル蓄積構造の変容』大月書店）.
松井醇一（1998）「炭素繊維の話（その9）炭素繊維複合材料の航空機への利用」『強化プラスチックス』44（9），pp. 368–375.
松木正勝（2000）「国産ジェットエンジンの開発」『日本ガスタービン学会誌』28（5），pp. 346–351.
松田岳（2000）「アメリカ『株価急騰』の金融メカニズム」『立教経済学研究』54（2），pp. 65–88.
松田紀男（2001a）「特集 MROマーケットの動向について（1）」『航空技術』551，pp. 20–26.
———（2001b）「特集 MROマーケットの動向について（2）」『航空技術』552，pp. 24–31.
———（2001c）「特集 MROマーケットの動向について（7）」『航空技術』557，pp. 36–42.
———（2001d）「特集 MROマーケットの動向について（9）」『航空技術』559，pp. 22–27.
松田均（1978）「ボーイングの革新技術」『月刊航空ジャーナル』62（臨時増刊），pp. 26–42.

溝田誠吾（2005）「民間航空機産業のグローバル『多層』ネットワーク」『専修大学社会科学研究所月報』499，pp. 1–35.
三菱重工業（2013a）『名古屋誘導推進システム製作所2013』三菱重工業株式会社名古屋誘導推進システム製作所.
――――（2013b）『Annual Report 2013』三菱重工業株式会社.
――――（2015）『名古屋誘導推進システム製作所』三菱重工業株式会社名古屋誘導推進システム製作所.
――――（2017）『MHI Report 2017：三菱重工グループ総合レポート』三菱重工業株式会社.
――――（2021）「大型民間機胴体の内部構造部品組立におけるメカトロ・レーザー計測による治工具レス化」『三菱重工技報』58(4)，pp. 1–6.
南克巳（1970）「アメリカ資本主義の歴史的段階：戦後＝「冷戦」体制の性格規定」『土地制度史学』12(3)，p. 1–30.
宮田由紀夫（2019）「アメリカ航空機産業の競争力の源泉に関する考察：政府の役割と企業戦略」『国際学研究』8(1)，pp. 53–64.
村林淳吉・福島信正（1987）「諸外国における騒音軽減対策（2）」『航空公害』26，pp. 72–98
森原康仁（2019）「垂直分裂と垂直再統合：IT/エレクトロニクス産業における現代大量生産体制の課題」『經濟論叢』193(2)，pp. 157–179.
――――（2023）「グローバリゼーションとアメリカIT／エレクトロニクス産業」（河音琢郎・豊福裕二・野口義直・平野健編『21世紀のアメリカ資本主義：グローバル蓄積構造の変容』大月書店，第9章所収）.
安田義美（2013）「航空機製造におけるトヨタ生産方式の適用」『技術士』25(5)，pp. 20–23.
山縣宏之（2010）『ハイテク産業都市シアトルの軌跡：航空宇宙産業からソフトウェア産業へ』ミネルヴァ書房.
山中俊治・赤池学・佐藤千春（1997）『航空機を作る：世界の知恵が集まったB777のテクノロジー』太平社.
山崎明夫（2009）「エンブラエル急成長の分岐点」『航空情報』59(2)，pp. 22–30.
山崎文徳（2006）「対日『依存』問題と米国の技術収奪」『経営研究』57(3)，pp. 99–120.
――――（2007）「アメリカの軍事技術開発と対日『依存』」（中本悟編『アメリカン・グローバリズム：水平な競争と拡大する格差』，日本経済評論社，第5章所収）.
――――（2009）「アメリカ民間航空機産業における航空機技術の新たな展開：1970年代以降のコスト抑制要求と機体メーカーの開発・製造」『立命館経営学』48(4)，pp. 217–244.
――――（2010）「民間航空機の市場構造の変化と技術展開」『社会システム研究』21，pp. 59–94.
――――（2011a）「民間航空機メーカーの技術競争力と分業構造の変化：ボーイングのシステム・インテグレータ化とシステムの一括外注化」『経営研究』62(1)，pp. 49–79.
――――（2011b）「民間航空機における技術と産業の社会的発展：イノベーション論の技術論的検討を視野に入れて」『立命館経営学』50(1)，pp. 87–105.
――――（2013）「民間航空機エンジンメーカーの収益構造とアフターマーケット：補用品

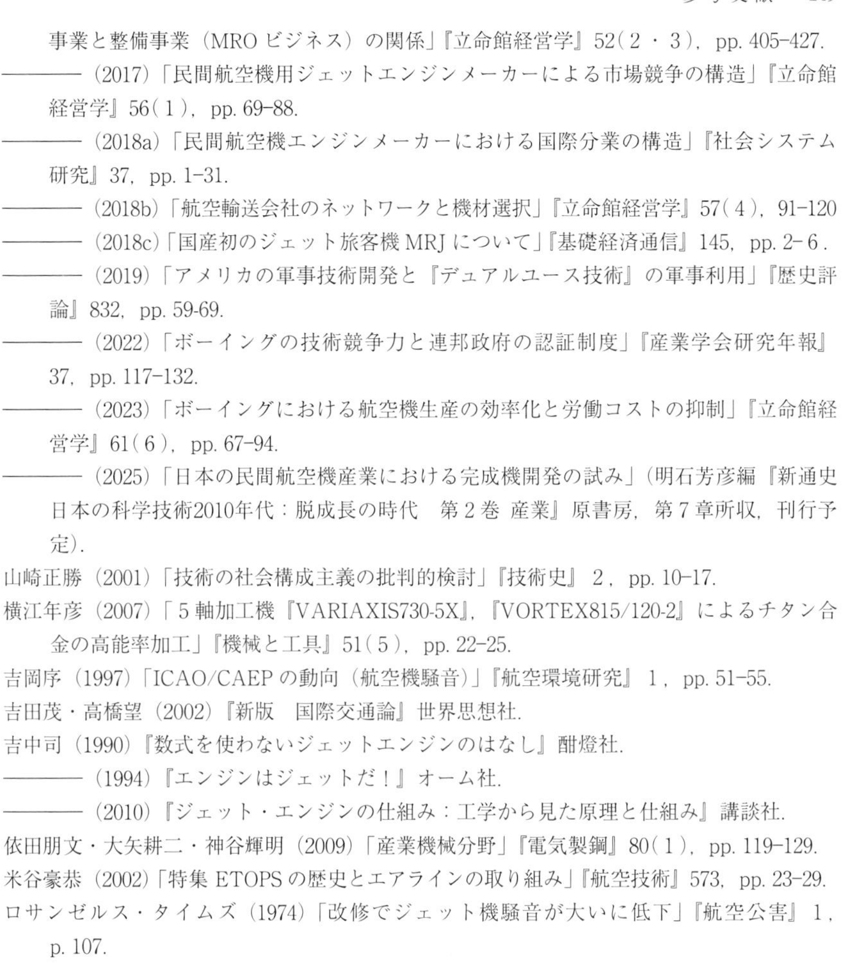

事業と整備事業（MRO ビジネス）の関係」『立命館経営学』52（2・3），pp. 405–427.
――――（2017）「民間航空機用ジェットエンジンメーカーによる市場競争の構造」『立命館経営学』56（1），pp. 69–88.
――――（2018a）「民間航空機エンジンメーカーにおける国際分業の構造」『社会システム研究』37，pp. 1–31.
――――（2018b）「航空輸送会社のネットワークと機材選択」『立命館経営学』57（4），91–120
――――（2018c）「国産初のジェット旅客機 MRJ について」『基礎経済通信』145，pp. 2–6.
――――（2019）「アメリカの軍事技術開発と『デュアルユース技術』の軍事利用」『歴史評論』832，pp. 59-69.
――――（2022）「ボーイングの技術競争力と連邦政府の認証制度」『産業学会研究年報』37，pp. 117–132.
――――（2023）「ボーイングにおける航空機生産の効率化と労働コストの抑制」『立命館経営学』61（6），pp. 67–94.
――――（2025）「日本の民間航空機産業における完成機開発の試み」（明石芳彦編『新通史日本の科学技術2010年代：脱成長の時代　第2巻 産業』原書房，第7章所収，刊行予定）.
山崎正勝（2001）「技術の社会構成主義の批判的検討」『技術史』2，pp. 10–17.
横江年彦（2007）「5軸加工機『VARIAXIS730-5X』，『VORTEX815/120-2』によるチタン合金の高能率加工」『機械と工具』51（5），pp. 22–25.
吉岡序（1997）「ICAO/CAEP の動向（航空機騒音）」『航空環境研究』1，pp. 51–55.
吉田茂・高橋望（2002）『新版　国際交通論』世界思想社.
吉中司（1990）『数式を使わないジェットエンジンのはなし』酣燈社.
――――（1994）『エンジンはジェットだ！』オーム社.
――――（2010）『ジェット・エンジンの仕組み：工学から見た原理と仕組み』講談社.
依田朋文・大矢耕二・神谷輝明（2009）「産業機械分野」『電気製鋼』80（1），pp. 119–129.
米谷豪恭（2002）「特集 ETOPS の歴史とエアラインの取り組み」『航空技術』573，pp. 23–29.
ロサンゼルス・タイムズ（1974）「改修でジェット機騒音が大いに低下」『航空公害』1，p. 107.
「YX/767開発の歩み」編纂委員会（1985）『YX/767開発の歩み』航空宇宙問題調査会.
渡辺進（2001）「エアラインにおける部品修理と部品製作の開発」『航空技術』551，pp. 27–30.

人名・企業名・製品名索引

〈数字・アルファベット〉

〈五十音〉

事項索引

〈アルファベット〉

〈あ・か 行〉

〈さ・た　行〉

〈その他〉

《著者紹介》
山 崎 文 徳（やまざき　ふみのり）
1976年　生まれ
1998年　大阪市立大学工学部機械工学科 卒業
2006年　大阪市立大学大学院経営学研究科 単位取得退学
2008年　大阪市立大学大学院経営学研究科 博士（商学）取得
2012年　立命館大学経営学部准教授
現　在　立命館大学経営学部教授
主要業績
『未来を考えるための科学史・技術史入門』（共著，北樹出版，2023年）．
『21世紀のアメリカ資本主義：グローバル蓄積構造の変容』（共著，大月書店，2023年）．
『日本における原子力発電のあゆみとフクシマ』（共著，晃洋書房，2018年）．
『アメリカン・グローバリズム：水平な競争と拡大する格差』（共著，日本経済評論社，2007年）．

航空機産業の技術競争力と認証制度
——グローバル市場におけるボーイングの盛衰——

2025年3月30日　初版第1刷発行　　＊定価はカバーに表示してあります

著　者　山 崎 文 徳©
発行者　萩 原 淳 平
印刷者　藤 森 英 夫

発行所　株式会社　晃 洋 書 房
〒615-0026　京都市右京区西院北矢掛町7番地
電話　075(312)0788番(代)
振替口座　01040-6-32280

装幀　HON DESIGN（北尾　崇）印刷・製本　亜細亜印刷㈱
ISBN 978-4-7710-3942-1